심장에 관한 거의 모든 이야기

심장에 관한 거의 모든 이야기

빌 슈트 지음 | 김은영 옮김

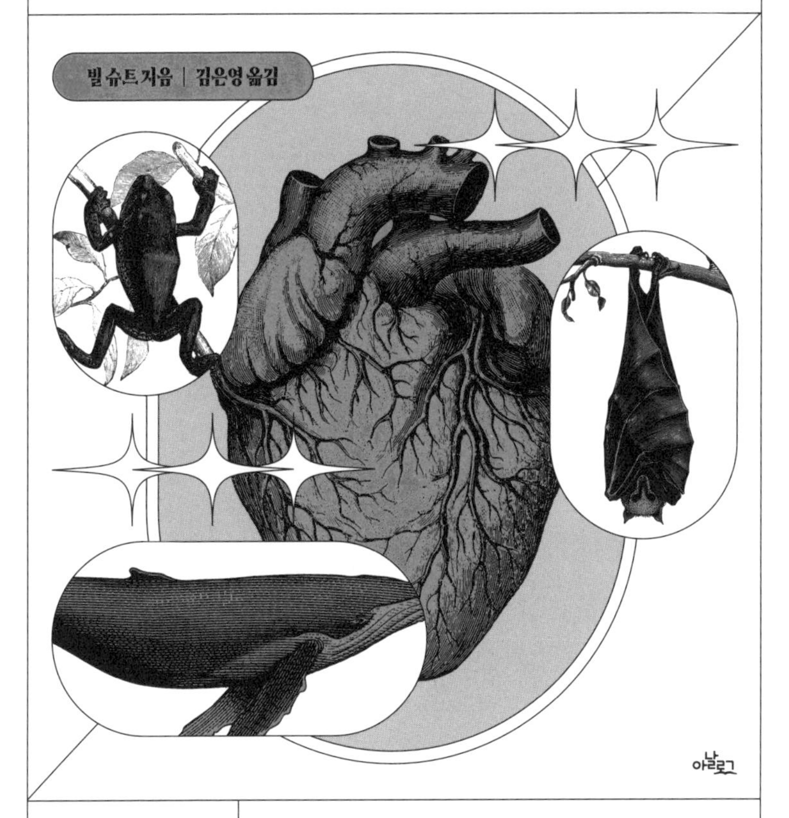

아날로그

PUMP

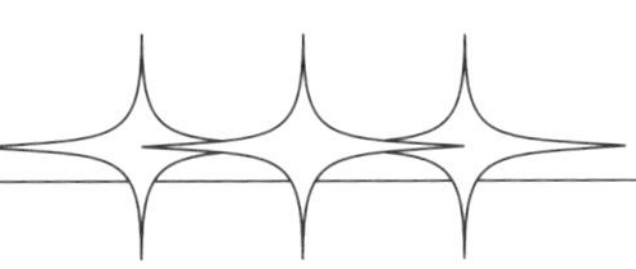

✦ 일러두기 ✦

1. 학명은 이탤릭체로 병기했다.
2. 인명은 외국어표기법을 따르되, 국내에서 널리 통용되는 표기가 있을 경우 그에 따랐다.
3. 본문의 주석은 지은이 주이며, 옮긴이 주는 따로 표기했다.

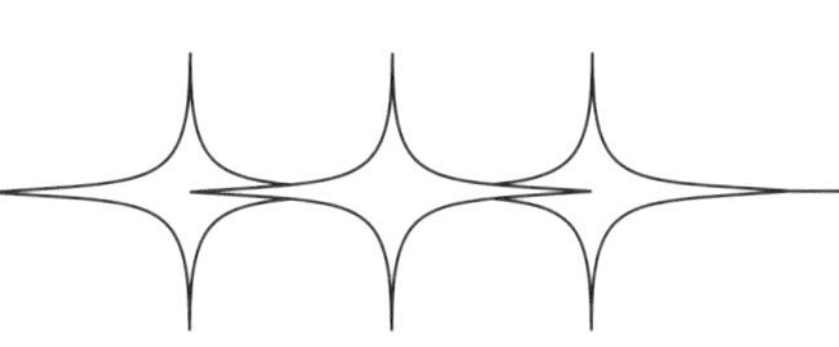

일레인 마크슨을 위해.

빌 슈트

테드 라일리를 위해.

퍼트리샤 J. 와인

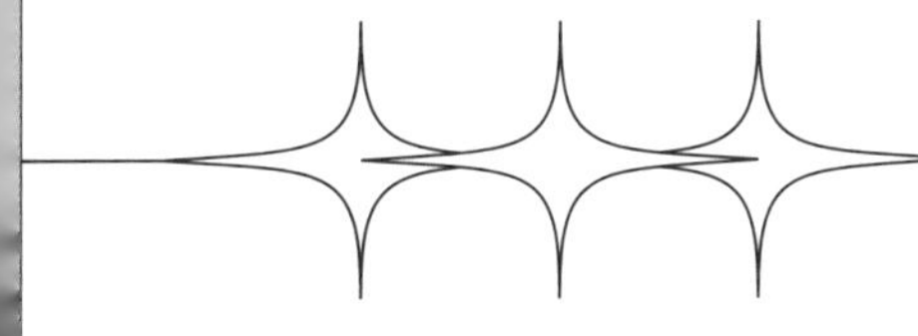

HEART [명사]

1. 속이 비어 있는 근육조직으로, 리드미컬한 수축과 이완 작용을 하여 순환기계를 통해 혈액을 펌프질한다. 척추동물 중에서도 인간은 2심방 2심실 구조로 네 개의 방실이 있다.[1]
2. 사람의 성격 또는 사람의 감정이나 마음이 나온다고 생각되는 부분을 묘사할 때 쓰인다.[2]
3. 식물, 특히 잎이 많은 식물의 단단한 중심부.
4. 용기, 결단력 또는 희망.
5. 상단에는 두 개의 반원이 옆으로 나란히 있고 하단은 V자 형태로 되어 있는 모양으로, 사랑을 표현하기 위해 종종 분홍색이나 빨간색을 칠한다.
6. 카드의 네 가지 패 중 하나(나머지는 다이아몬드, 클럽, 스페이드).
7. 가장 중심이 되거나 가장 중요한 부분.

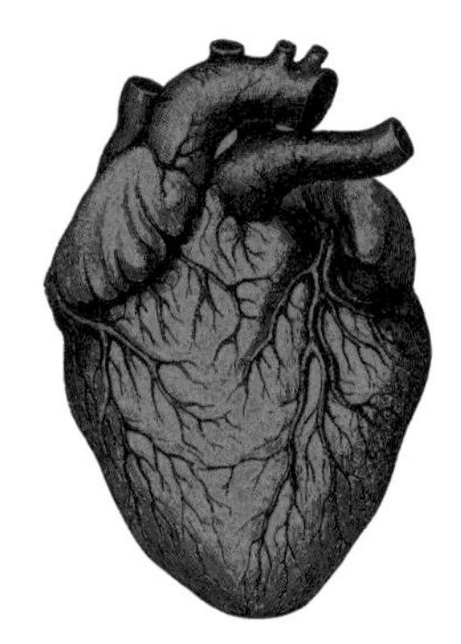

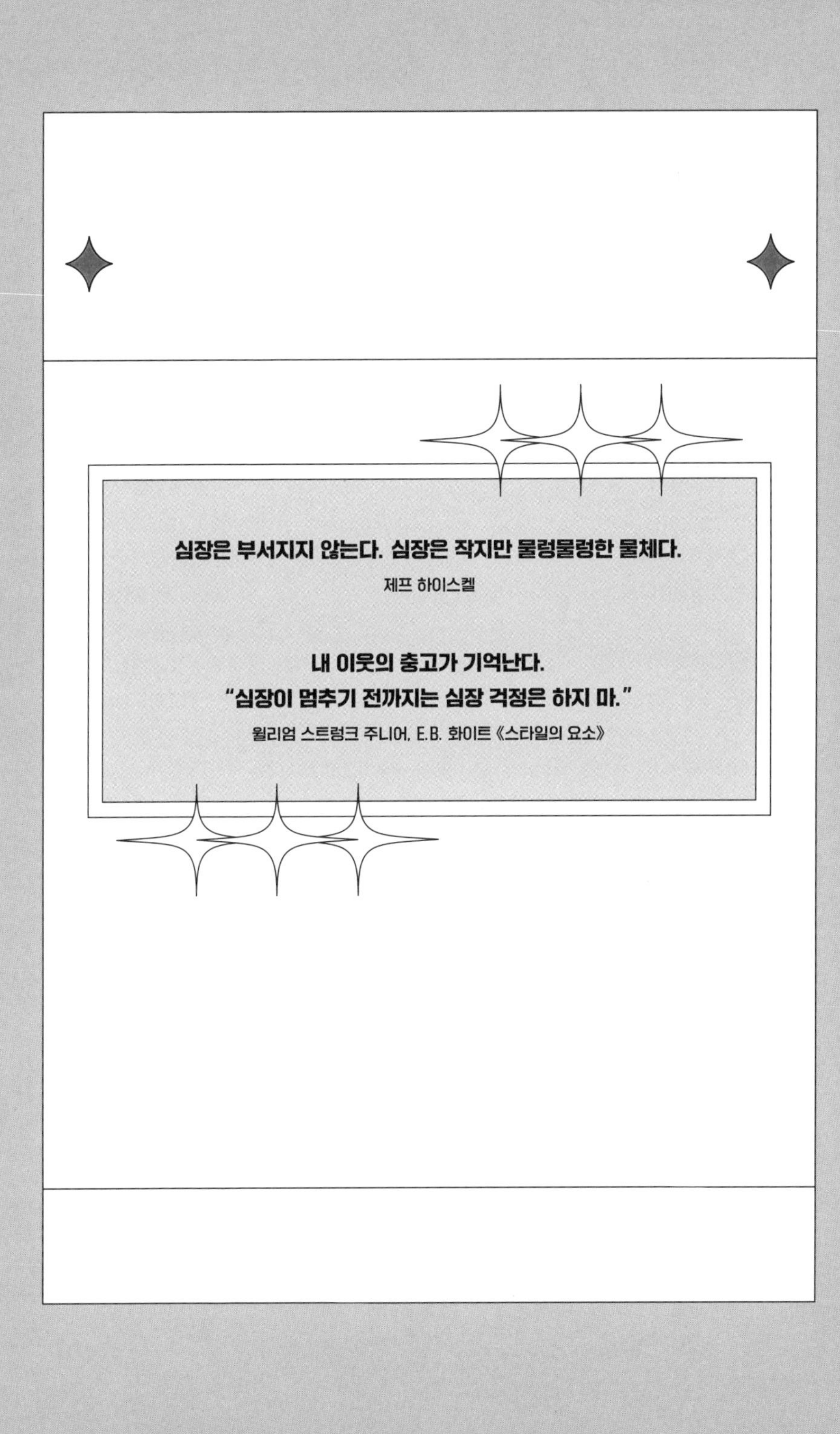

심장은 부서지지 않는다. 심장은 작지만 물렁물렁한 물체다.

제프 하이스켈

내 이웃의 충고가 기억난다.
"심장이 멈추기 전까지는 심장 걱정은 하지 마."

윌리엄 스트렁크 주니어, E.B. 화이트 《스타일의 요소》

이 책에 쏟아진 찬사

"흥미롭다. 깊이 있는 지식을 위트 있는 농담과 섞어, 깜짝 놀랄 정도로 흥미롭게 담아 냈다. 어려운 내용도 은유를 통해 쉽게 설명해준다."

—**《월스트리트 저널》**

"심장 생물학 분야를 탐구하는, 대단히 인상 깊은 여정을 담았다. 깊이 있는 내용을 재치 있고 쉽게 설명했다. 좀처럼 내려놓기 힘든 책이다."

—**《퍼블리셔스 위클리》**

"세상에 존재하는 모든 크기와 형태의 심장에 대한 경쾌하고 매력적인 역사. 실로 강력한 책이다."

—**《포워드 리뷰》**

"심장의 자연사를 소개하면서 과학적인 내용을 매력적으로 풀어내는 책. 동물학자 슈트는 심장의 진화를 상세하고 흥미롭게 풀어낸다. 또한 우리 인간이 왜 그리고 어떻게 심장이라는 기관을 단순히 혈액을 펌프질하는 기관 그 이상으로 여기게 되었는지 알려준다. 놀라운 심장을 지닌 동물들과 노래 가사, 의학 분야에서의 사고들과 커다란 업적을 소개해줄 뿐만 아니라, 거대한 고래의 심장에 대해서도 이야기해준다. 슈트의 저서는 유머와 섬뜩함이 뒤섞여 있다. 최고의 대중 과학서다."

— **글로벌 환경보호단체 더네이처컨저번시 〈쿨그린사이언스〉**

"자연에 존재하는 심장이 얼마나 다양하고 경이로운지를 알려주는, 읽기 쉽고 매력적인 이야기다."

—**《북리스트》**

"슈트는 이 책을 통해 다양한 분야의 깊이 있는 과학적 지식을 재치 넘치는 어조로 쉽게 설명해준다. 생명을 움직이는 엔진인 심장을 익살스러운 시선으로 바라보면서, 이 기관을 이해하기 위한 인간의 역사와 그 노력 또한 매력적으로 소개한다."

—**《라이브러리 저널》**

"모든 생명체가 지닌 필수 기관에 대해 꼭 알아야 할 지식을 소개한다." —**《커커스 리뷰》**

"최고다. 유익하고 흥미로우며, 과학적 지식은 나무랄 데가 없다. 강력히 추천한다."

—**《심장을 위한 식단Don't Eat Your Heart Out》의 저자 조셉 C. 피스카텔라**

"이 책은 우리의 사촌인 동물종부터 우리 인간에 이르기까지, 생명체가 지닌 심장에 대해 매력적인 탐구의 여행을 계속한다. 흥미진진한 이야기로 가득 차 있어, 반복해서 읽게 된다."

— **뉴욕타임스 베스트셀러 《행복해, 고마워》 시리즈의 저자 제니퍼 S. 홀랜드**

"이 책은 고래의 거대한 심장부터 튜브 형태의 심장을 지닌 투구게에 이르기까지, 동물의 심장을 살펴보는 환상적이고 매혹적인 여정으로 이끈다. 이 책에서 무엇보다 흥미로운 내용은 우리 인간의 심장에 대한 이야기다. 우리 심장의 의학적인 문제와 역사적으로 심장을 바라보는 관점 그리고 매우 기이한 사건들까지, 흥미로운 이야기를 깊이 있게 소개한다."

—**《강아지들이 아는 일들What the Dog Knows》의 저자 캣 워런**

"빌 슈트는 지구상 모든 생명체의 역사부터 인류의 결점까지, 심장이라는 기관에 대한 다채롭고 매혹적인 이야기를 소개한다."

—**《우연한 호모 사피엔스The Accidental Homo Sapiens》의 공저자 이언 태터솔**

"슈트는 동물의 왕국을 두루 살펴보면서 심장과 순환계의 자연사에서 흥미롭고 중요한 부분만을 골라 소개한다. 이 책은 심장전문의를 위한 심장 안내서가 아니다. 이 풍부하고 다채로운 이야기를 읽다 보면 자신도 모르는 새 심장에 대한 지식을 갖추게 될 것이다."

—**《박물학자The Naturalist》의 저자 대린 룬데**

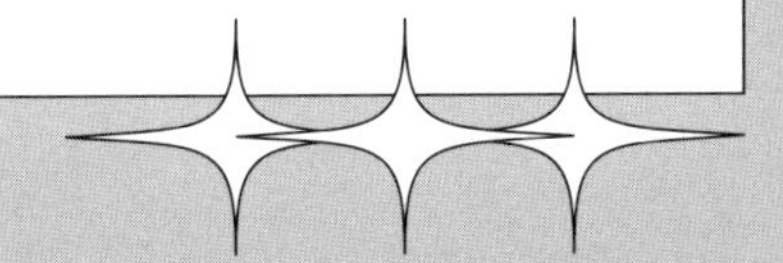

차례

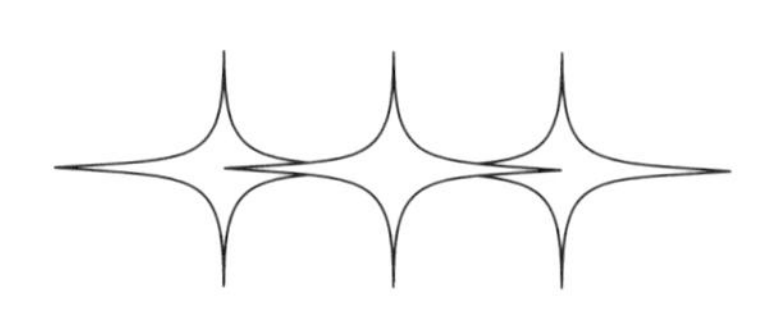

제2부 우리는 심장에 대해 얼마나 알고 있을까 … 191

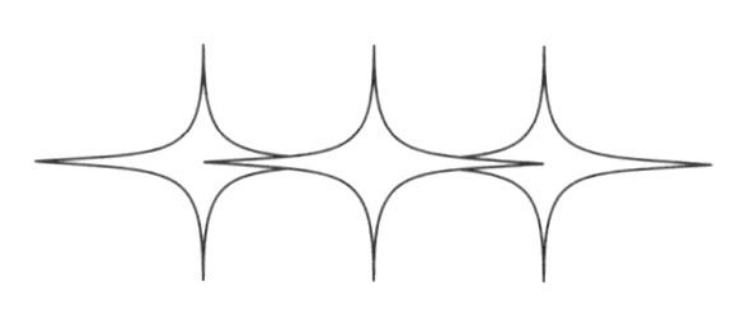

들어가기 전에

작은 마을에 큰 심장이 찾아오다

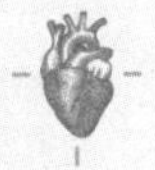

인생사 대부분은 갑자기 찾아온다.

— 리케 리

2014년 4월 중순, 캐나다 뉴펀들랜드주의 작은 어촌 트라우트 리버에서 눈썰미 좋은 한 주민이 세인트로렌스만 쪽을 무심코 바라보다가 뭔가 특별한 것을 발견했다. 처음에는 수평선 위에 뜬 작은 점처럼 보였는데, 점점 커졌다. 그 물체가 해안까지 밀려왔을 즈음에는 뭐라 형언할 수 없이 지독한 악취가 마을을 뒤덮었다. 누군가는 그 악취를 두고 "살이 썩는 냄새가 섞인 고약한 악취"라고 말했다. 사실 그 냄새는 이전에 누구도 맡아본 적 없는 고기가 썩어가는 냄새였다. 게다가 엄청나게 큰, 무게가 100톤을 넘어가는 고기였다.

발 없는 말이 천 리를 가고, 자극적인 기사 제목이 눈과 귀를 낚자

작은 어촌은 순식간에 기자와 뜨내기 구경꾼들로 북적거리기 시작했다. 황당한 상황을 두고 사람들끼리 주고받던 이야기는 이내 마을 사람들 건강에 해가 되는 거 아니냐, 자칫하면 돈벌이를 망치겠다, 저 썩어가는 고깃덩어리가 폭발이라도 하면 어쩌냐, 하는 식으로 점점 고약하게 변해갔다. 그런데 놀랍게도, 이 마을에서 벌어진 것과 똑같은 일이 해안선을 한참 거슬러 올라간 록키 하버라는 또 다른 작은 어촌에서도 일어나고 있었다.

캐나다의 겨울은 매우 춥지만, 2014년 겨울은 유난히도 추웠다. 십

수 년 만에 처음으로 오대호는 물론이고, 그 호수의 물이 모여 대서양으로 흘러 들어가는 세인트로렌스강의 하구에도 얼음이 두껍게 얼었다. 높은 바람과 강한 해류가 캐벗 해협에 계속해서 얼음을 쌓아놓는 바람에 만에서 바다로 나가는 넓은 수로마저 막힐 정도였다. 트라우트 리버와 록키 하버의 주민들이 혹독한 날씨를 버텨내기 위한 고달픈 싸움을 하고 있을 무렵, 그곳에서 남쪽으로 200마일 떨어진 캐벗 해협에서는 그보다 더 고단한 싸움이 벌어지고 있었다.*

늦겨울부터 초봄까지의 기간은 흰긴수염고래*Balaenoptera musculus*가 대서양을 떠나 세인트로렌스만으로 들어와 크릴이라는 작은 갑각류를 포식하는 시기다. 지구상에 존재하는 동물 중에서 몸집이 가장 크다고 알려진 흰긴수염고래는** 다 자라면 몸길이가 30미터에 이르고 몸무게는 최대 163톤까지 나간다. 굳이 비교하자면, 수컷 아프리카코끼리 스무 마리 또는 보통 성인 남자 1,600명과 맞먹는 몸집이다. 이렇게 거대한 몸집을 가진 데다 풍부한 지방층을 가지고 있음에도 불구하고, 흰긴수염고래는 1864년까지 인간이 사냥할 만한 대상이 아니었다. 이동속도가 최고 시속 50킬로미터에 이를 정도로 매우 빠른 데

---

* 캐나다의 노바스코샤주와 뉴펀들랜드주 사이에 있는 국제 해상 운항로인 캐벗 해협은 이탈리아의 항해가 조반니 카보토Giovanni Caboto의 이름을 딴 지명이다. 영국인들은 조반니 카보토에게 북아메리카 해안 탐사를 의뢰했고, 그가 1497년에 뉴펀들랜드를 발견하자 그를 존 캐벗John Cabot이라고 불렀다.

** 살아 있는 가장 큰 유기체는 잣뽕나무*Armillaria ostoyae*라는 거대한 버섯인데, 미국 오리건주에 있으며 거의 10제곱킬로미터에 이르는 면적을 덮고 있다.

다 죽으면 수면 아래로 깊이 가라앉는 특성 때문이었다. 고래잡이들은 참고래속Eubalaena의 고래 중 세 종을 특히 더 선호했다. 이들은 몸에 지방층 함량이 높고 죽은 후에도 몸이 수면에 뜨는 경향이 있었다. 그래서 고래잡이들은 이 세 종의 고래를 "좋은 고래"라고 불렀다. 그 말대로, 이 세 종의 고래는 작살을 던지기에 좋은 고래였다. 항속이 빠른 증기선이 도입되고 새롭게 발명된 작살 대포가 쓰이기 시작하면서 상황은 급격하게, 그리고 흰긴수염고래에게는 매우 나쁘게 돌아갔다. 1866년부터 1978년 사이에 38만 마리 이상의 흰긴수염고래가 포경선에 사냥당해 죽었다.[1] 대부분의 나라에서는 이제 포경을 허용하지 않지만, 흰긴수염고래는 죽으면 몸이 수면 아래로 가라앉는 경향 때문에 이들을 해부학적으로 연구하기는 여전히 쉽지 않았다.

고래 시체가 폭발하다

2014년 3월, 토론토의 왕립 온타리오 박물관에서 수집 및 연구 담당 부소장으로 일하고 있던 마크 엥스트롬은 친구인 로이스 하우드로부터 전화를 받았다. 하우드는 캐나다 해양수산부에서 일하고 있었는데, 캐벗 해협에서 흰긴수염고래 아홉 마리가 죽었다는 뉴스를 들었냐고 물었다. 하우드는 그 고래들이 캐벗 해협에서 먹이를 잡아먹다가 거대한 부빙을 피하지 못해 얼음에 갇혀 죽었으리라고 예상했다.

고래의 죽음은 언제나 안타깝지만, 특히나 흰긴수염고래는 멸종위기에 처한 동물이기에 더욱 안타까운 소식이었다. 아홉 마리라면 북대서양에 서식하는 흰긴수염고래 전체 중에서 3~5퍼센트를 잃었다는 뜻이었다.

하우드는 엥스트롬이 캐나다 영해 안에서 발견되는 모든 고래 종의 표본을 수집하고 있다는 사실을 알고 있었다. 하우드는 죽은 아홉 마리 중에서 세 마리는 두꺼운 얼음이 받치고 있어서 가라앉지 않은 것 같다고 귀띔해주었다. 하우드로부터 잭 로슨을 소개받은 엥스트롬은 더욱 흥미를 가지게 되었다. 잭 로슨은 그 전 달 내내 헬리콥터를 타고 다니며 죽은 고래들을 추적했던 캐나다 해양수산부 소속 연구원이었다. 로슨은 엥스트롬에게 조만간 하우드와 함께 해안에 밀려온 고래들을 찾아가 보자고 제안했다. 그리고 4월, 세 사람은 계획을 실행에 옮겼다.

"죽은 고래들은 파도에 밀려 작은 어촌 세 곳으로 떠내려왔습니다." 2018년에 내가 찾아갔을 때 엥스트롬은 그렇게 말했다. "트라우트 리버는 평소에 관광객이 많지 않은 곳입니다. 경제적으로 팍팍한 소도시죠. 시장은 어느 날 바다를 내다보다가 고래가 눈에 띄자, '오, 하느님 제발! 저 고래가 우리 해변으로 떠내려오지 않게 해주십시오'하고 기도했다더군요. 그런데 그다음 날 바로 그 해변에, 그 어촌에서 유일한 백사장에, 그 마을의 하나뿐인 레스토랑 바로 앞에 그 거대한 동물의 시체가 떠내려와 고약한 냄새를 풍기기 시작한 겁니다."

그다음에 어떻게 되었느냐고 내가 물었다.

엥스트롬은 껄껄 웃었다. “죽은 고래의 몸이 팽창하기 시작했죠.”

“고래 몸이 물에 뜨기 쉬워졌겠네요.” 내가 말했다.

“그렇다고 상황이 좋아졌다고 하긴 힘듭니다. 그즈음 그 동네 사람 거의 모두가 유튜브로 고래 시체가 폭발하는 영상을 봐버렸거든요.”

고래의 몸이 부패하면서 몸 안에 가스가 생겨 팽창한 끝에 몸이 터져버리는 과정이 담긴 동영상 여러 편이 수 년째 인터넷에 떠돌고 있었다. 내가 마지막으로 확인했을 때 200편이 넘었고, 그중 한 편에는 “고래 폭발 송”이라는 노래까지 깔려 있었다. 개인적으로 가장 마음에 들었던 동영상은 2004년에 대만의 한 해변에서 촬영된, 몸길이 17미터, 몸무게 60톤짜리 향유고래를 촬영한 영상이었다. 이 영상은 해당 지역의 대학 연구진이 흔치 않은 기회를 이용해 이 거대한 척추동물을 해부할 욕심을 낸 과정의 산물이었다. 고래를 해부하려면 그 시체를 실험실로 옮기는 것이 최선이라 판단한 연구진은 죽은 고래의 몸을 옮기기 위해 엄청난 노력과 물자를 투입했다. 크레인 세 대와 50명의 인부를 동원해 열세 시간에 걸쳐 작업한 끝에 고래를 트랙터 트레일러에 올려서 묶는 데까지는 성공했다. 그러나 이미 썩을 대로 썩어버린 고래의 시체는 타이난 시의 정체된 도로 위에서 갑자기 폭발해 버렸다. 수 톤짜리 고깃덩어리, 핏덩어리, 기름 덩어리, 지느러미 등이 도로 위에 있던 자동차, 오토바이, 도로변 상점으로 날아가 떨어졌다. 재수 없는 보행자들도 날벼락을 맞았다.

"하지만 향유고래와 달리 흰긴수염고래는 그렇게 폭발하지 않아요." 엥스트롬은 겁에 질려 불안해하는 트라우트 리버 주민들을 설득시켰을 때처럼, 나에게도 자신 있게 말했다. 그는 사람 여럿이 죽은 고래 위에 올라가 한꺼번에 껑충껑충 뛰거나 칼로 찌르거나 하지만 않는다면, 오래된 풍선에서 서서히 바람이 빠져나가듯이 조직이 분해되면서 체내에 축적된 가스가 서서히 빠져나갈 거라고 주민들에게 말했다. "결국 제 말이 옳았어요." 엥스트롬이 말했다.

흰긴수염고래의 심장을 적출하는 법

엥스트롬이 뉴펀들랜드에 몰려온 기자들로부터 가장 많이 받은 질문은 두 가지, 즉 냄새와 크기에 대한 질문이었다. 질문은 대체로 이런 식이었다. "심장은 얼마나 큽니까? 듣기에는 자동차와 비슷하다던데." 심장 크기에 대한 질문을 하도 많이 받다 보니, 결국에는 한 연구원이 질문에 대해 다음과 같은 의견을 내놨다. "심장을 적출해서 보존하는 게 어떻겠습니까?"

엥스트롬은 즉시 그 가능성을 저울질해보았다. 하지만 시간이 별로 없었다. 파도에 밀려온 고래 세 마리 중 한 마리는 인적이 드문 후미진 구석에서 폭풍이 지나가는 동안 몸체가 여기저기 많이 상해 있었다. 두 번째 고래는 트라우트 리버 주민들에게 "고래 시체 폭탄" 걱정의 근원이었으므로, 그 고래의 내부 장기를 꺼내는 것은 좋은 생각이 아니었다.

하지만 마지막이자 가장 작은, 록키 하버에 밀려온 몸길이 23미터의 고래는 몸이 반쯤 차가운 물에 잠겨 있어서 장기의 부패가 상대적으로 덜 진행되었을 가능성이 있었다. 엥스트롬은 왕립 온타리오 박물관에서 함께 일하는 동료이자 록키 하버 조사팀에 합류해 있던 포유동물학자 재클린 밀러에게 이 고래의 심장을 적출할 수 있을지 물어보았다.

해부학이라면 일가견이 있었던 밀러는 환호성을 지르며 즉시 응답을 보내왔다. "물론이죠! 할 수 있고말고요." 훗날 밀러는 고래의 가슴을 열었을 때 무엇을 발견하게 될지, 또는 발견한 것을 보존할 수 있을지 확신은 없었다고 나에게 솔직하게 고백했다.

밀러와 그녀를 따르는 일곱 명의 용감한 연구진이 고래의 시체에서 지방을 제거하는 작업을 시작했다. 포경업자들의 표현대로 말하자면, 꼬리에서 머리까지 살과 부드러운 조직을 제거하는 작업이었다. 심장을 둘러싼 근육과 허파를 둘러싼 흉강을 제거한 뒤에야 복원팀은 처음으로 고래의 거대한 심장을 제대로 볼 수 있었다. 그때까지 어떤 연구진도, 어떤 학자도 본 적 없는 표본이었다. 그 심장은 흡사 고기와 비슷한 색깔로 만든 200킬로그램짜리 초거대만두 같았다. 엄청나게 거대한 만두처럼 생긴 심장을 보고 더욱 사기가 충만해진 연구팀은, 그 핏덩어리를 더 자세히 들여다본 결과, 비록 모양은 짜부라들었어도 폭이 1.8미터나 되는 이 심장은 전혀 부패하지 않았다는 결론을 내렸다.

"여전히 선홍색이었어요." 곰팡이가 약간 피어 있었고 괴사한(죽은) 조직도 있었지만, 밀러는 "탄성도 좋았고, 혈액과 체액도 상당 부분 차 있었어요."라고 회고했다.

그로부터 수년 후, 2017년에 밀러는 북대서양 참고래*Eubalaena glacialis* 열일곱 마리가 한꺼번에 죽은 의문의 사고가 발생하자 고래를 검시하기 위해 불려갔다. 밀러는 다른 종의 고래로부터 고래목 동물의 심장을 복원할 수 있을까 하는 희망을 가졌다.* 그러나 밀러가 검시했던 고래는 뉴펀들랜드의 흰긴수염고래보다 사후 경과된 시간이 짧았음에도 불구하고 부패가 상당히 진행되어 심장을 적출해 보존할 수 없는 상태였다. 그때는 여름이었기 때문에, 밀러는 록키 하버의 표본들이 겨울에 죽어 3개월이나 얼음물 속에서 시간을 보냈던 것이 얼마나 큰 행운이었는지 깨달았다. "우리는 정말 운이 좋았어요." 밀러가 말했다.

밀러는 대학원에서 공부할 때 주로 쥐 같은, 부피가 2리터를 넘지 않는 동물을 연구했다. 하지만 고래 심장을 적출하기 위해서는 온몸에 오물을 뒤집어써야 할 뿐만 아니라 그보다 더 고단한 육체노동이

---

* 검시Necropsy라는 단어는 그리스어로 시체, 또는 죽음을 뜻하는 네크로스nekros와 '보다'라는 뜻을 가진 옵시-opsy가 합해져서 '시체를 육안으로 검사하다'라는 뜻을 가지게 되었다. 반면에 부검Autopsy은 그리스어로 '직접 보다'라는 의미로, 사후에 검사하기 위해 보존된 시신을 해부하여 죽음의 원인과 배경을 밝히는 행위다.

필요했다. 밀러는 그 고난을 마다하지 않았다. 비옷을 입고 장화를 신은 밀러와 동료들은 칼과 낫을 들고 고래의 심장으로 들어가는 대정맥과 심장에서 나오는 대동맥을 잘라냈다. 그리고 거대한 고래의 몸으로부터 심장을 분리하기 시작했다. 고래의 몸 안으로 들어간 밀러와 세 명의 동료들은 두 개의 갈비뼈를 잘라내고 공간을 확보했지만, 그 정도로는 심장을 들어낼 수 없었다. 폐동맥과 혈관을 잘라서 허파와 심장을 분리했는데도, 심장은 꿈쩍도 하지 않았다. 결국 갈비뼈 몇 대를 더 억지로 벌린 후에야 175킬로그램에 이르는 심장을 원래의 자리에서 들어내 폭스바겐 비틀을 완전히 감쌀 만큼 큰 비닐 메시 백에 넣을 수 있었다.

세상에서 가장 큰 심장을 표본으로 만들기까지

밀러와 동료들은 적재기, 포크리프트, 덤프트럭까지 동원해 흰긴수염고래의 심장을 냉동 트럭까지 옮기고, 다시 섭씨 영하 20도를 유지할 수 있는 시설로 운반했다. 고래의 심장은 다음 단계, 즉 보존처리를 할 수 있는 전문가 팀이 구성될 때까지 그 상태로 얼음 속에서 꼬박 1년을 더 기다려야 했다.

엥스트롬은 죽은 고래의 심장을 원래 형태로 복구시키는 작업도 이 과정에 포함되어야 한다고 생각했다. 사람의 심장과 달리 흰긴수염고래의 심장은 대동맥이나 대정맥 같은 큰 혈관과 분리되면 바람 빠진 비치볼처럼 쭈그러들기 때문이다. 엥스트롬은, 확신할 수는 없지만, 흰긴수염고래가 깊이 잠수할 때마다 엄청난 수압을 견뎌야 하는 환경에 적응하기 위해서 그렇게 된 것 같다고 말했다.

표본을 수돗물로 채운 수조에 담가 해동하는 것으로 복원 작업이 시작되었다. 그다음에는 더 이상 부패가 진행되지 않도록 심장에 보존제를 채우고, 근육을 고정하고, 냉동 과정에서도 살아남을지 모를 박테리아를 제거하는 과정이 이어졌다. 하지만 이 모든 절차보다 먼저, 십여 개의 혈관을 잘라낸 자리를 막을 재료가 필요했다. 심장의 방실 내부를 채울 보존제가 밖으로 새어나오지 못하게 하려면 혈관을 막아야 했다. 혈관을 막고 보존제를 잘 채우면 볼품없이 찌그러진 풍선 같은 표본을 다시 부풀려서 적출하기 이전의 건강한 모습으로 복원할 수 있었다.

연구진은 가느다란 혈관을 막기 위한 탄산음료 병에서부터 대정맥을 막기 위한 20리터들이 버켓에 이르기까지, 혈관의 굵기에 따라 다양한 물체들을 선택했다. 대정맥은 꼬리를 포함한 고래의 전신으로부터 우심방까지 산소가 고갈된 혈액을 운반하는 거대한 혈관이며, 우심방은 심장을 이루고 있는 두 개의 "받아들이는 방(심방)" 중 하나다.*
우심방은 또한 대정맥보다는 조금 가늘지만 뇌와 연결된 유일한 정맥

---

* 심방을 뜻하는 영어 단어 아트리움artrium은 라틴어에서 기원했는데, "입구 홀"이라는 뜻이다.

인 뇌대정맥으로부터도 고래의 거대한 뇌에 들어갔다가 돌아오는 혈액을 받아들인다. 사람처럼 두 다리를 가진 동물의 경우에는 하대정맥과 상대정맥이 각각 같은 역할을 한다. 포유동물의 경우처럼, 대정맥은 이산화탄소가 풍부하고 산소는 결핍되어 있는 혈액을 심장으로 돌려보고, 심장은 그 혈액을 허파에 주입한다.

복원 초기 단계에서 재클린 밀러와 팀원들이 사용한 만인의 방부처리제 포름알데히드는 2,650리터에 달했다. 조직을 고정하는 이 화학약품은 1980년대부터 발암물질로 알려져 있고, 웬만한 사람들은 생물 시간에 맡아봤던 그 독특한 냄새로 기억한다. 이 포름알데히드는 건축용 합판, 베니어판, 섬유판 같은 건축자재에도 들어 있기 때문에 우리 모두가 알게 모르게 이 화학약품에 노출되어 있다. 복원팀은 이 포름알데히드를 포르말린이라는, 생물학적으로 조금 더 안전한 용액(약 40퍼센트 포름알데히드 용액)으로 희석해서 사용했지만, 과학적으로 말하자면 이 용액도 위험하기는 마찬가지였다.

"웃기는 건, 보통 실험실에서는 포르말린 몇 방울만 튀어도 위험하다고 요란을 떨면서 여기서는 커다란 수조에 가득 채워놓고도 아무렇지도 않게 일했다는 거죠." 밀러가 말했다.

고래의 심장은 포르말린 용액에 다섯 달간 잠겨 있는 상태로 모든 조직의 부패를 중단시키는 고정 과정을 거쳤다. 원래 분홍색이었던 심장이 일반적인 표본조직처럼 베이지색으로 변했다. 포르말린 용액에 그대로 수십 년 동안 담가둘 수도 있었지만, 마크 엥스트롬과 동료들은 그 거대한 심장을 약품 수조 속에 그저 담가두기만 하는 것은 바람직하지 않다고 판단했다. 그들은 대형 표본을 보존하는 기술을 가진 전문가들과 의논한 후, 심장의 표본화하기로 결정했다.

표본화란 1977년에 독일 해부학자 군터 폰하겐스가 발명한 특별한 표본 보전처리 과정이다. 닥터 데스Dr. Death라는 별명으로 불리는 폰하겐스는 많은 논란을 낳은 〈인체의 신비〉 전시회를 기획한 인물이기도 하다. 〈인체의 신비〉는 피부를 벗기고 표본화 작업을 거친 인체를 해부학적 시스템을 가장 잘 보여줄 수 있도록 다양한 포즈로 전시하는 이벤트다.*

왕립 온타리오 박물관의 연구진에게는 직접 그 복잡한 과정을 진행할 만한 경험도 장비도 없었기 때문에, 고래의 심장을 독일 구벤에 있는 박물관 플라스티나리움으로 보냈다. 구베너 플라스티나테라고도 불리는 이 시설은 원래 의류 공장이었지만 지금은 폰하겐스로부터 훈련을 받은 전문가들이 열성을 다해 표본화 작업을 진행하는 곳이며, 동시에 〈인체의 신비〉 상설 전시관이기도 하다. 여러 박물관으로부터 의뢰를 받아 다양한 형태, 다양한 크기의 표본을 능숙하게 처리하던 그들에게도 흰긴수염고래의 심장은 전례가 없는 크기의 표본이었다.

* 2011년 1월, 폰하겐스는 자신이 치명적인 병에 걸렸음을 밝혔다. 사망 후에 자신의 시신도 표본화해주기 바란다는 뜻을 밝히기도 했다. 폰하겐스의 표본화된 시신은 "인사"를 하는 포즈로 만들어 〈인체의 신비〉 전시회 입구에 세워놓을 예정이라고 한다. 들리는 소문에 의하면, 닥터 데스의 표본은 그의 트레이드마크였던 검은색 페도라 모자도 씌울 것이라고 한다. 듣기만 해도 오싹하다.

표본화 과정의 첫 단계는 표본으로부터 모든 수분과 용해성 지방을 천천히 제거하고 대신 아세톤으로 채우는 것이다. 아세톤은 인화성 못지않게 독성도 강한 유기화합물로, 이를 이용한 표본화의 첫 단계는 "절대로 따라하지 마세요"라는 경고문을 붙여야 할 만큼 위험하다. 이 과정에서 흰긴수염고래의 심장을 처리하는 데 총 2만 2,700리터의 아세톤이 쓰였다. 고래의 심장은 어는점까지 온도를 낮춘 아세톤에 잠긴 채 80일을 보냈다. 어는점까지 온도를 낮추는 이유는 낮은 온도가 세포로부터 수분을 제거하고 그 자리를 이 독성 용액이 차지하는 과정을 촉진하기 때문이다.

그다음 단계는 아세톤을 제거하고 그 자리를 액체 플라스틱인 실리콘 중합체로 채우는 강제 주입 과정이다. 심장을 진공실에 넣고 서서히 공기압을 낮추면, 세포 안에 있던 아세톤이 증발하면서 실리콘 중합체가 빈 공간을 채운다. 이렇게 해서 세포 집단의 대부분이 액체 폴리머로 채워지면, 생명체의 세포가 말 그대로 플라스틱으로 바뀐다. 그다음에는 실리콘을 굳히는 경화촉매제를 쓰는데, 이 과정에 3개월이 더 걸린다.

실리콘이 완전히 굳자, 2017년 5월에 드디어 왕립 온타리오 박물관에 흰긴수염고래의 심장이 도착해 전시장의 하이라이트가 되었다. 크기를 비교하기 위해 이 심장 옆에 스마트카 한 대가 나란히 전시되었고, 옆 공간의 천장에는 완벽하게 재조립된 트라우트 리버 고래 표본의 골격이 공중에 걸린 채 전시되었다. 이제 200킬로그램이나 나가는 흰긴수염고래 심장 표본은 앞으로 영영 부패하거나 수축하지 않는다. 이 거대한 펌프는 그 후 4개월 동안 왕립 온타리오 박물관을 방문하는 수천 명의 관람객에게 공개되었다.

심장과 마음은 서로 연결되어 있을까

이 책은 심장 그리고 심장과 연결된 순환계에 대한 이야기다. 엄청나게 큰 심장이나 아주 작은 심장, 믿을 수 없을 만큼 차가운 심장을 지닌 동물부터 심장 없이 살아가는 동물에 이르기까지, 심장과 관련된 다양한 사례를 살펴보려 한다. 또한 눈여겨 보아둘 만한 심장의 구조, 체액, 새로운 발견 그리고 심장과 관련된 황당한 믿음들을 소개한다. 심장과 순환계의 기능을 이해하기 위한 노력의 역사는 매우 길지만, 비교적 최근까지도 수많은 실수와 오류가 있었다. 예를 들어, 17~18세기 의학계에서는 혈액에 그 주인의 인성이 담겨 있다고 믿었다. 영어의 "귀족 혈통blue blood," "피에 굶주린bloodthirsty," "냉혈한cold-blooded," "열렬한hot-blooded" 등의 표현은 현실 세상과는 매우 다른 세상이 언어에 남긴 흔적이다. 그 세상이 얼마나 달랐는지를 알고 나면, 심혈관 의학의 역사에 왜 그토록 기이한 이야기와 황당한 치료술이 넘쳐났는지를 쉽게 이해할 수 있다.

이 책은 전문적인 지식을 다루는 딱딱하고 어려운 교재가 아니다.

세상에 존재하는 모든 종류의 심장을 다루거나 순환계의 모든 측면을 전부 다룰 생각도 없다. 대신 주제를 폭넓게 다루면서 이리저리 둘러보다가 관심 가는 내용을 만나면 잠깐씩 멈출 생각이다. 이렇게 샛길로 빠지는 경우가 적지 않을 텐데, 그 샛길은 대부분 동물학이나 역사적 관점과 관계가 있을 것이다. 언뜻 보기에는 전혀 생뚱맞은 곳에서 멈춰 섰다 싶어도, 알고 보면 그동안 정보가 부족했거나 잘못 알고 있었던 개념들을 더 잘 이해하기 위해 반드시 필요한 경우일 것이다. 대부분은 얇은 막이 사이에 있을 때 영양분과 산소를 이동시키는 기본 원리인 확산, 혈뇌장벽, 때로는 상상 속 동물인 고질라의 심혈관계에 이르기까지, 동물의 심장과 순환계가 어떻게 작동하는지를 설명하기 위함일 것이다.

곤충, 갑각류, 지렁이 같은 무척추동물들의 심장과 연결된 순환계와 심장은 종마다 크게 다른데, 그렇게 차이가 나는 데는 그럴 만한 이유가 있다. 척추동물은 물고기든 닭이나 오리든 심지어 사람이든 차이가 별로 없다. 동물계에서 심혈관계의 차이를 보여주는 대표적인 사례를 탐구하는 것 외에도, 동물들이 어떻게 스스로의 생명을 지켜내는지를 살펴보고 사람의 심장 건강과 심장 질환에 대한 어려운 질문들의 답을 찾아보고자 한다.

또한 지구상에서는 상대적으로 새로운 포유동물 종인 우리 인간이 심장의 의미를 정의했을 때 벌어진 일에 대해서도 알아보려 한다. 우리는 심장이 각 개체를 살아 있게 하는 조직 이상의 어떤 것이라고 여긴다. 그런 믿음의 진원지는 어디일까? 그런 믿음이 여러 문화권에서 공통적으로 나타나는 이유는 뭘까? 그 믿음이 좀체 사라지지 않는 이유는 또 뭘까? 심장과 마음 또는 정신이 연결되어 있다는 믿음에 어떤 진실이 있는지도 그에 못지않게 중요하다.

이 여행이 끝날 즈음에는 심장을 자연계에서 신체의 순환계를 구동하는 엔진으로 보는 데 그치지 않고, 인간의 문화와 본성의 핵심이라는 신비로운 기관으로서 심장이 얼마나 중요한 역할을 하는지 알게 되기를 바란다. 빈 공간을 품고 있으면서 독특한 능력을 가진 세포의 덩어리에서부터 골프 카트만큼 큰 흰긴수염고래의 심장에 이르기까지, 사랑과 영혼의 진원지라는 믿음에서부터 심장의학과 미래의 치료술 그리고 그 너머에 이르기까지, 이런 주제에 대한 여러분의 생각이 전과는 달라졌으면 하는 것이 나의 소망이다.

사실, 그건 내 마음이 바라는 바이기도 하다.

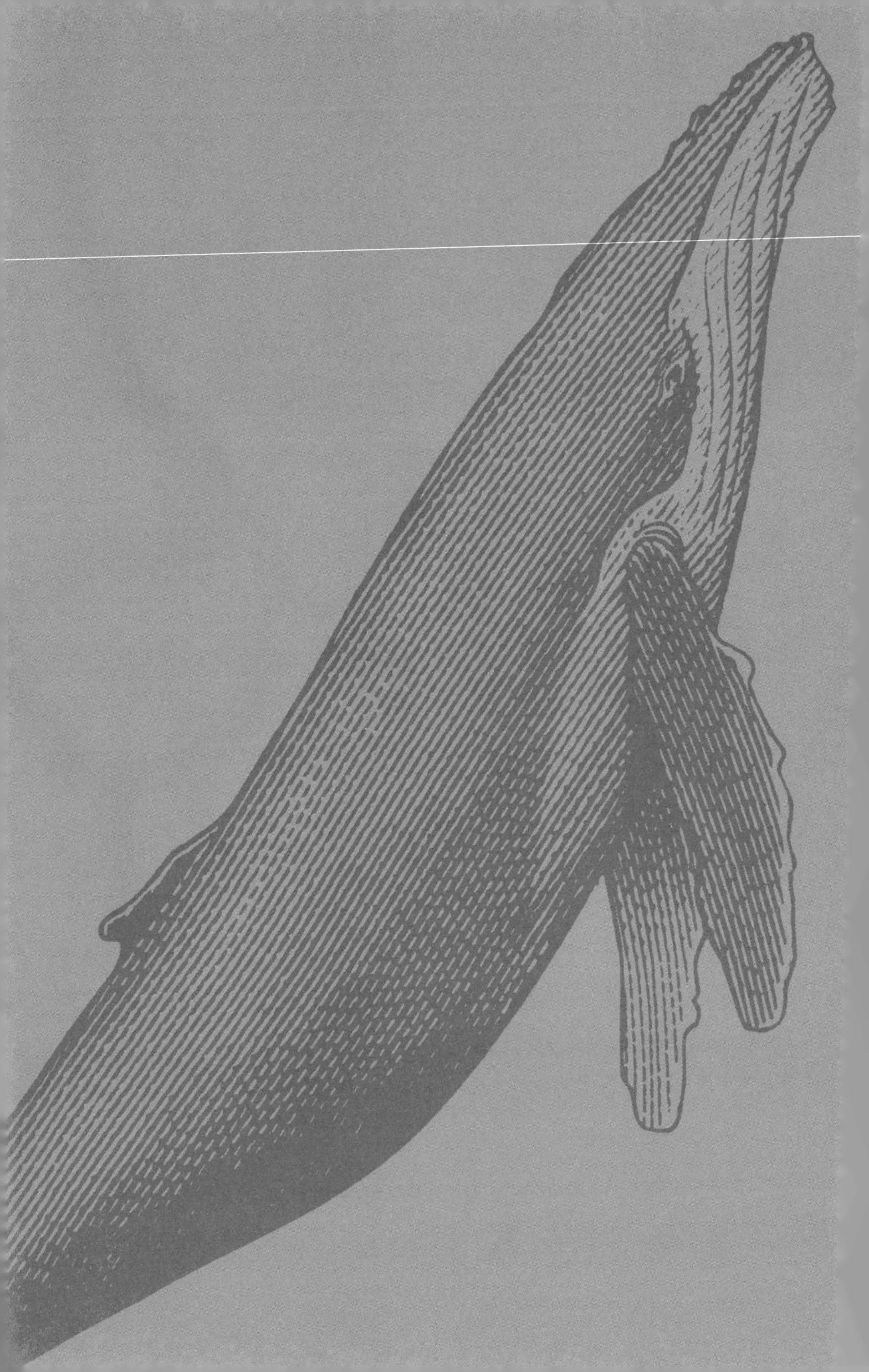

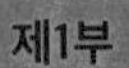

제1부

세상의 모든 두근대는 심장에 대하여

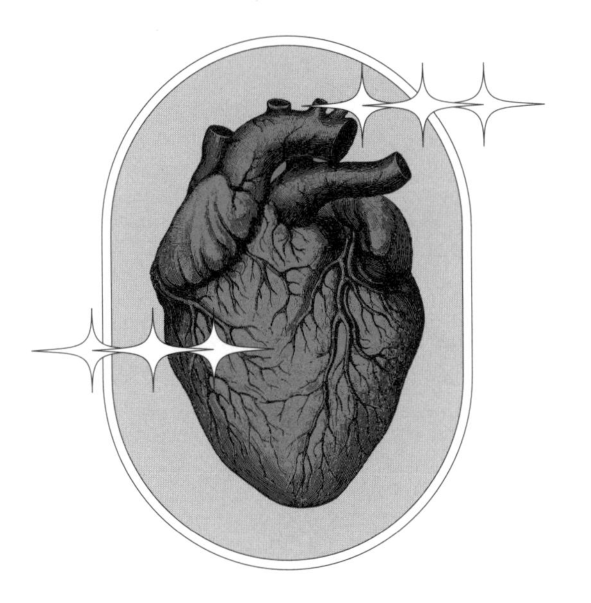

PUMP | A Natural History of the Heart

세상에서 가장 큰 심장

흰긴수염고래의 심장이 뛰는 법

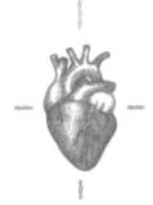

한 치수로 모두에게 맞는 옷은 없어.

— 불명(프랭크 자파일 가능성이 있다)

2018년 8월, 아티스트 퍼트리샤 J. 와인과 함께 그 유명한 흰긴수염고래의 심장을 구경하러 토론토의 왕립 온타리오 박물관으로 갔다. 퍼트리샤와 나는 1990년대부터 미국자연사박물관에서 함께 일해 온 동료이자 친구다. 퍼트리샤는 지금까지 내가 썼던 모든 기고문과 모든 책의 삽화를 그려주었다. 흰긴수염고래 전시는 이미 끝나서 표본은 박물관 수장고에 들어가 있었지만, 연구원 빌 호지킨슨이 우리가 표본을 볼 수 있도록 준비해주었다.

소형 항공기 격납고만 한 방에 들어가니 보존처리된 고래 심장이 꼬치에 꿴 것처럼 2인치 굵기의 스테인리스 강철봉에 꿰어져 있었다.

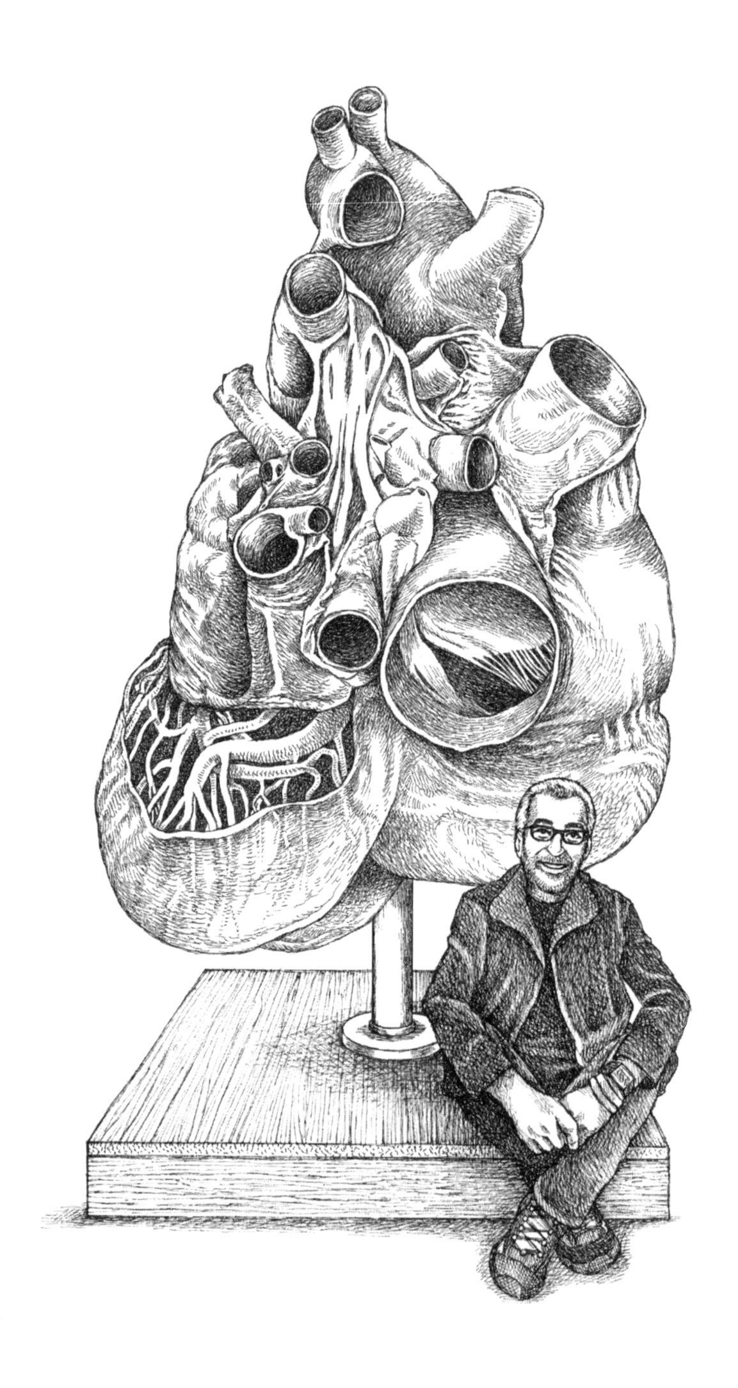

강철봉의 밑단은 나무로 만든 스탠드에 고정되어 있고, 윗단은 관람객의 눈에 띄지 않도록 금속 틀에 연결되어서 고래 심장의 일부가 되어 있었다.

박물관에서 공식적으로 밝힌 고래 심장 표본의 크기는 길이 1.07미터, 폭 0.97미터였다. 그래서 1.8미터 정도 높이에서 나를 내려다보고 있는 듯한 표본을 보니 약간 놀라웠다. 길이가 더 길어진 이유는 표본화된 심장 윗부분에 있는 혈관 때문이었다. 가장 눈에 띄는 부분은 커다란 대동맥궁과 거기서 갈라져 나온 혈관들, 좌심실에서 고래의 머리까지 산소가 풍부한 혈액을 맹렬히 운반했을 한 쌍의 경동맥이었다.[1] 심방은 혈액을 받아들이는 방으로, 좌심방은 폐로부터, 우심방은 우리 몸을 한 바퀴 돌고 온 혈액을 받아들인다. 반면 심실은 심장의 펌프실이라고 할 수 있다. 우심실은 산소가 적고 이산화탄소가 많은 혈액을 폐로 내보내고, 좌심실은 폐로부터 산소가 풍부한 혈액을 받아들였다가 온몸으로 내보낸다.

긴 시간 진행된 고래 심장의 표본화 작업 기간에, 표본화 작업자들은 특수한 컬러 실리콘 중합체를 혈관에 주입해서 정맥과 동맥이 구분되도록 했다. 정맥은 푸른색, 동맥은 붉은색이기 때문이다. 이렇게 색을 입힌 심장은 정말 아름다웠다.

심장에서 피가 역류하지 않는 이유

흰긴수염고래의 심장을 표본화하는 작업을 도맡은 전문가 블라디미르 체레민스키는 이 커다란 심장의 우심실에 현창 모양의 구멍을 뚫어놓았다. 그 구멍을 통해 방실 내부를 들여다볼 수 있는데, 가장 눈에 띄는 건 심장벽 안에 정렬된 2.5센티미터 굵기의 근육 가닥이다. 해부학자나 의학자들은 이 근육 가닥을 근육기둥이라고 부른다. 고래뿐만 아니라 여러 포유동물을 비롯해 우리 인간에게도 이 근육이 있다. 비록 크기는 훨씬 작지만 말이다. 이 기둥은 심실벽의 표면적을 증가시키고 제한된 공간 안에 더 많은 근육섬유를 채워 넣는다. 근육이 많을수록 심실이 더 강하게 수축할 수 있고, 따라서 혈액을 더 원활하게 펌프질해서 심장 밖으로 내보낼 수 있다. 그 밖에 알려진 바는 많지 않아, 괴상하게 생긴 이 심실벽의 또 다른 기능은 앞으로 더 연구해야 할 과제다.

심실뿐만 아니라 심방도 수축한다. 심방의 벽은 심실벽보다 얇다. 심방이 하는 일은 심실이 하는 일보다 덜 고달프다는 뜻이다. 심방은 몸 전체로 혈액을 보내는 것이 아니라 바로 옆에 붙어 있는 심실까지만 보내면 된다. 심방과 심실 사이에는 이름도 그 위치나 역할에 딱 알맞은 방실판막이 있다. 왕립 온타리오 박물관에서는 체레민스키가 만들어놓은 현창을 통해 흰긴수염고래의 우방실판막을 볼 수 있는데, 크기가 아이들이 가지고 노는 장난감 북과 비슷하다.

사람의 심장에서 이와 비슷한 기관은 삼첨판으로, 넓이는 약 5제곱센티미터 정도에 직경은 유리구슬만 하다. 삼첨판이라는 이름이 붙은 이유는 끝이 뾰족하고 얄팍하면서 날개처럼 펄럭거리는 세 장의 판으로 이루어져 있기 때문이다.* 이 판 하나를 판막첨판이라고 부른다.

방실판막은 심방에서 심실로 들어가는 혈액을 조절하지만, 동시에 심실이 수축해서 온몸으로 혈액을 내보낼 때 혈액이 심방으로 역류하지 않도록 막아준다. 혈액의 역류를 방지하는 데 결정적인 역할을 하는 질긴 섬유인 힘줄끈(건삭)을 흰긴수염고래의 심장에서 열 줄 이상 볼 수 있다. 진짜 끈처럼 생겨서 심금heartstring이라고도 부르는 이 끈의 주요 성분은 콜라겐이라고 하는 구조단백질이다.** 힘줄끈의 한쪽 끝은 심실 바닥에 튼튼하게 박혀 있고 반대편 끝은 판막첨판에 붙어 있어서, 심실이 수축할 때 판막첨판이 심방까지 밀려들어가지 못하게 막는다. 심방과 심실을 효과적으로 차단하는 것이다.

이 구조를 그림으로 단순화하자면, 긴 끈으로 연결된 목줄을 매고 있는 개를 생각해보자. 그 끈의 반대쪽 끝은 말뚝에 고정되어 있다. 판막첨판을 입에 물려고 하는 개는 끈, 다시 말해 힘줄끈의 길이만큼만

---

* 왼쪽에는 두 장의 판으로 이루어진 이첨판이 있다. 모양이 가톨릭교회의 주교가 쓰는 모자인 미트라miter와 닮았다 하여 승려의 모자를 닮은 근육, 즉 승모판僧帽瓣, mitral valve이라고도 불리기 때문에 헷갈릴 수 있다. 삼첨판은 비슷하게 생긴 모자가 없어서 다행이다.

** 꼬인 섬유 형태의 콜라겐은 포유동물에게서 가장 흔히 볼 수 있는 단백질이다. 세포나 조직의 모양과 구조 유지에 관여하며, 힘줄, 인대, 피부에서 공통적으로 발견된다. 콜라겐은 뼈의 유연성과도 관련이 있다.

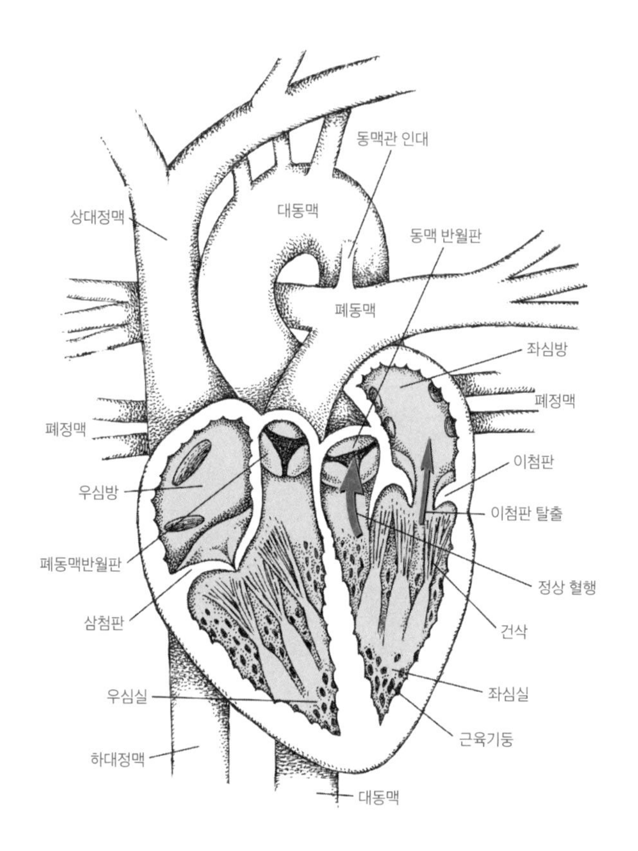

나갈 수 있으므로, 열려 있는 대문 밖으로는 나갈 수가 없다. 사람의 경우, 하나 또는 그 이상의 방실판막이 심방 쪽으로 밀려 나간 상태를 심실탈출증 또는 판막탈출증이라고 부른다. 개가 있는 힘을 다해 끈을 잡아당겨서 결국 대문 밖까지 고개를 내민 상태라고 생각하면 이해하기 쉽다.

방실판막이 탈출하면 심방과 심실 사이가 제대로 차단되지 않는다. 그래서 심실이 수축할 때 혈액이 심장 밖으로 뿜어져 나가지 않고 심방으로 역류한다. 이렇게 소위 늘어진 판막은 이전에 심근경색이 있었거나 세균성 심내막염(정맥주사를 자주 맞는 사람들에게서 흔히 발견된다) 같은 감염증, 또는 급성 류마티스성 열, 요즘에는 드물지만 패혈성 인두염이나 성홍열을 제대로 치료하지 않아서 생긴다. 또 삼첨판 탈출증은 선천적으로 타고날 수도 있다.

노화로 인해 판막 이상이 일어나기도 한다. 심장판막이 뻣뻣해져 탄성을 잃으면 심방과 심실 사이를 차단하는 기능도 떨어진다. 그러면 심장이 뛸 때마다 혈액이 심방으로 조금씩 역류하고, 심장 밖으로 뿜어져 나가는 혈액은 그만큼 줄어든다. 이 경우 심장은 부족한 혈액을 보충하기 위해 심박수를 증가시키거나 수축력을 더 강하게 하는 식으로 더 많이 일할 수밖에 없다. 이렇게 해야 할 일이 늘어나면 심장은 스트레스를 더 많이 받게 되고 결과적으로 심각한 문제가 발생할 수 있다. 심장이 산소와 영양분이 듬뿍 들어 있는 혈액을 충분히 공급할 수 없는 수준에 이르면 그제야 문제가 가시적으로 드러난다.

방실판막을 지난 혈액은 좌우 심실을 채운 뒤 반월판을 지나간다. 반월판은 반달처럼 생긴 판이라서 그런 이름이 붙었다. 심실이 수축하면 혈액은 반월판을 지나 두 개의 큰 동맥으로 들어간다. 우심실에는 폐대동맥이 연결되어 있는데, 여기서 가지를 쳐 뻗어나가는 폐동맥을 통해 산소가 고갈된 혈액이 폐로 들어간다. 좌심실은 수축할 때마다 대동맥을 통해 산소가 풍부한 혈액을 내보낸다. 대동맥에서 갈라진 혈관들은 온몸으로 퍼져 있다. 방실판막과는 해부학적인 구조가 약간 다르지만(힘줄끈이 없다) 폐동맥과 대동맥의 반월판도 혈액의 역류를 막는 역할을 하는데, 반월판은 폐동맥의 혈액과 대동맥의 혈액이 심실로 되돌아가는 것을 막는다.

사람의 경우, 판막에 생긴 이상이 크지 않으면 증상이 전혀 없거나 치료가 필요하지 않은 경우도 왕왕 있다. 하지만 판막 이상이 심각하면 탈출한 판막 때문에 심장박동이 불규칙해지는 부정맥, 현기증, 피로, 호흡곤란 등을 일으킬 수 있으며 치료를 위해서는 수술을 해야 한다. 2000년대 초반까지는 판막 이상을 치료하거나 대체하려면 복잡한 개흉수술이 필요했다. 그러나 지금은 혈관을 통해 가느다란 관을 심장으로 삽입하는 심도관법이 크게 발전하여 아주 좁은 부위만 국소적으로 절개하거나, 절개를 전혀 하지 않고도 판막을 교체할 수 있다. 심도관법은 SF 소설가들이 한 번쯤은 꿈꿔볼 법한 아주 흥미로운 역사를 가지고 있다. 하지만 그 이야기는 나중으로 미루자.

흰긴수염고래 심장 표면 바로 밑에 무엇이 있는지 보여주기 위해, 표본화 작업의 대가 체레민스키는 장막심장막의 일부를 제거했다. 장막심장막은 매우 얇은 막으로, 심장을 이루는 모든 근육을 덮어서 보호한다. 자루처럼 생긴 심장막의 안쪽 막이기도 하다.

심장막은 심장이 제자리를 지키는 동안 윤활제 역할과 쿠션 역할을 한다. 심장과 심장막의 관계를 쉽게 이해하려면, 물이 조금 들어 있는 지퍼락 비닐 백을 생각해보자. 주먹(심장)으로 비닐 백의 한가운데를 누르면 비닐 백이 주먹의 주변을 감싼다. 이때 물을 담고 있는 이 비

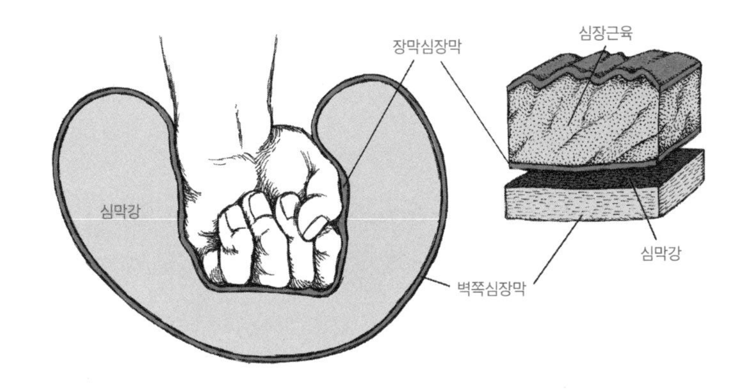

닐 백이 심장막이고, 비닐 백에서 주먹과 맞닿은 부분이 장막심장막이다. 비닐 백 안의 공간은 심막강인데, 부분적으로 심장막액이 차 있다. 지퍼락 비닐 백에서 주먹과 닿은 면의 반대쪽 바깥면은 벽쪽심장막인데, 이 막은 흉강을 둘러싼 벽에 붙어 있다. 이런 연결구조가 심장을 제자리에 붙잡아주면서 한편으로는 외부로부터의 충격을 흡수해준다. 심장막은 심장을 담고 있는 것이 아니라 둘러싸고 있다.

고래의 혈관에서 사람이 헤엄칠 수 있을까

고래 심장 표본을 안팎으로 자세히 관찰한 후, 퍼트리샤가 수장고에 남아 표본을 스케치하는 동안 나는 왕립 온타리오 박물관에서 고래 심장을 복원하고 보존하는 작업에 참여했던 사람들을 인터뷰했다. 그러나 세계에서 유일한 이 표본이 어떻게 그 자리에 있을 수 있었는가에 대한 이야기보다, 나는 재클린 밀러와 마크 엥스트롬 그리고 그 동료들이 그 과정에서 새롭게 알게 된 사실은 무엇이었는지가 더 궁금했다.

밀러에게는 표본화된 고래 심장의 기이한 형태에 대해 물었다. 포유동물 심장의 전형적인 형태는 꼭지점이 아래로 가도록 뒤집어진 원뿔 모양이다. 그러나 그 표본은 꼭지점이 갈라진 형태였다. 밀러는 이처럼 갈라진 형태를 한 심장은 수염고래* 중에서도 가장 큰 긴수염고래의 특징이라고 말했다. 그리고 다른 포유류 심장에 비해 이 고래의 심장은 더 평평하고 넓다고 설명했다.

"육상 포유동물은 대개 나선형 심장을 갖고 있어요. 연결조직과 근육섬유가 좌우심실을 나선형으로 둘러싸고 있지요. 그래서 심장이 수축하면 마치 젖은 수건을 비틀어 짜는 듯한 모양이 됩니다." 엥스트롬이 덧붙였다.

그러나 긴수염고래의 심장은 근육섬유가 심장의 꼭대기에서부터 바닥까지, 나선이 아니라 직선으로 뻗어 있다. 엥스트롬은 이에 대해 다음과 같이 설명했다.

"제 생각에는, 긴수염고래가 수심 깊은 곳으로 잠수할 때면 심장이

* 고래수염은 특정 종류의 고래가 가지고 있는, 입 안에 마치 빗살처럼 나란히 배열된 뻣뻣한 강모를 말한다. 이 종류의 고래들은 고래수염을 통해 먹이를 걸러 먹는다. 사람의 손톱이나 머리카락을 구성하는 물질이기도 한 케라틴이 주요 구성 물질이며, 다량의 물을 삼켜서 이 수염으로 크릴새우만 걸러낸 후 물은 도로 뱉어내는 방법으로 먹이를 먹는다.

짜부라들어 그런 것 같습니다. 수심이 깊은 곳에서도 심장이 뛰기는 하지만 수압 때문에 짜부라드는 거죠."*

그런 이유 때문에, 밀러와 팀원들이 록키 하버에서 고래의 심장을 적출했을 때 마치 "거대한 스폰지 백처럼" 짜부라져 있었던 것이다. 밀러는 짜부라진 심장을 복원과정에서 다시 부풀려야 했다고 덧붙였다.

흰긴수염고래에 대해 왕립 온타리오 박물관 연구팀이 알게 된 새로운 사실을 설명하던 중, 엥스트롬은 세상에서 제일 큰 심장은 얼마나 크냐는 질문을 셀 수 없을 정도로 많이 받았다고 이야기했다.

"그 질문에 아주 신물이 날 지경이었어요. 저도 '이만큼 큽니다,' 하고 못을 박아 말해버리고 싶은 심정이었습니다." 엥스트롬이 말했다.

수십 년 동안, 대중 소설에서든 과학 소설에서든, 흰긴수염고래의 심장은 승용차와 비슷한 크기이거나 최소한 3톤쯤은 되리라는 이야기가 많았다. 밀러와 팀원들은 고래의 심장을 적출할 준비를 하는 동안 이에 관한 자료를 읽어보았다고 고백했다. "고래의 가장 큰 혈관은 사람이 헤엄쳐서 왔다 갔다 할 수 있을 정도로 크다는 이야기도 있었어요. 아마도 고래의 심장혈관 중에서 가장 큰 후대정맥을 말하는 거였겠죠."

하지만 왕립 온타리오 박물관의 표본에 붙어 있는 맥관 구조를 보

---

* 꼬리표를 단 흰긴수염고래 개체가 가장 깊이 잠수했던 기록은 305미터지만, 포유동물 중에서 가장 깊이 잠수한 기록은 쿠비어부리고래*Ziphius cavirostris* 개체의 기록으로 무려 2,992미터에 달한다!

니 가장 큰 혈관이라고 해도 사람이 그 안에서 헤엄을 칠 수 있을 만큼 넓지는 않았다. 수달이나 연어 정도라면 가능할 수도 있겠지만, 그 이상은 무리일 것 같았다.

밀러도 복원되어 돌아온 심장 표본을 보니 기대보다는 크기가 작더라고 이야기했다. 그렇다고 이 심장의 주인이었던 흰긴수염고래가 다른 개체에 비해 몸집이 작은 편도 아니었다. 그렇다면 이 심장은 왜 우리가 생각했던 것보다 작은 걸까?

그 답은, 흰긴수염고래의 심장이 다른 포유동물의 심장만큼 크지 않다는 데 있다. 물론 흰긴수염고래는 인간의 기준으로 매우 큰 동물이지만, 무게의 비율로 따지자면 흰긴수염고래의 심장은 몸 전체 무게의 0.3퍼센트에 불과하다. 물 밖의 다른 동물, 가령 생쥐나 코끼리 같은 경우에 심장과 몸 전체 무게의 비율은 0.6퍼센트 정도다.

흥미로운 점은, 작은 동물일수록 심장이 비례에 맞지 않게 큰 경향이 있다는 점이다. 예를 들어, 가면뒤쥐*Sorex cinereus*는 세상에서 제일 작은 포유동물 중 하나로,* 몸무게는 5그램에 불과하지만 심장의 무게는 몸무게의 1.7퍼센트나 된다. 평균적인 체구를 가진 육상 포유류와 비교하면 세 배, 흰긴수염고래 같은 덩치 큰 포유류에 비하면 여섯 배에 달한다.

한편, 조류의 심장은 포유류의 심장에 비해 상대적으로 큰 편이다.

* 세상에서 가장 작은 동물은 태국과 미얀마에 서식하는 키티돼지코박쥐*Craseonycteris thonglongyai*다. 뒤영벌박쥐라고도 부르는데, 몸무게는 겨우 2그램 정도에 불과하다.

하늘을 날아야 하는 데 따른 신진대사상의 필요 때문이다. 가장 작은 조류로 알려진 벌새 역시 몸무게는 2그램(10센트짜리 동전보다 가볍다)에 불과하지만, 심장 대 체중의 비율은 매우 커서 자그마치 2.4퍼센트에 달한다. 상대적으로 따지자면, 벌새의 심장은 흰긴수염고래의 심장보다 무려 여덟 배 더 크다는 뜻이다.

심장은 1분에 최대 몇 번이나 뛸 수 있을까

작은 동물이 체중에 비해 상대적으로 큰 심장을 가진 이유는, 작은 동물 나름의 생활 습관과 지나치게 활동적인 습성 때문인 것으로 보인다. 예를 들어, 벌새는 초당 80번까지 날갯짓을 할 수 있다. 또한 내가 코넬대학교에서 박사과정 공부를 할 때 들은 바로는, 뒤쥐는 덫에 걸렸을 때 한 시간 안에 풀어주지 않으면 굶어 죽을 정도로 쉴 새 없이 사냥을 해야 한다고 한다.

이렇게 작은 동물들이 조증환자 같은 행동을 유지하려면 세포에 극단적으로 많은 에너지와 산소를 공급해야 한다. 그만큼의 에너지와 산소를 공급하려면 심박수를 늘려서 혈액을 더 자주 펌프질해 산소와 영양분을 신체의 각 부위로 보내주어야 한다. 그 결과 이런 동물들의 심박수는 입이 떡 벌어질 정도로 높다. 벌새의 심박수는 분당 1,260회에 달하고 뒤쥐는 척추동물 중에서 최고에 속하는 분당 1,320회에 이른다. 대략 35세 인간의 최대 심박수의 일곱 배에 달한다.

눈이 튀어나올 정도의 수치지만, 심박수의 증가에도 한계는 있다. 연구자들은 심장이 감당할 수 있는 심박수의 최대치가 있다고 믿는다. 뒤쥐의 경우, 한 번의 심장박동에 걸리는 시간은 43밀리세컨드, 즉 1,000분의 43초다. 이렇게 눈 깜짝할 사이에 심장은 정맥혈로 채워졌다가 수축을 일으켜서 동맥혈을 뿜어낸 다음, 새로운 사이클을 준비해야 한다. 이 모든 과정이 그렇게 순식간에 진행된다면, 뒤쥐의 심박수는 최고 한계까지 이르지는 않는다 하더라도 그에 매우 가깝다고 할 수 있다.

따라서 심장의 형태 또는 구조가 심박수를 최고 분당 1,400회로 제한하는 요소라면, 혈액을 더 많이 펌프질하기 위해서는 심장의 크기를 늘리는 방법밖에 없다.[2] 심장의 크기가 증가하면 방실에 혈액을 더 많이 채울 수 있고, 한 번 박동할 때마다 혈액을 더 많이 펌프질할 수 있다.* 뒤쥐나 벌새가 체구에 비해 큰 심장을 지닌 이유가 바로 여기에 있다. 그러나 앞으로 다루겠지만, 초소형 동물의 심장 크기에도 한계는 있다.

흰긴수염고래의 심장을 보존처리까지 해가며 살펴보았지만, 우리는 여전히 고래의 심장에 대해 모르는 것이 너무나 많다. 고래의 심장

* 보통 체구의 사람은 5리터 정도의 혈액을 가지고 있다.[3] 쉬고 있을 때 심장의 출력이 대략 분당 5리터이므로, 우리 몸의 혈액이 완전히 한 사이클을 도는 데 걸리는 시간(심장에서 폐로, 다시 심장으로 들어갔다가 온몸으로 퍼져나갔다가 다시 심장으로 돌아오는 데 걸리는 시간)이 대략 1분이라는 의미다.

이 정확히 어떤 방식으로 짜부라드는지, 심장이 그렇게 짜부라드는데도 그 심장의 주인은 어떻게 살아남을 수 있는지 우리는 아직 정확히 알지 못한다. 고래 말고도 깊이 잠수하는 포유동물, 가령 물개는 심박수를 줄이고 몸의 각 부위로 가는 혈액의 흐름을 차단한다. 흰긴수염고래도 그런 방법으로 산소를 절약하도록 적응한 걸까? 연구 결과를 보면 그럴 가능성도 있는 것 같다.[4] 스탠퍼드대학교의 생물학자 제러미 골드보겐이 이끄는 팀은 최근 흰긴수염고래가 심박수를 분당 2회까지 떨어뜨릴 수 있다는 사실을 발견했다.*

또한 해부학적인 측면에서도 몇 가지 중요한 의문이 남는다. 그중에는 왕립 온타리오 박물관의 심장 표본에서 복잡한 혈관의 배열을 식별하는 정도의 단순한 것도 있다. 하지만 흰긴수염고래의 심장이 움직이는 생리를 가설과 추측의 영역으로부터 벗어나게 하려면 앞으로 더 많은 연구가 진행되어야 한다.

* 골드보겐의 팀은 석션 컵을 이용해 흰긴수염고래 한 마리의 몸에 심박계를 붙여서 거의 9시간 가까이 이 고래의 심박수를 모니터했다. 하지만 분당 2회까지 극적으로 심박수가 떨어져 있는 동안 이 고래의 몸에서 어느 부위로 가는 혈행이 차단되지는 찾지 못했다.

심장의 기원

단세포 생물부터 흰긴수염고래까지

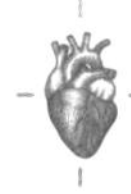

미생물은 너무나 작아서 완전히 제거할 수 없다.

— 힐레어 벨록

몸의 폭이 1밀리미터도 안 되는 생명체에게 이 책의 내용은 별 쓸모가 없다. 왜냐고? 이미 다룬 내용이나 앞으로 이 책에서 다룰 내용이나 모두 심장에 대한 것이기 때문이다. 정의에 따르면, 심장이란 몸 안을 순환하는 체액을 받아들였다가 리드미컬한 펌프질로 다시 내보내는, 빈 공간을 품고 있는 근육조직이다. 이 심장과 체액 그리고 그 체액이 이동하는 혈관을 순환계라고 하는데, 1밀리미터 미만의 생명체에게는 이 순환계가 없다. 몸집이 작기 때문에 영양분과 산소를 세포(심지어는 세포가 하나뿐인 생명체도 있다)에 곧바로 전달할 수 있고, 노폐물도 외부 환경과의 간단한 맞교환으로 제거할 수 있기 때문이다.

물론 이 경우 외부 환경은 대부분 물로 구성되어 있다.

이러한 교환을 확산이라고 한다. 이는 세균이든 흰긴수염고래든 모든 생명체에게 매우 중요한 과정이다.

순환계는 어떻게 우리 몸에 영양분과 산소를 전달할까

기본적으로 확산은 여러 개의 분자, 가령 산소 또는 영양분이나 노폐물 등이 장벽을 사이에 두고 서로 다른 농도로 존재할 때 일어난다. 물건이 어지럽게 널려 있던 방을 깨끗이 정리하려 물건들을 벽장에 마구 몰아넣고 문을 닫았다고 치자. 그러면 벽장 안은 벽장문을 사이에 두고 바깥에 비해 물질의 농도가 매우 높은 상태가 된다. 여기서는 벽장문이 장벽이다. 만약 그 벽장문에 작은 구멍을 하나 뚫는다면, 그 구멍보다 크기가 작은 물건은 밖으로 튀어나와 다시 방을 어지럽힐 수 있다. 물질은 언제나 농도가 높은 곳(벽장 안)에서 낮은 곳(방)으로 이동한다. 따라서 벽장문을 열면 물건들이 산사태처럼 쏟아지겠지만, 벽장문에 구멍을 뚫는 정도라면 농도기울기에 따라서 훨씬 작은 규모의 산사태처럼 이동할 것이다.

벽장이 순환계와 무슨 상관이냐고 의아해할 수도 있겠다. 하지만 이 벽장은 순환계라는 시스템의 핵심적인 기능, 즉 영양분과 산소를 몸의 바깥으로부터 몸 안의 세포와 조직으로 배달하는 과정을 비유한 것이다. 또한 순환계는 독성물질이나 세포 노폐물, 이산화탄소같이 우리 몸에 해로운 것이 말썽을 일으키기 전에 몸 밖으로 내보내는 기능도 한다.

몸의 넓이가 1밀리미터 미만인 크기의 유기체는 대개 단세포 생물이다. 이런 미생물은 세포막에 있는 아주 작은 세공細孔을 통해 좋은 물질은 들여오고 나쁜 물질은 내보낸다. 이 세포막이 바로 세포의 안과 밖을 분리하는 장벽이다. 그리고 세포막에 뚫린 세공은 위에서 비유했던 벽장문에 뚫은 구멍과 같은 역할을 한다. 벽장 속에 몰아넣은 물건들처럼, 물질은 농도기울기를 따라 이동한다. 미생물(세포)의 안쪽보다 바깥쪽에 산소가 더 많으면, 산소가 안쪽으로 확산된다. 탄수화물과 당분 같은 영양분 역시 안으로 확산된다. 노폐물이 쌓여 바깥쪽보다 농도가 올라가면… 여러분이 상상하는 바로 그 과정이 진행된다.* 마지막으로, 벽장의 비유에서처럼 물질 중의 일부는 세포막을 통과할 수 없다. 결과적으로 세포막은 "반투막"이라고 불린다. 세포소기관(예를 들면, 세포핵과 미토콘드리아) 같은 세포 구조물이 세포 안에만 머무르는 이유가 바로 이러한 성질 때문이다. 이런 물질들은 세포막

* 위에서 설명한 왕복운동은 세포의 에너지를 거의 또는 전혀 쓰지 않는 "수동적인" 과정이다. 물질은 세포에 의해서 삼켜지거나(아메바 같은 유기체에서 볼 수 있다) 소낭이라 불리는, 막으로 이루어진 주머니에 의해 둘러싸여도 양방향 중 어느 쪽으로든 이동될 수 있다. 소낭이 물질을 둘러싸더라도 세포가 거부하거나, 농도기울기에 역행해서 물질이 이동하는 경우도 있는데, 이러한 "능동적인" 과정은 모두 에너지가 투입되어야 한다.

의 세공을 통과하지 못한다.*

이쯤 왔으면 여러 동물 친구들, 특히 중추신경계를 가진 친구들 중에는 "우리 몸은 1밀리미터보다 훨씬 큰데, 당신이 말하는 순환계 어쩌구 같은 건 없잖아요. 어떻게 된 건지 설명 좀 해봐요, 미스터 사이언스!"라고 묻고 싶어 하는 친구도 있을 듯하다.

흠, 그렇게 말할 수도 있겠다. 하지만 지금 당장 그 질문에 대해 답하지 않으려 한다.

그런 친구 중의 일부, 예를 들면 편형동물은 몸길이가 24미터에 이르기도 한다. 이 동물들은 순환계가 없이도 아주 훌륭하게 몸을 키운다. 그러나 다른 모든 생명체처럼, 편형동물에 속하는 2,000종 이상의 동물들은 각자가 처한 특정한 환경의 요구(소위 선택압이라고 하는)에 적응한 덕분에 지금도 번성하고 있다. 이런 이유로 편형동물 중 일부는 편절片節이라고도 하는 마디를 가진 몸, 즉 구슬을 꿰어놓은 모양으로 진화했다. 표면에 주름이 진 호두는 같은 크기의 매끄러운 공보다 표면적이 훨씬 큰 것처럼, 마디가 이어진 편형동물의 몸도 길이는 같지만 매끄러운 몸을 가진 편형동물에 비해 가스, 영양분, 노폐물을 교환할 수 있는 표면적이 더 넓다. 벽장문의 비유에 이와 같은 개념을 확장해보면, 접이식 문이 여닫이문이나 미닫이문보다 표면적이 넓은

* 크기 제한 외에도 어떤 물질들은 막을 가로질러 이동할 수 없는 물리적인 특징을 가지고 있다. 예를 들면 어떤 분자는 전하를 가지고 있어서, 같은 전하를 가진 막에 너무 가까이 다가가면 척력이 작용해 튕겨 나간다.

것과 같다. 그러면 안에 든 물질이 드나드는 세공의 수도 더 많아진다.

그러나 편형동물이 적응에 성공한 데에는 형태 말고 다른 특징도 크게 기여했다. 편형동물 중에는 눈에 띄는 단거리 육상선수가 없다. 빠르게 헤엄을 치거나 날아다니는 종류도 없다. 대신 누군가의 내장 내벽에 머리처럼 생긴 두절을 딱 갖다 붙여놓고 느긋하게 산다. 또는 시냇물 바닥에 납작 엎드린 채 시간을 보내거나, 축축하게 젖은 낙엽 밑에 드러누워 지낸다. 아주 게으른 삶이지만, 덕분에 소파에 드러누워 종일 TV 채널이나 돌리는 삼촌보다 훨씬 적은 에너지와 산소를 소비하며 하루를 보낼 수 있다.

아, 편형동물 친구들! 오해하지는 말아줘. 자네들에게는 순환계가 없고 호흡기계도 없을 뿐만 아니라, 대부분 기생생활을 하면서 매년 300만 명이 넘는 사람들을 감염시키고 입으로 똥을 싼다고 해도 이게 자네들을 나쁘게 말하려는 건 아니야.* 이 책은 자네들에 대한 책이 아니거든. 그러니까 불만이 있으면 나중에 이야기하자고, OK?

---

* 편형동물문에 속한 2,000종 이상의 동물 중 대부분이 소화하지 못한 먹이는 토해내지만, 어떤 종은 등에 하나 또는 그 이상의 항문이 있다. 진짜 문제는, 편형동물문의 또 다른 부류인 촌충, 특히 가자미처럼 생긴 흡충류는 심각한 질병을 일으키는 내장 기생충이라는 점이다. 이들은 주로 아프리카에서 사람과 가축에게 주혈흡충병을 일으킨다.

혈관은 처음에 어떻게 만들어졌을까

자, 이제 그 친구들은 돌아갔겠지?

그럼 이제 방금 돌아간 그 조그만 친구들보다 몸통이 조금 더 굵고, 다른 동물의 내장이나 호수 바닥의 썩은 진흙이 아닌 다른 곳에서 사는 친구들의 이야기로 돌아가자. 이들은 단세포 생물에서 쇠똥구리나 말똥가리, 심지어는 보험설계사로 진화해오는 동안 커다란 문제와 맞닥뜨렸다. 아마도 가장 심각한 문제는, 거리가 멀면 확산이 제대로 이루어지지 않는다는 점이었을 것이다. 사실 거리가 1밀리미터 이상 떨어지면 가는 것도 오는 것도 쉽지 않다. 그 결과 수백 수천 개의 세포가 층을 이루며 3차원적으로 쌓여 만들어진 뚱뚱한 몸매를 가진 동물들, 즉 다세포 동물의 경우 확산만으로는 영양분과 노폐물을 필요한 만큼 이동시킬 수 없었다.

그렇다면 그 동물들은 어떻게 그렇게 큰 몸집을 갖도록 진화할 수 있었을까?

이 질문은 대답하기 쉽지 않다.

우선, 아주 아주 오랜 옛날 옛적 동물들의 몸은 작고 몰캉몰캉했기에, 그런 동물들의 화석 기록은 상대적으로 희귀할 수밖에 없다는 점을 분명히 해두고 시작해야겠다. 과학자들은 최초의 다세포 생명체, 다시 말해 후생동물은 지금으로부터 8억 5,000만 년~7억 7,000만 년 전에 진화했다고 믿는다.[1] 거기서 시간이 조금 더 흘러 지금으로부터 6억 년 전쯤, 체형이 둥글둥글하지 않고 좌우 양쪽이 대칭을 이룬 새로운 계통의 후생동물이 나타났다. 이전까지 후생동물의 배는 2겹 구조였는데, 이 새로운 계통의 후생동물은 3겹 구조였다. 그 전부터 존재했던 외배엽은 피부, 신경조직, 입, 항문 등으로 분화했고, 외배엽보다 안쪽에 있는 내배엽은 장기 또는 호흡기의 내막으로 분화했다. 새롭게 진화한 세 번째 층, 즉 외배엽과 내배엽 사이에 생겨난 중배엽은 더 크고 복잡한 조직의 재료가 되었다. 최종적으로 중배엽은 근육, 인대와 지방 같은 연결조직, 뼈와 같은 구조물 그리고 나중에는 심장이 될 결코 사소하지 않은 조직의 집합으로 분화했다.

다세포 동물의 몸에서 그다음으로 진화한 기관은 조직이다. 조직은 세포외기질과 다양한 유형의 세포로 이루어져 있다. 세포외기질이란 세포 바깥 혹은 세포 사이에서 발견되는 물질의 총칭으로, 이러한 세포외기질과 다양한 세포가 연합해 조직을 이룬다. 이 조직은 저마다 한 가지 혹은 여러 가지 기능을 수행하는데, 뼈처럼 중력에 대항하여 몸을 지탱하거나 혈관처럼 체액을 이리저리 운반하는 식이다. 조직은 혈액이나 뼈, 연골 같은 연결조직, 체표면을 덮거나 혈관처럼 속이 빈 기관의 막을 이루는 상피조직, 신경과 신경을 지탱하는 신경교 같은 신경조직 그리고 근육조직까지 네 가지가 존재한다.

심장과 관련해 한 가지 짚고 넘어가자. 근육조직은 형태나 수축 양상, 기능에 따라 평활근과 골격근, 심장근으로 나뉜다. 골격근은 수의근이라고 하여, 우리의 의지에 따라 움직일 수 있는 근육이다. 평활근과 심장근은 불수의근이라, 일반적인 근육과 달리 심장이 박동해야 할 때를 기억해서 움직여주어야 할 필요가 없다. 우리의 생존을 위해서는 매우 다행스러운 일이다.

그다음으로 분화된 기관은 내장 기관, 즉 장기臟器다. 사람의 장기는 제각각 한 가지, 때로는 여러 기능을 수행한다. 장기마다 최소한 두 가지 이상의 조직으로 이루어져 있는데, 심장처럼 비교적 큰 장기는 네 가지 조직으로 이루어져 있다. 심장이나 신장, 간은 누구나 금방 장기라고 인식하지만 혈관은 어떨까? 정맥과 동맥은 상피조직과 연결조직 그리고 근육조직으로 이루어져 있으며 혈액을 운반하고 분배하는 기능을 수행하므로, 혈관도 사실은 장기에 속한다.

이러한 신체 구조의 질서에서 가장 윗자리를 차지하는 것은 순환계와 소화기계 같은 생체기관계다. 생체기관계는 여러 기능을 수행하는 다양한 기관의 집합이다. 가령 심장, 동맥, 모세혈관, 정맥 등으로 이루어진 순환계의 경우, 몸 전체에 혈액을 운반하는 일을 한다.

다른 장기와 마찬가지로, 혈관은 여러 층의 세포로 이루어져 있다. 그리고 근육섬유 혹은 근세포라고 불리는 근육세포가 혈관과 같은 연결조직과 상피조직 사이의 안쪽 층을 이룬다. 이 근육섬유가 수축하면 혈관 내부의 액체가 덩달아 압축되면서 움직인다. 막대풍선의 가운데를 손가락으로 누를 때를 상상해보자. 과학자들은 물이, 더 나중에는 혈액이 진화를 통해 점점 크기를 키워 온 장기 내부에서 이동할 수 있었던 것이 이러한 과정 덕분이라고 생각한다.

그렇다면 이 과정은 최초에 어떻게 시작되고 진행되었을까? 가능성 높은 가설은 약 50억 년 전, 지금은 정확히 무엇인지 알 수 없는 유기체에서 새롭게 진화한 중배엽 세포가 스스로 길이를 줄이는, 즉 수축하는 능력을 개발했다는 주장이다. 이처럼 세포가 수축하기 위해서는, 어느 시점에선가 세포 내부에서 수축성 단백질이 나란히 배열되었어야 한다.

대표적인 수축성 단백질로 심장 근육을 포함한 인간의 근육에서 발견되는 액틴과 미오신이 있다. 이 단백질에 에너지가 적절히 공급되면, 서로 반대쪽에서 가운데를 향해 마주 보는 방향으로 힘이 작용하면서 액틴이 미오신 쪽으로 미끄러져 들어간다. 수백만 개의 액틴과 미오신 분자가 동시에 작용하면, 이 분자들이 들어 있는 세포와 그 세포를 둘러싼 구조 물질까지 동시에 수축한다. 수축성 단백질이 제자리로 돌아가면, 세포도 이완되어 수축되기 전의 길이로 돌아간다.

물론 500만 년 전에 처음 등장했던 수축 세포는 지금 우리의 근육세포보다 훨씬 단순했을 것이다. 게다가 그 당시에 존재했던 동물들에게는 혈액도 없었고 혈액을 운반하는 데 필요한 혈관도 없었을 것이다. 물질이 유기체의 밖에서 안으로, 또는 안에서 밖으로 이동할 수 있게 해준 것은 아마도 물이었을 것이다. 지금도 정상적인 체세포 내부에서 수축성 단백질이 발견되는데, 이 단백질들은 세포의 내부 운반 시스템에서 결정적인 기능을 수행한다.

과학자들은 고대의 일부 생명체에서 수축성 단백질을 지닌 세포가

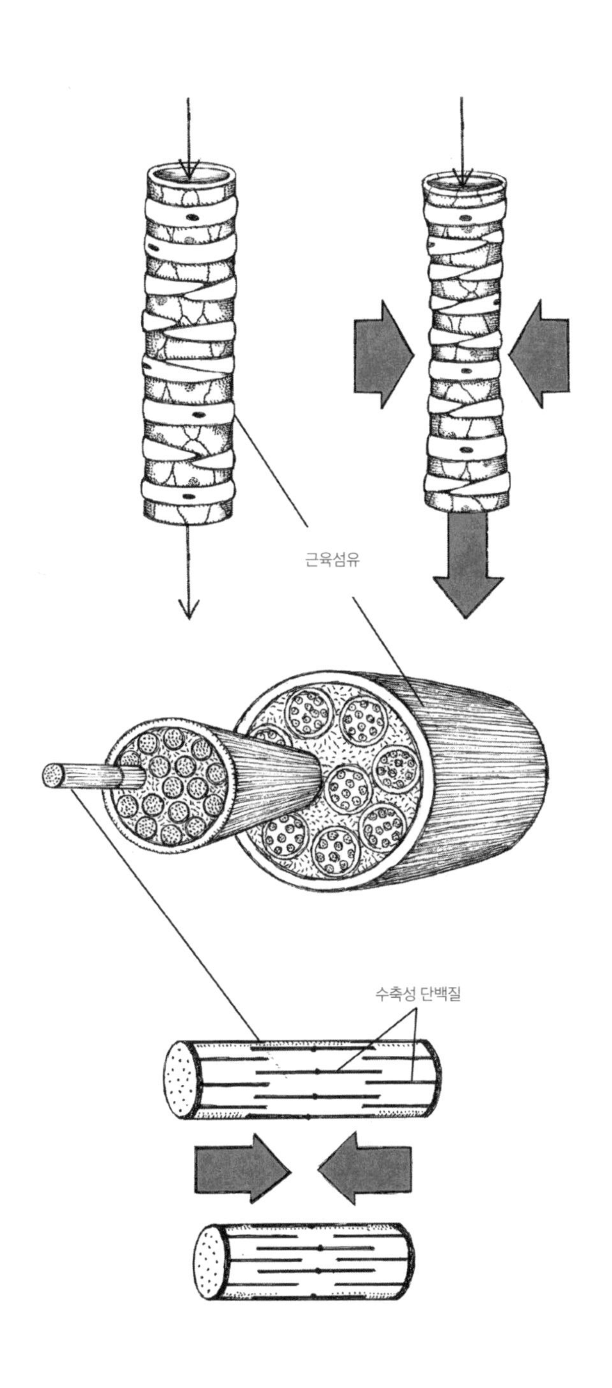
근육섬유
수축성 단백질

튜브 형태로 축적되면서 원시적인 순환계를 형성했을 수도 있다고 믿는다. 이 수축성 단백질이 훨씬 더 커진 생명체의 몸 안에서 물과 그 물 안에 들어 있던 물질 그리고 아주 긴 시간 후에는 혈액을 이동시킬 수 있었을 것이다. 수축성 순환계 같은 혁신적인 진화가 자리를 잡은 뒤에는, 새로운 생명 물질 덩어리가 상대적으로 신속하게* 환형동물, 연체동물 그리고 나중에는 척삭동물 등 다양한 형태의 동물로 갈라져 나갔을 것이다. 척삭동물은 이 책의 주요 독자들인 척추동물의 한 부분집합이다.

이렇게 적응에 성공한 생명체들은 비슷한 기관을 갖지 못한 다른 생명체들과의 경쟁에서 이김으로써 그들을 멸종으로 내몰았다. 하지만 모두가 그런 것은 아니었다. 산호, 해파리 그리고 빗해파리와 같은 자포동물 등은 진화의 과정에서 근육으로 분화되는 중배엽이 나타나기 전에 무척추동물로부터 갈라져 나왔다. 이 동물들은 조상으로부터 근육조직을 물려받지는 못했지만, 독극물과 침세포 같이 천적을 물리칠 수 있는 그들 나름의 무기를 개발했다. 또한 근육세포처럼 활동하는 수축성 상피세포도 진화시켰다. 이 상피세포 덕분에 자포동물들은 살아남아 번성할 수 있었다.

* 흠… 수억 년 정도의 기간에 걸쳐서 신속하게.

숨을 쉬어야 심장도 뛴다

자포동물의 진화는 혁명적이지만, 진공 상태에서는 순환계가 진화할 수 없다. 물론 혈관도 충분히 훌륭하지만, 순환계를 갖춘 생명체가 성공할 수 있었던 중요한 이유는 순환계와 함께 호흡기계를 동시에 진화시켰기 때문이다. 이 두 가지 시스템이 동시에 진화하고 기능함으로써 대량의 기체를 체내로 유입하거나 체외로 배출하는 문제가 해결되었고, 그 결과 척삭이 점점 더 복잡해지는 진화 과정에, 더 나아가 복잡해진 척삭이 제 기능을 수행하는 데 필요한 에너지를 조달할 수 있게 되었다.

대부분의 호흡기계는 물고기의 아가미나 우리의 폐처럼 주로 가스 교환 메커니즘으로 이루어진다. 호흡기계의 주요 기능은 산소를 섭취하는 것인데, 산소는 체내에서 일어나는 생명 유지를 위한 화학작용에 필수적이다. 이러한 화학작용이 바로 대사 작용이며, 총체적으로 생체대사라고 부른다. 여러 대사 작용 가운데 가장 중요한 과정은 우리가 먹는 음식으로부터 사용 가능한 에너지를 뽑아내는 것이다. 소화과정이 완료되면, 음식에 들어 있던 영양분은 탄수화물, 지방, 단백질같이 더 작은 분자로 분해된다. 세포 호흡이라는 과정을 통해서 포도당(탄수화물)은 세포의 에너지원인 아데노신삼인산ATP으로 전환된다. 근육섬유와 기타 세포들은 ATP의 구조를 유지하고 있는 화학적 결합을 분해하는 능력을 가지고 있으며, 이 과정에서 얻어지는 에너지는 복구, 성장, 근육수축 같은 활동의 연료로 쓰인다. 이러한 분자 분해와 에너지 해방에는 산소가 필요하다. 그리고 그 산소가 체내로 들어가는 관문이 아가미와 폐다.

이게 전부는 아니다. 에너지 해방 외에도, 부산물인 이산화탄소가 세포 호흡을 통해 방출된다. 이산화탄소는 여러 생명체에게 독으로 작용한다. 즉 동물들은 자기 몸에 이산화탄소가 위험한 수준까지 축적되기 전에 끊임없이 이산화탄소를 방출해야 한다. 따라서 대부분의 순환계는 아가미나 폐로부터 온몸의 세포로 구석구석 산소를 배달하는 역할뿐만 아니라 대사 부산물을 아가미나 폐로 다시 운반하는 이중 역할을 수행한다. 아가미와 폐는 그렇게 되돌아온 부산물을 체외로 방출한다. 사람들은 운동하면 호흡이 빨라지는 이유가 산소필요량이 증가하기 때문이라고만 생각하지만, 운동하는 동안 숨을 헐떡거리면서 급증하는 이산화탄소를 제거할 필요도 그만큼 늘어나기 때문이다.

호흡기계가 진화하는 동안 순환계 역시 진화하면서 혈액*이라는 체액이 몸 전체를 순환하게 되었다. 이처럼 호흡기계와 순환계가 동시에 작동하는 이중계의 증거는 약 5억 2,000만 년 전의 것으로 추정되는, 중국 남부 윈난성 청장현에서 발굴된 후시안후야 프로텐사 *Fuxianhuia protensa*라는 절지동물의 화석에서 최초로 확인되었다.[2] 혈관은 동맥, 모세혈관, 정맥 등으로 나뉘는데, 이 혈관들은 영양분과 산소를

* 무척추동물은 혈액 대신 혈림프를 지니고 있다. 무척추동물에 대해서 이야기하자면, 이 책에서도 그렇지만 대개 혈액과 혈림프라는 두 가지 용어가 혼용되어 쓰인다.

Fuxianhuia protensa

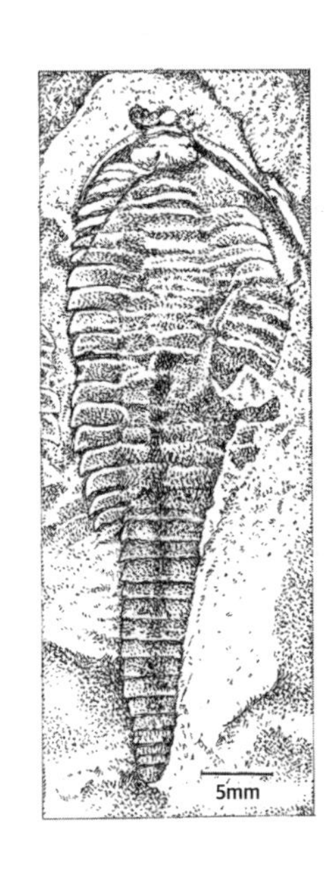

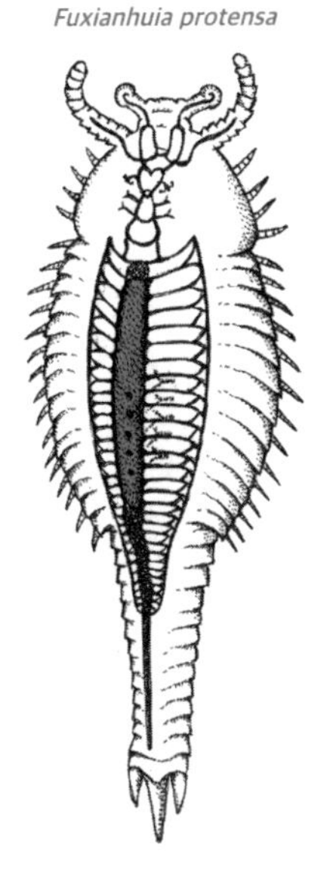

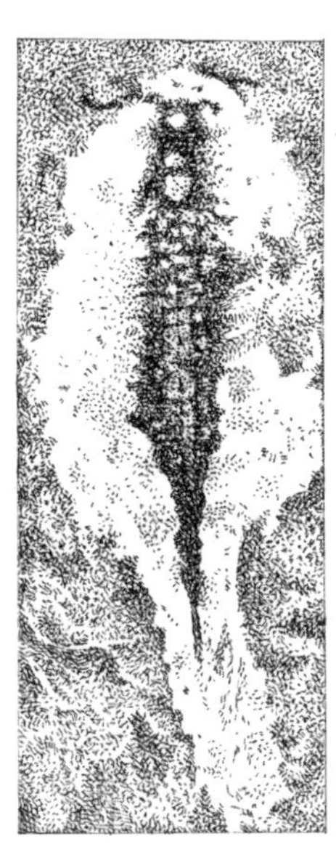

신체의 각 세포에 배달하고, 세포로부터 배출된 노폐물과 이산화탄소를 운반한다. 혈관은 이처럼 물질의 운반과 배출을 생명체의 체표면 바깥까지 이어갈 수 있도록 배열되어 있다. 확산은 물질을 체세포의 안과 밖으로만 이동시키는 과정인 데 비해, 혈관은 영양분과 기체, 노폐물을 필요한 장소까지 운반해준다. 즉 세포의 층과 층 사이로 물질이 스며들고 스며 나오는 것이 아니라, 외부 환경에서 내부로 또는 내부에서 외부 환경으로 직접 이동시킨다.

이제 후시안후야 프로텐사로부터 50억 년을 훌쩍 뛰어넘어, 우리 기관지의 끝, 폐의 깊은 안쪽에 있는 폐포를 살펴보자. 폐포는 허파꽈리라고도 하는데, 직경은 대략 0.2밀리미터 정도다. 아주 작은 주머니 모양의 이 기관을 사람마다 약 5억 개씩 가지고 있다. 폐포 하나하나마다 사람 머리카락 굵기의 1,000분의 1 정도로 가느다란 모세혈관이 그물처럼 에워싸고 있다. 바로 이 가느다란 혈관에서 호흡기계와 순환계 사이의 가스교환이 일어난다. 폐포와 모세혈관의 벽은 극도로 얇아서 세포층 한 겹 정도의 두께이고, 그래서 가스교환이 아주 빠른 속도로 일어날 수 있다. 하나하나의 크기는 지극히 작지만, 폐포 전체의 표면적을 합해보면 대략 100제곱미터에 이른다. 덕분에 우리가 들이마시는 엄청난 양의 산소가 여기서 처리될 수 있는 것이다.

우리가 숨을 들이쉬면, 산소는 폐포에서 빠져나가 폐포의 모세혈관으로 들어가고, 거기서 점점 더 큰 혈관을 통해 심장(이 단계에서는 좌심방)으로 들어간다. 그리고 좌심실이 수축하면 그 산소가 온몸으로 퍼져나간다. 이산화탄소는 반대 방향으로 움직인다. 폐포 모세혈관에서 나와 폐포로 들어간 후, 외부 환경으로 배출된다.

자, 이제 체험의 시간. 준비하시고……. 숨을 들이쉰다…… 그리고 숨을 내쉰다.

끝. 이제 위의 문단을 다시 읽어보자. 그 과정이 바로 지금 우리가 체험한 과정이니까.

순환계와 호흡기계의 상호작용을 살펴보면 신체의 여러 기관이 주제별로 분명하게 구분된 교재처럼 따로따로 움직이지 않는다는 사실을 알 수 있다. 그러나 안타깝게도 우리는 우리 몸의 부분별로 따로 나누어 배운다. 이러한 사고방식은 생체 시스템이 어떻게 작용하는지를

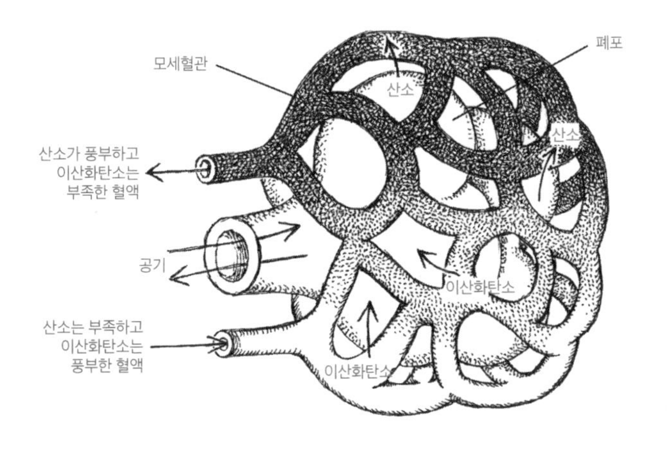

제대로 이해하는 데 크게 방해가 되기 때문에, 나는 인체해부생리학 수업에서 학생들에게 끊임없이 경고한다. 생체기관들은 상호작용하는 관계다. 기관끼리 서로 협조하며 서로가 서로에게 의존한다. 간단히 말해, 혼자서는 아무 쓸모가 없다.

안타깝게도, 이 두 기관의 상승작용이 제대로 작동하지 않는 경우가 생기기도 한다. 그 전형적인 사례가 바로 폐기종이라는 병인데, 한쪽 기관의 기능부전이 다른 기관의 기능부전을 불러오는 연쇄작용이 일어난다. 폐기종은 퇴행성 호흡기계 불치병으로, 폐 속의 폐포가 조직적으로 붕괴되는 특징이 있다. 결과적으로 폐포의 수가 줄어들어 우리가 숨 쉬는 공기와 우리 몸 전체에 산소와 이산화탄소를 순환시키는 순환계 사이의 매개 역할을 제대로 하지 못하는 기능부전까지 겹치게 된다. 폐기종의 원인은 폐를 보호하는 단백질의 유전적인 결함, 먼지와 화학물질을 흡입하는 직업, 흡연에 이르기까지 다양하다. 원인을 불문하고, 이 병에 걸리면 호흡기관의 기능부전과 함께 순환계의 핵심적인 기능에도 영향이 미친다. 폐기종으로 망가진 폐에서 돌아온 혈액은 신체의 각 조직과 기관이 정상적으로 기능할 수 있을 만큼 충분한 산소를 운반해줄 수 없기 때문이다.

결국, 유기체가 더 복잡해지고 그 기능이 다양해질수록 순환계도 복잡하고 다양해진다. 산소와 영양분이 듬뿍 든 혈액을 순환계로 뿜어 보내고 산소와 영양분을 모두 소진한 혈액이 되돌아오면 다시 충전시켜서 내보는 우리 몸의 펌프, 심장도 그렇게 진화해왔다.

모두가 심장을 가질 필요는 없다

앞으로 보게 되겠지만, 심장은 모든 동물이 다 하나씩 가지고 있지도 않고, 구조도 같지 않다. 순환 펌프는 동물 집단마다 다르게 진화했다. 저마다 모양도 다르고 작용도 달라서, 심지어는 "심장"이라고 정의하기에 충분할 만큼의 공통점을 찾을 수 없을 때도 있다. 그렇게 서로 달라 보이는 기관들이 기능적으로는 유사한 이유는 "수렴진화"라는 현상 때문이다.

때로는 서로 다른 동물들의 기관이 진화적으로 비슷하게 적응한 것처럼 보이기도 한다. 상어와 돌고래가 어뢰와 비슷하게 방추 모양의 몸을 지닌 것이 대표적인 예다. 상어와 돌고래는 계통적으로 서로 가

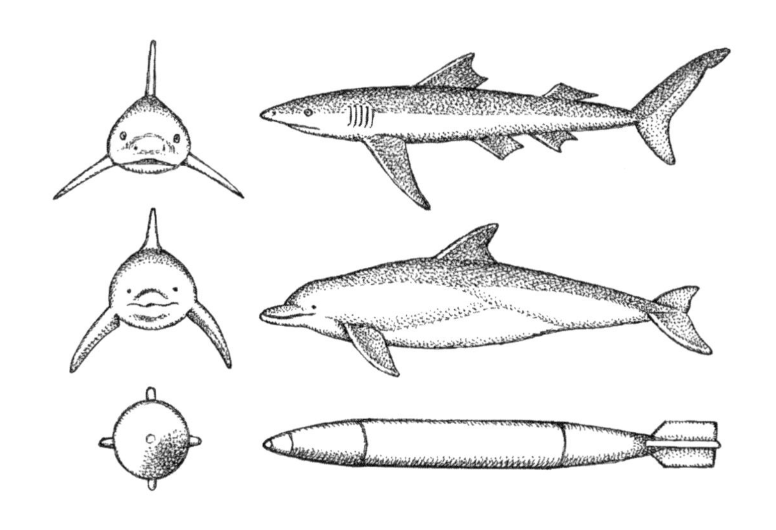

깝지도 않다. 돌고래는 포유류지만 상어는 어류다. 적응이란 단일하고 공통적인 조상으로부터 유전되어 온 것이 아니라, 집단마다 환경에 따라서 여러 번 진화를 겪으며 얻은 최적의 결과다. 이들은 비록 진화적으로는 다른 계통에 속해 있지만 빠르게 움직이는 포식자로부터 목숨을 지키기에 가장 적합한, 빠른 속도로 헤엄을 치는 데 최적의 형태인 방추형 몸으로 진화했다. 참치의 몸 역시 어뢰와 비슷한 모양이라는 점을 떠올려보자.*

흡혈동물도 수렴진화의 또 다른 예를 보여준다. 거머리, 빈대, 흡혈박쥐 등은 몸집이 작은 데다 소리 없이 움직이며 날카로운 "이빨"과

* 수렴진화의 가장 유명한 예는 아마도 곤충, 익룡, 조류와 박쥐의 날개일 것이다. 이 동물들의 날개는 각기 다른 경로로 진화했지만 기능은 비슷해서, 이 기관을 가진 개체가 중력을 이기고 공중을 날 수 있게 해준다. 아가미 역시 수렴진화의 예인데, 이 가스교환 기관은 무척추동물에서나 척추동물에서나 공히 여러 번에 걸쳐서 진화해온 것으로 보인다.

항응혈제가 섞인 타액을 지니고 있는 등 다른 생명체의 피를 빨아먹기에 적합한 기관들을 비슷하게 진화시켰다.

수중 포식자의 방추형 몸이나 흡혈동물이 소리 없이 움직이는 능력과 마찬가지로, 무척추동물의 순환계 역시 집단마다 여러 차례에 걸쳐 진화한 것으로 보인다. 순환기 펌프와 그에 연결된 혈관은 기본적으로 똑같은 기능을 하며, 따라서 그 주인들이 계통상 가까운 연관관계가 아니라 하더라도 유사성을 보인다. 이렇게 계통별로 각자 수차례에 걸쳐 진화했다는 사실이, 우리가 앞으로 살펴볼 무척추동물의 순환계가 왜 그렇게 다양한 형태를 보여주는지를 설명해줄 것이다. 심장을 하나만 가진 동물도 있고 여러 개를 가진 동물도 있지만 아예 심장이 없는 동물도 있다. 마찬가지로 순환계도 개방형인 동물이 있고 폐쇄형인 동물이 있다. 후자에 속하는 동물에 대해서 곧 이야기해보려고 한다.

역으로, 진화의 기원을 살펴보면 척추동물의 기관계는 왜 집단마다 별 차이가 없는지도 알 수 있다. 과학자들은 모든 척추동물의 순환계는 하나의 공통 조상, 즉 약 5억 년 전에 살았던 무악어류의 일종으로 거슬러 올라간다고 믿는다.* 결과적으로, 순환계의 여러 부분이 진화를 통해 여러 번 변화를 겪었음에도, 모든 살아 있는 척추 동물에게서 고대 무척추동물이 적응해온 흔적을 찾아볼 수 있다. 어류의 2방실

* 홍미롭게도, 곤충과 척추동물이 공유하는 특정한 조절유전자가 있다. 이는 유전자 청사진의 아주 작은 부분인데, 이 사실은 모든 순환계의 공통조상이 있을 가능성을 암시한다.

심장, 포유류, 악어, 조류의 4방실 심장은 이 동물들이 제각기 다른 환경의 요구에 적응하며 살아남을 수 있게 해주었다. 그렇더라도 이들에게는 고대 척추동물이 가졌던 순환계, 즉 동맥과 정맥 그리고 방실로 나누어진 심장의 기초적인 청사진이 지금도 여전히 남아 있다. 하지만 이 이야기는 조금 더 뒤로 미루기로 하자.

바닷속 푸른 피

투구게의 피가 인간을 구하다

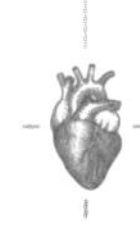

나는 다릅니다. 나의 구조는 다릅니다.
나의 뇌는 다릅니다. 나의 심장은 다릅니다.

— 찰리 신

내 피의 색깔은 다저스 블루!

— 토미 라소다

약간 낡은 진수대에서 30미터쯤 떨어진 곳에 쌍둥이처럼 똑같이 생긴 진수대가 지어졌다. 이 새로운 진수대는 모뉴먼트 해변의 화강암과 콘크리트가 이루는 부채꼴 형태의 지형을 가로지르고 있었다.

"이 지역 주민들은 저걸 짓는 동안 아무런 항의도 하지 않았나요?"

내 오랜 친구이자 무척추 동물학자인 레슬리 네스빗 시틀로가 던진 질문이었고, 그 질문은 댄 깁슨을 향한 것이었다. 70대의 정정한 노인 깁슨은 매사추세츠주 팰머스 근교에 있는 우즈홀 해양학연구소의 신경생물학자였다. 레슬리와 나는 뉴햄프셔주 그레이트베이에서 그곳을 향해 내려오다가 5분쯤 전에 깁슨을 만난 참이었다. 우리는 책을 쓰기 위한 사전 조사로 뉴잉글랜드주 근방을 답사 중이었다.

깁슨은 모래에서 뭔가를 열심히 찾고 있었다. "저는 여기서 3~4킬로미터 떨어진 곳에 살아요. 그런데 새 진수대를 지을 거라는 소문을 들었을 즈음에는 이미 다 지어진 다음이었지요."

깁슨은 모래 위에 조그맣게 반달 모양으로 움푹 꺼진 자리를 가리켰다. 플라스틱 통의 주둥이를 이용해 그 위에 덮인 얇은 모래를 살살 헤치면서 5인치 정도를 파 내려갔다. 이윽고 깁슨이 우리를 향해 슬며시 미소를 짓더니 구덩이로 손을 내밀었다. 검지로 한참을 더듬거리더니, 푸른빛이 도는 회색 알갱이를 한 움큼 퍼 올렸다.

현존하는 네 종의 투구게 중 한 종인 아메리카 투구게*Limulus polyphemus*의 알이었다. 늦봄에서 초여름까지, 유카탄반도에서 메인주에 이르는 해변에서는 배 쪽에 다리가 달린 납작한 돔 형태의 이 게가 밀려오는 광경을 자주 볼 수 있다. 암컷들은 파도를 타고 들어와 적당한 자리에 모래를 파고 알을 낳는다. 깁슨은 투구게가 밀물 때는 바닷물에 잠기지만 썰물 때는 물이 얕아지면서 햇살을 받아 온기를 유지할 수 있는 곳에 알을 낳는다고 설명했다.

레슬리와 나도 그 전날 그레이트베이에서 투구게 무리를 보았는데, 수컷은 암컷에 비해 몸집이 20~30퍼센트 정도 작았다. 투구게는 바글바글 떼를 지어 이동했다. 수컷은 서로 부딪치고 밀어제치며 암컷

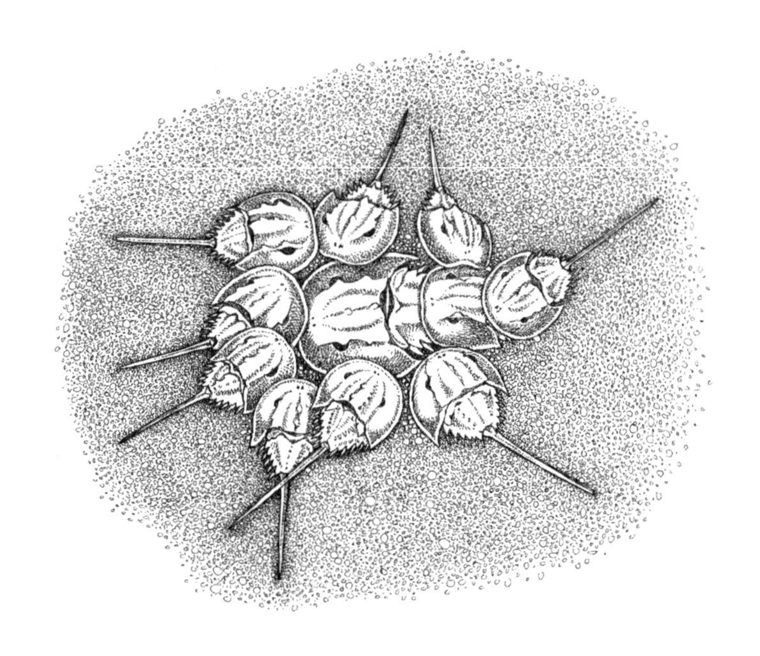

을 차지하려고 싸운다. 그리고 암컷의 몸을 타고 올라가 곤봉처럼 생긴 부속지附屬肢를 뻗어 암컷의 등딱지를 꽉 붙들고 암컷의 몸 밑에 있는 호두 크기의 알 덩어리에 우유처럼 희뿌연 정자를 뿌린다. 그렇게 해서 한 번의 짝짓기로 둘에서 다섯 개의 알 덩어리, 최대 4,000개의 난자에 사정을 한 뒤, 밀물이 밀려오면 파도를 타고 깊은 물로 사라졌다가 다음번 썰물에 다시 한번 사랑을 나눌 기회를 기다린다. 깁슨은 짝짓기 철이 끝날 때쯤이면 암컷 한 마리당 8만 개 정도의 알을 낳는다고 설명했다.

해마다 벌어지는 집단 짝짓기 과정이 대서양 해변의 모든 곳에서 호기심 많은 구경꾼을 끌어들이지만, 레슬리와 내가 그곳에 간 이유는 투구게의 심혈관계를 연구하기 위해서였다. 더 정확히 말하자면 투구게의 심장과 특이한 성질의 혈액에 대한 연구였다. 투구게의 집단 짝짓기나 보기 위해 거기까지 간 것이 아니었다. 우리의 목적은 훨씬 더 진지했다. 우리를 매사추세츠의 해변까지 이끈 이유는, 아이러니하게도 이 고대 생명체의 심혈관계가 그들 자신의 생존에 대한 커다란 위협이 되고 있다는 사실 때문이었다.

멸종 위기에 직면한 살아 있는 화석

투구게의 알을 보여준 후, 댄 깁슨은 조심스럽게 알 덩어리를 구덩이에 내려놓고 그 위에 다시 모래를 덮어주었다. 작은 공 모양의 이미지를 기억하면서, 레슬리와 나는 댄이 건네준 플라스틱병을 들고 깁슨이 가르쳐준 대로 투구게의 알둥지를 찾아 나섰다. 길이가 족히 30미터는 넘어 보이는 널찍한 콘크리트 램프를 훑어본 우리는, 그쪽 방향보다는 모래가 펼쳐진 쪽으로 가보자고 금방 합의를 보았다. 내가 보기에 모뉴먼트 비치에서 가장 긴 백사장은 대형 주차장 바로 옆일 것 같았다. 정오 직전이어서 그 넓은 주차장에 주차된 차는 열두어 대밖에 없었고, 주차장 안에는 바다 풍경을 보면서 가볍게 점심을 먹거나 담배를 피우려고 나온 사람들이 몇 명 있었다.

하지만 레슬리와 나는 그 백사장에서 투구게의 알둥지를 거의 찾지 못했다. 특히 깁슨이 가리켰던 곳, 낡은 진수대와 가까운 모래밭에서는 하나도 찾지 못했다.

몇 분 후, 깁슨과 다시 만났을 때 그는 불만이 가득한 얼굴이었다. 진수대를 지으면서 소프트볼만 한 크기의 돌덩이들로 투구게가 알을 낳기에 가장 좋은 모래밭을 50미터나 덮어버렸을 뿐만 아니라, 둥지를 만들기에 좋은 장소와 더 멀어지게 되었기 때문이었다.

“기존의 램프를 따라 만들어진 경계는 투구게들이 와서 알을 낳기에 좋을 만큼 조용한 곳이었어요. 이 해변에서 거기 말고 다른 곳은 파도가 고르지 못하고 거친 때가 많아요. 투구게는 완벽한 장소를 만날 때까지 평행을 유지하면서 헤엄을 치죠. 이제는 이 모래밭에서 알 낳을 자리를 찾으려면 정면으로 곧장 접근하는 수밖에 없게 됐어요. 옆으로 나란히 평행을 이루면서 올라오다가는 새로 지은 진수대 램프에 부딪힐 거예요.” 깁슨이 말했다.

하지만 투구게는 회복력이 뛰어나다. 가장 오래된 투구게의 화석 기록은 4억 4,500만 년 전으로 거슬러 올라가는데, 이는 최초의 공룡 출현보다 대략 2억 년이나 빠른 시기다. 투구게는 삼엽충을 포함해 한 때 번성했던 절지동물 중에서 유일하게 살아남았으며, 아마도 가장 유명한 고대 무척추동물일 것이다. 투구게만큼 지구상에서 오래 존재해온 동물을 찾기는 매우 힘들다. 그래서 이들을 “살아 있는 화석”이라고 부르는 데 누구도 이견이 없다.

투구게의 알과 수정 후 2주일쯤 지나 알을 깨고 나오는 작디작은 유생은 여러 물고기와 땅딸막한 몸집을 지닌 멸종위기종인 도요과 철새 붉은가슴도요*Calidris canutus*에게는 아주 좋은 먹이다. 결국 투구게 알과 유생은 대부분 짝짓기가 가능한 성체가 되기까지 10년을 살아남지 못한다. 투구게 전문가 존 타나크레디는 투구게의 생존율은 300만분의 1, 즉 300만 개의 알 중에서 성체로 자라는 유생은 단 하나에 불과할 거라고 말했다.

신세계에 처음 도착한 유럽인들은 아메리카 원주민들이 투구게를 먹기만 하는 것이 아니라 비료로도 쓰고, 호미나 괭이, 작살촉 같은 도구로도 쓰는 것을 보았다. 동부 해안을 따라 정착민 마을이 생기면서, 믿을 수 없을 만큼 많은 수의 투구게가 남획되었다. 1856년, 뉴저지주 바닷가를 따라 1.6킬로미터 거리 안에서 잡힌 투구게만 100만 마리가 넘었다. 이러한 투구게 남획은 20세기까지 이어졌다. 일꾼들은 해안선을 따라 어른 가슴 높이까지 투구게 껍데기로 벽을 쌓아놓고 그 껍데기들을 실어 갈 비료회사의 운송 수단을 기다렸다.[1]

델라웨어만과 뉴저지 해안선을 따라 성업을 이루었던 투구게 껍데기 비료 산업도 1960년대부터는 내리막길을 걸었다. 투구게의 개체수가 현저히 줄었을 뿐만 아니라 다른 비료의 인기가 점점 높아졌기 때문이다. 1860년대 무렵, 미국의 뱀장어잡이 어부들은 뱀장어를 잡는 데 투구게를 미끼로 썼다. 투구게를 토막 내 뱀장어 통발에 넣어 쓰면 그보다 좋은 미끼가 없었다. 특히 알을 품어 몸집이 두둑한 투구게라면 더욱 좋았다. 19세기 중반, 어부들에게 쇠고둥이라는 엄청 큰 고둥이 두둑한 돈벌이 수단으로 알려지기 전까지는 투구게잡이가 좋은 돈벌이 수단이었다. 그런데 문제는, 이 쇠고둥도 잘게 토막 친 투구게를 좋아한다는 사실이었다.[2] 쇠고둥잡이 어부들이 투구게를 미끼로 쓰기 시작하면서, 투구게의 개체수는 다시금 가파르게 줄어들기 시작했다.

오늘날에도 장어나 고둥을 잡는 어부 중 상당수가 투구게를 미끼로 쓰기 때문에, 미끼 가공업계에서 포획하는 투구게의 개체수는 매년 70만 마리에 이른다. 미국에서도 이론상으로는 투구게잡이를 엄격하게 규제하지만, 현실적으로는 밀렵꾼은 점점 늘어나고[3] 포획되는 개체수를 감시할 인력은 부족하다.

아시아에 남아 있는 세 종의 투구게*는 더 심각한 멸종위기에 처해 있다. 게다가 그 원인은 뱀장어 통발에 넣을 미끼나 미식가를 위한 식재료 정도로 그치지 않는다. 태국과 말레이시아에서는 투구게 알을 성욕을 촉진하는 보양식으로 여겨 주요 메뉴로 파는 식당도 있다.

그러나 끓여서 먹든 구워서 먹든, 투구게 알을 너무 많이 먹으면 화를 당하기 십상이다. 실제로 투구게 알을 먹고 죽는 사람들이 있다. 게다가 그런 죽음은 결코 평화롭지 않다. 그 죽음의 원인은 우리 순환계의 중요한 측면과 관련이 있을 것으로 보인다.

테트로도톡신은 검은과부거미의 독보다 열 배나 독성이 강한 독극

* 남방투구게*Tachypleus gigas*, 투구게*Tachypleus tridentatus*, 그리고 맹그로브 투구게*Carcinoscorpius rotundicauda*.

물이다. 테트로도톡신의 악명은 일부 지역에서 즐기는 복어 요리, 특히 독을 처리하는 과정을 제대로 거치지 못한 복어 요리에서 비롯되었다. 하지만 투구게 알을 먹고 테트로도톡신에 중독되는 경우도 적지 않다. 테트로도톡신은 한번 섭취하면 체외로 배출되지 않고 근육이나 신경 같은 조직에 그대로 축적되기 때문에 극도로 위험하다. 테트로도톡신이 신경계에 침투하는 경로나 방식은 아직도 정확히 밝혀져 있지 않지만, 부분적으로는 혈뇌장벽이라고 부르는 보호용 차단막을 우회하는 능력 때문으로 보인다.[4]

혈뇌장벽은 성상교세포星狀膠細胞라는, 이름처럼 별무리와 비슷하게 생긴 세포 집단에 의해 부분적으로 제어된다. 성상교세포는 신경계의 슈퍼스타인 뉴런을 보조하고 보호하며 수리하는 여러 종류의 아교세포 또는 신경아교라고 부르는 세포의 한 종류다. 성상교세포는 여러 곳에서 발견되지만, 뇌모세혈관에 달라붙어 있는 것도 있다. 인체의 다른 부분에서, 모세혈관은 산소와 영양분을 조직에 전해주고 조직에서 배출된 노폐물과 이산화탄소를 운반한다. 그러나 뇌에서는 성상교세포가 그러한 왕복운동을 제한하여 산소나 포도당, 알코올 같은 일부 물질만이 그 가느다란 혈관을 통과할 수 있게 한다. 성상교세포에서 뻗어 나온 혈관주위소족이라는 발처럼 생긴 구조물이 모세혈관벽을 둘러싸고 마치 장벽처럼 작용하기 때문이다. 대부분의 경우 혈관주위소족은 순기능을 한다. 박테리아나 특정 화학물질이 순환계에 침입해 뇌의 신경조직이 손상을 입지 않도록 막아주는 식이다.

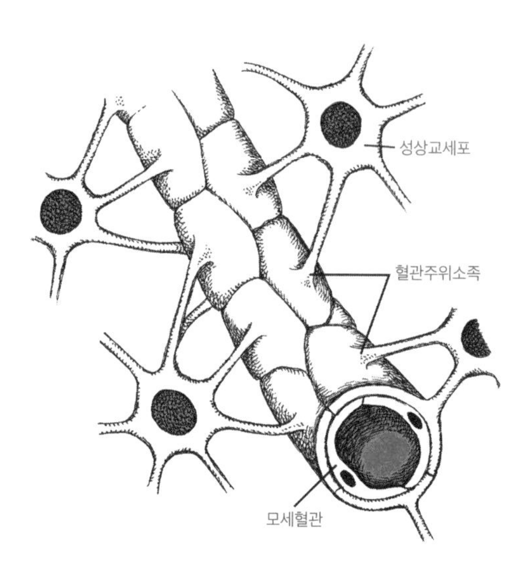

그러나 이 혈뇌장벽은 항생제 같은 유익한 물질이 뇌로 침투하는 것도 막는다. 뇌에 감염이 일어나면 치명적인 상황으로 발전하는 것이 바로 이 때문이다.

브리티시컬럼비아대학교 의학유전학과의 켈리 맥내그니 교수는 "현대 의학이 퇴행성 신경질환을 치료하는 데 결정적인 방해 요소는 대부분의 약물이 혈뇌장벽을 뚫지 못한다는 점이다"라고 썼다.[5]

참고로, 뇌혈관장벽을 이루고 있는 요소에는 성상교세포 외에도 몇 가지가 더 있다. 그중 주목할 만한 것이 혈관 내벽에서 서로 인접한 세포들 사이의 "밀착연접" 접합선이다. 이 접합선이 느슨해지면 그 결과는 치명적이다. 예를 들면, 치주질환을 유발하는 박테리아와 알츠하이머병의 진행 사이에 연관관계가 있을지도 모른다는 연구 결과가 있다.[6] 많은 연구자들이 치주질환을 유발하는 균, 즉 진지발리스균 *Porphyromonas gingivalis* 이 혈뇌장벽을 통과해 밀착연접 사이의 틈새를 파고들거나 순환계를 도는 백혈구에 무임승차해서 뇌 조직에 침투한다고 본다. 생쥐를 대상으로 한 실험을 통해 밝혀진 바로, 일단 뇌에 침투한 진지발리스균은 진지페인이라는 독성 물질을 분비하는데, 이 물질은 기초단백질의 기능을 교란하고, 뉴런을 손상시키며 알츠하이머병의 증상을 악화시킨다. 진지발리스균에 감염되면 두 가지 특이한 단백질, 아밀로이드와 타우 단백질이 축적되는데, 그동안 이 두 단백질은 알츠하이머병의 징후로 여겨져 왔다.

그러나 끈끈한 플라크 같은 물질인[7] 이 두 단백질은 사실 진지발리스균에 대한 방어 메커니즘이지 그 자체가 알츠하이머병의 원인은 아닌 것으로 보인다. 이에 대한 연구는 의학 연구의 판도를 완전히 바꿔놓을 수도 있다. 알츠하이머병은 유방암과 전립선암으로 사망한 환자를 합한 것보다 많은 사람을 죽음에 이르게 함으로써 미국에서 사망원인 6위에 오를 정도로 증가추세이기 때문이다.*

다시 테트로도톡신 이야기로 돌아오자. 이 물질은 혈뇌장벽을 통과할 수 있는 물질 중 하나다. 투구게 알을 먹으려 한다면 그 알에 이 물질이 있을 수도 있다는 것을 알아야 한다. 투구게는 오염된 어패류나

---

* 이 책을 쓰는 동안 입수한 최신자료인 2018년 CDC 데이터를 보면, 그 해 미국에서 알츠하이머병으로 사망한 환자는 12만 2,019명이었다. 하지만 2020년에는 코로나바이러스로 인한 사망자가 그보다 훨씬 많기 때문에, 아마도 알츠하이머병은 사망원인 7위 정도로 내려앉았을 것이다.

부패한 먹이를 먹기도 하는데, 이런 먹이에 신경독물질을 배출하는 박테리아가 들어 있는 것으로 보인다. 테트로도톡신 중독 증상은 일반적으로 사지와 혀의 경미한 마비에서 시작되는데, 이런 증상은 태국의 향신료를 섭취했을 때 흔히 나타나기도 하므로, 이를 통해 구분하기는 쉽지 않다. 테트로도톡신 중독을 의심할 수 있는 최초의 증상은 안면이 저리다가 풀리면서 따끔거리는 증상이다. 그 뒤로 두통, 설사, 위통, 구토 등의 증상이 정신없이 뒤따라온다. 테트로도톡신이 전신에 퍼지면 화학물질이 사지근육 같은 수의근의 수축을 유도하는 신경충동을 차단하기 시작하기 때문에 보행이 힘들어진다. 테트로도톡신은 또한 심장근육의 얇은 층, 즉 심장근육층을 관통하는 전기신호의 확산을 방해한다. 곧 이야기하겠지만, 이 과정은 심장의 수축과 이완을 조율하는 시스템, 즉 심장 그 자체다.

결론적으로 테트로도톡신 중독으로 쓰러진 환자의 7퍼센트가 사망한다. 그런데 이 사람들도 의식과 기억은 또렷하므로, 최후의 만찬이었던 투구게 알이나 복어를 먹느니 차라리 유통기한 지난 캘리포니아 롤을 남이 쓰던 젓가락으로 집어먹는 게 더 나았으리라는 후회를 할지도 모른다.*

* 민속식물학자인 웨이드 데이비스가 1983년에 주장한 바에 따르면, 부두교를 신봉하는 아이티의 농장주들은 테트로도톡신에 중독되어도 의식은 남아 있다는[8] 점을 이용해 사람들을 좀비처럼 만들어 노예로 부렸다고 주장했다. 그의 주장은 테트로도톡신의 존재와 그 실질적인 효과를 알게 된 일부 과학자들에 의해 학술적인 근거를 갖추고 단단한 입지를 다지게 되었다.

그러나 알은 사람에게 먹히고, 껍데기는 비료로 쓰이고, 어부에게는 미끼로 쓰이는 운명 외에도 투구게의 생존을 위협하는 요소는 한 가지 더 있다.

투구게의 피는 왜 푸를까

아메리카 투구게와 인도태평양에 서식하는 세 종의 사촌들은 사실 게가 아니다. 물론 진짜 게처럼 절지동물이고, 곤충, 거미, 갑각류 등 외골격을 가진 동물들이 속한 매우 큰 문의 한 종이기는 하다. 게다가 투구게처럼, 이 동물들도 모두 개방순환계를 지니고 있다. 개방순환계는 흰긴수염고래와 인간 그리고 대략 5만 종에 이르는 포유류와 어류, 양서류, 파충류, 조류가 공유하는 폐쇄순환계와는 크게 다르다. 조금 더 이야기하자면, 척추동물들에게서 볼 수 있는 것과는 매우 다르지만, 무척추동물 중 일부인 지렁이, 문어, 오징어 등도 폐쇄순환계를 갖고 있다.

폐쇄순환계에서는 심장에서 나온 혈액이 대동맥을 통해 흐르는데, 대동맥은 점차 가느다란 동맥으로 연결되고 나중에는 세동맥으로 이어진다. 세동맥은 모세혈관이라는 더 가느다란 혈관으로 분기되기 전까지 기관과 근육조직으로 들어가거나 통과한다. 이 작은 혈관은 순환계의 전체 길이에서 대략 80퍼센트를 차지하며, 혈액과 신체 사이의 상호 물질교환이 이루어지는 모세혈관그물이라는 조밀한 네트워크 안에 있다. 앞에서 언급했듯이, 폐나 아가미에서 출발한 산소와 소화기계에서 흡수된 영양분은 얇은 모세혈관벽을 통과해 주변 조직으로 들어간다. 반대로 이산화탄소와 암모니아 같은 대사 노폐물은 혈액으로 확산되어 심장으로 되돌아가는데, 처음에는 가느다란 세정맥을 통해 흐르다가 점점 더 굵은 정맥으로 들어간다.

어류처럼 아가미를 가진 척추동물과 도롱뇽 중 일부 그리고 모든 양서류의 새끼의 경우, 산소가 고갈된 혈액은 아가미를 통해 펌프질되면서 이산화탄소는 주변의 물속으로 확산되어 나가고 새로운 산소가 확산되어 들어온다. 이쯤에서 눈치챘겠지만, 수중이 아닌 환경에서 이러한 가스교환 시스템은 아가미를 가진 동물보다 몸속 더 깊은 곳, 즉 폐에서 일어난다. 물 밖에 사는 동물들은 물이 아니라 공기를 들이마심으로써 산소와 이산화탄소를 교환한다. 이 과정에 대한 보다 자세한 이야기는 나중에 하기로 하자.

아가미를 통하든 폐를 통하든, 산소를 충전할 때 여러 동물이 지닌 폐쇄순환계의 공통점은, 혈액이 언제나 닫힌 고리 안에 갇혀 있다는 점이다. 그러나 대부분의 무척추동물은 그렇지 않다. 투구게도 마찬가지다. 개방순환계에서는 혈액이 아니라 혈림프라 불리는 체액이 심장에서 나갈 때 동맥을 지난다.* 그러나 혈림프는 모세혈관으

* 개방순환계를 설명할 때 사용하는 "동맥"이라는 용어는 과학적인 정확성을 기하기 위한 것이 아니라 편의를 위한 것이다. 폐쇄순환계에는 상피조직으로 이루어진, 내피라고 불

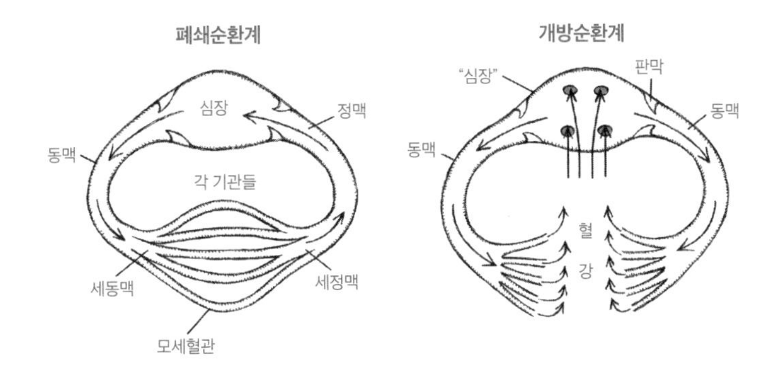

로 흘러 들어가는 것이 아니라, 혈관 밖으로 흘러나가 체벽과 내장 사이의 빈 공간인 체강 안으로 들어간다. 개방순환계를 지닌 동물의 경우 이렇게 심장에서 피가 흘러나가는 몸 안의 모든 부분을 혈강이라고 한다. 혈림프는 혈강에서 만나는 장기기관, 조직, 세포에 영양분을 전해주고 동시에 거기서 나오는 노폐물을 받아 운반한다. 이러한 개방순환계에서도 산소와 이산화탄소의 교환이 일어난다. 그러나 곤충들은 이러한 규칙의 예외에 속하는데, 이는 다음 장에서 더 자세히 다룰 것이다.

아가미라고 하면 우리는 항상 물고기를 연상하고 물고기에게만 있는 기관이라고 생각하지만, 사실 아가미는 투구게를 비롯한 많은 무척추동물의 호흡기관이기도 하다. 아가미 역시 수렴진화의 또 다른

리는 내막이 있는 진짜 동맥이 있다. 개방순환계에는 내피가 없다. 이 책의 목적상, 여기서 "동맥"은 순전히 기능적인 용어로서, 심장으로부터 순환 체액을 실어 내가는 혈관을 가리킨다. 반면에 정맥은 혈액을 심장으로 실어 들인다.

사례다. 척추동물과 무척추동물은 서로 다른 경로로 진화했지만, 양쪽 모두 책처럼 종이를 겹겹이 겹쳐놓은 것과 비슷한 모양의 아가미 막으로 산소를 확산시킨다. 곤충이 아닌 절지동물이라면 아가미를 떠난 혈림프는 순환계를 통해 곧장 심장으로 들어간다. 투구게의 경우 이 시점에서 혈림프가 또 한 번 변형을 거친다. 유백색에서 고운 담청색으로 변하는 것이다.

투구게와 두족류, 대합조개, 바닷가재, 전갈, 타란툴라거미 등이 지닌 피가 파란색을 띠는 이유는 구리 성분이 들어 있는 헤모시아닌이라는 단백질 때문이다. 혈림프에 용해되어 있는 헤모시아닌은 산소를 만나면 강하게 결합하고, 이때 헤모시아닌 안의 구리가 산화되면서 푸른색으로 변한다. 자유의 여신상의 청동 표면을 아름다운 청녹색으로 만든 바로 그 화학작용을 통해 파란색으로 변한 혈림프가 아가미를 떠난다.

이제 이쯤에서, 사람을 포함한 다른 척추동물들의 피는 왜 파란색이 아닌지 궁금할 수도 있겠다. 그 답은 몸의 크기와 산소 운반 효율에서 찾을 수 있다. 몸집이 큰 동물에게는 산소가 더 많이 필요하고, 산소를 더 많이 운반하기에는 헤모시아닌보다는 헤모글로빈이 훨씬 효율적이다. 헤모글로빈 분자 하나가 산소 분자 네 개를 운반하는 반면, 헤모시아닌은 산소 분자 하나밖에 운반하지 못하기 때문이다. 그러므로 헤모글로빈이 함유된 혈액이 흐르는 동물은 헤모시아닌이 흐르는 동물에 비해 몸집을 더 크게 키울 수 있었다.

헤모글로빈은 철을 함유하고 있어, 산소가 철과 결합한다. 또 헤모시아닌과는 달리, 헤모글로빈은 혈액 안을 자유로이 떠다니지 않는다. 헤모글로빈은 적혈구라는 세포에 의해 운반되는데, 적혈구의 수명은 대략 4개월이다.* 또한 헤모글로빈의 중요한 구성 성분은 구리가 아니라 철이기 때문에, 혈액은 산화되어도 파란색을 띠지 않는다. 산소와 결합하는 분자의 색깔 변화는 우리 환경에서도 흔히 볼 수 있다. 경계나 출입제한을 표시하기 위해 설치된 철조망이 공기 중의 산소와 결합하면 붉게 녹이 스는 것이 바로 그런 경우다.

여기서 헤모글로빈과 관련해 중요한 이야기를 짚고 넘어가야겠다. 헤모글로빈은 사실 산소 분자보다 일산화탄소 분자에 훨씬 더 강하게 결합한다. 이는 매우 심각한 문제다. 헤모글로빈의 이러한 특성 때문에 자동차 배기가스, 히터 같은 가스 기구, 장작 난로 등에서 배출된 냄새도 없고 색깔도 없고 맛도 없는 기체인 일산화탄소는 아주 소량만 있어도 매우 위험하다. 집에 일산화탄소 감지기가 아직 설치되어 있지 않다면, 일산화탄소가 조금이라도 있을 수 있다는 가능성만으로도 매우 위험하다. 그러므로 이 책은 잠시 덮어두고 어서 일산화탄소 감지기를 사러 나가야 한다.

그 정도는 기다려줄 수 있다.

---

* 헤모글로빈은 적혈구가 아닌 다른 곳, 즉 앞에서 언급했던 뇌의 성상교세포에서도 발견된다.

투구게의 심장이 움직이는 법

자, 어디까지 얘기했더라?

인간의 순환계처럼 닫혀 있는 폐쇄순환계에서는 우리 몸의 구석구석까지 갔다가 돌아온 혈액이 상대정맥, 하대정맥을 통해 곧바로 심장으로 들어간다. 이 과정은 심장주기에서 이완기에 해당한다. 심장이 움직이는 주기를 보면, 먼저 심실이 수축해 심장 안에 들어 있던 혈액을 밖으로 내보낸 뒤, 심실이 이완하면서 다시 혈액을 받아들이기를 반복한다. 그러나 투구게의 순환계는 열려 있는 개방순환계이고 정맥도 없다. 그래서 산소가 충전되어 아가미를 떠난 혈액은 닫힌 폐쇄순환계와는 다른 과정을 거쳐 심장으로 들어간다. 이때 혈액은 먼저 위심강이라 불리는, 심장을 둘러싼 저장 공간으로 들어간다.*

그렇다면, 위심강으로 들어간 혈액은 어떻게 투구게의 심장으로 들어갈까? 먼저, 투구게의 심장은 유시인대有翅靭帶라 불리는 여러 쌍의 탄성 있는 끈에 의해 위심강 안에 매달려 있다. 이 인대는 심장의 길이 방향으로 늘어나며, 한쪽 끝은 심장 외벽, 즉 투구게의 외골격 또는 껍데기 안쪽에 붙어 있다. 심장이 수축하면 유시인대는 고무밴드처럼 늘어나면서 탄성에너지를 저장한다. 심장이 수축하면서 안에 있던 혈액을 방출하면, 인대의 탄성에너지에 의해 이완되면서 심장이 수축

* 폐쇄혈관계의 위심강은 개방혈관계의 위심강과는 다르게 기능한다. 폐쇄혈관계의 위심강에서 혈액이 발견될 경우 치명적인 문제가 있다는 뜻이다.

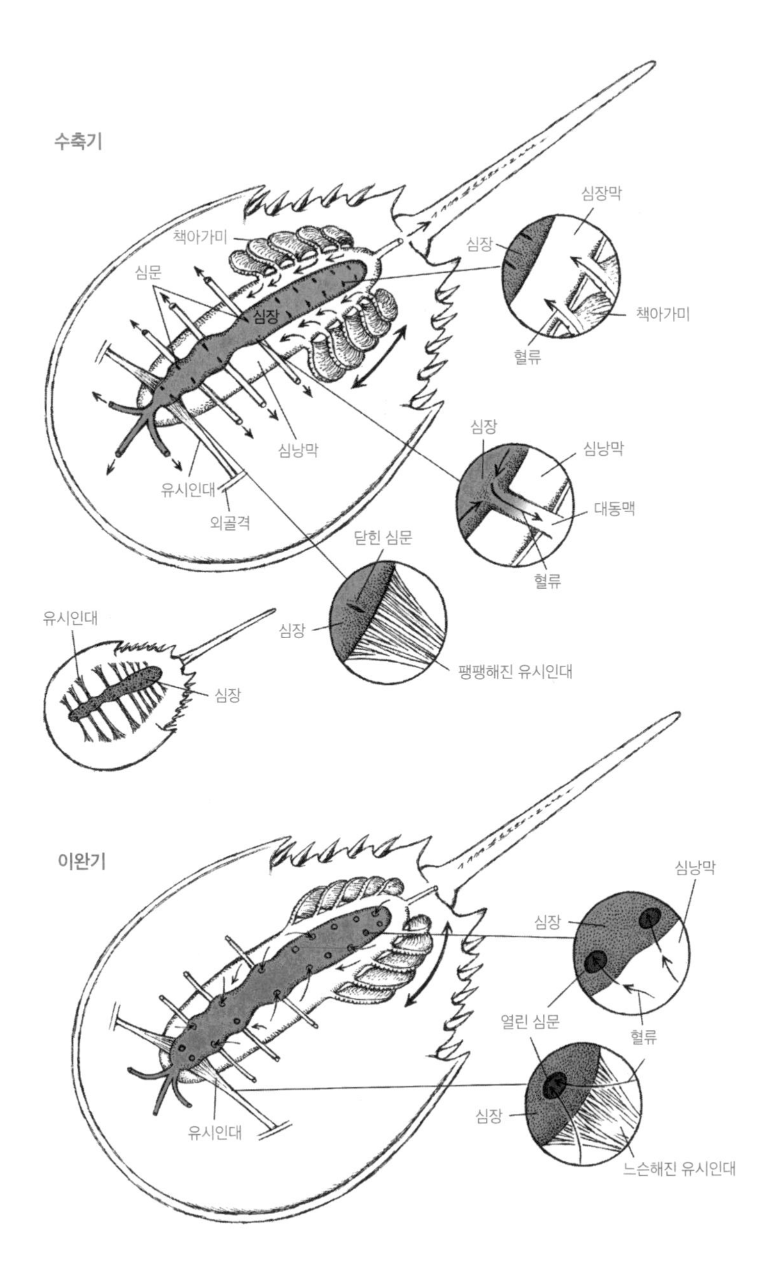
수축기
책아가미
심장막
심장
심문
심장
책아가미
혈류
심낭막
유시인대
외골격
심장
심낭막
대동맥
혈류
닫힌 심문
심장
팽팽해진 유시인대
유시인대
심장
이완기
심낭막
심장
열린 심문
혈류
심장
유시인대
느슨해진 유시인대

이전의 크기로 되돌아간다.

심장의 크기가 늘어나면 동시에 심장에 나 있는 판막처럼 생긴 여러 쌍의 구멍, 즉 심문이 다시 열린다. 심강에 모인 혈액이 심문을 통해 심장 안으로 들어가 비어 있던 심장을 다시 채운다. 압력이 높은 위심강에서 속이 비어 압력이 낮아진 심장 안으로 흘러 들어가는 것이다. 이렇게 심낭과 심장을 채우고 비우는 과정이 계속 반복된다.

뉴햄프셔대학교의 동물학 교수이자 투구게 전문가인 윈 왓슨은, 투구게의 순환계가 잘 만들어진 시스템이기는 하지만, 그 자체만으로는 완벽히 기능할 수 없고, 우리에게 낯익은 또 다른 기관계로부터 도움을 받아야 한다고 설명했다. 투구게의 경우, 위심강으로 혈액이 들어갔다 나왔다 하면서 책아가미book gill가 리드미컬하게 앞뒤로 펄럭거리는데, 이 덕분에 순환계가 더욱 원활히 기능할 수 있다고 한다.

왓슨 교수의 설명을 들으면서, 나는 말의 내장피스톤 운동을 떠올렸다. 기능형태학자 데니스 브램블과 데이비드 캐리어는 말이 전속력으로 질주하면서 발 네 개가 동시에 공중에 뜰 때, 말의 복강 안에 있는 간肝이 앞뒤로 운동하는 것을 두고 "내장피스톤"이라고 설명한 바 있다.[9] 이 동작이 호흡 과정을 보조해서 산소와 이산화탄소가 더 효율적으로 교환되게 해주기 때문이다.

브램블과 캐리어의 설명을 따라가보자. 말이 달리면서 공기를 들이쉬면, 부피가 큰 간이 뒤로 물러나면서(그림 A) 돔 모양의 횡격막을 잡아당기는데, 이때 횡격막과 붙어 있는 인대도 함께 뒤로 끌려간다. 횡

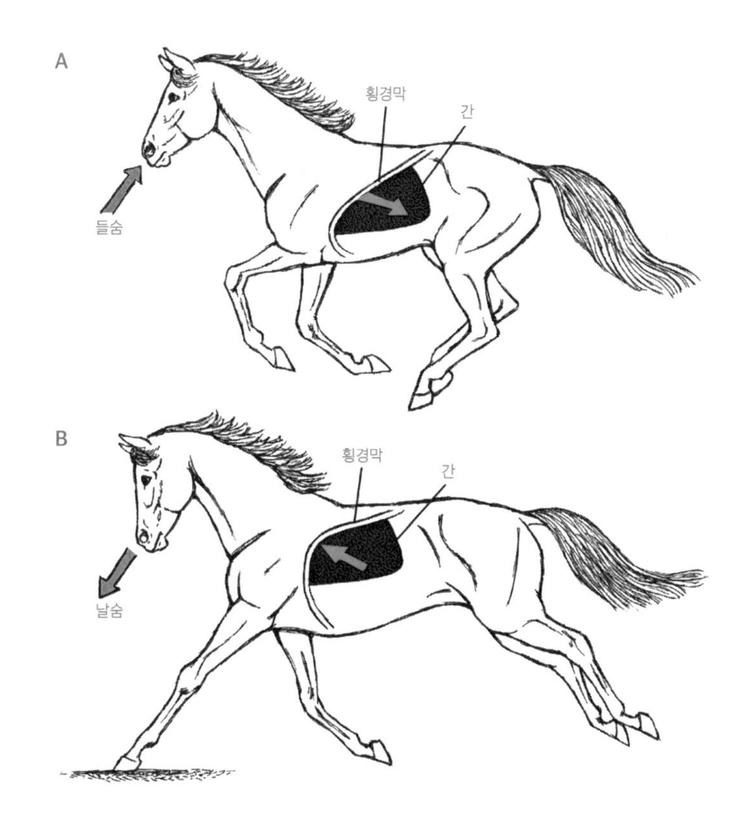

격막은 폐와 심장을 둘러싼 밀폐된 공간인 흉강의 뒤쪽 벽이기 때문에, 횡격막이 밀려간 만큼 흉강 안의 공간은 넓어진다. 공간이 넓어지면 그 공간 안의 압력은 낮아지는 것이 물리학의 원리다. 즉, 흉강 안의 공기압에 비해 흉강 밖의 공기압이 갑자기 높아지는 것이다. 이 공기압의 차이는 말이 숨을 들이쉴 때 입과 코를 통해 공기가 쉽게 밀려들어 오도록 해줌으로써 흉강 안과 밖의 공기압을 같게 만들어 폐에 공기를 채우기 쉽게 해준다.

어쩐지 낯익은 설명이 아닌가? 부피와 압력 사이에 존재하는 이러한 관계는 심장에도 동일하게 적용된다. 심실이 수축하면 심실의 압력은 높아지고, 그 결과 심장에서 혈액이 더욱 쉽게 뿜어져 나가도록 도와준다. 심실이 이완할 때는 정확히 반대의 과정이 진행된다. 이때는 심실이 이완되면서 심실 안쪽의 압력이 떨어지는 대신 심실의 부피가 커지면서 심방으로부터 오는 혈액이 내부를 채운다.

이 관계를 머릿속에 그리고 있으면, 숨을 내쉴 때 내장피스톤이 어떻게 작용하는지 쉽게 이해할 수 있다. 브램블과 캐리어는 말의 두 앞발이 전진할 때(그림 B), 간이 앞발과 같은 방향으로 움직이면서 횡격막을 밀어내서 횡격막이 활처럼 휘게 만든다고 설명했다. 이렇게 되면 흉강의 부피가 줄어들고, 따라서 흉강의 공기압은 높아진다. 이때 손으로 스펀지를 비틀어 물을 짜낼 때처럼 말의 폐는 압착된다. 그러나 압착된 말의 폐에서는 물 대신 이산화탄소가 가득 든 공기가 입과 코를 통해 밖으로 배출된다.*

왜 이런 적응이 일어난 걸까? 우리가 이미 보았듯이, 근육이 수축하려면 에너지가 필요하다. 브램블과 캐리어에 따르면, 내장피스톤 운동은 질주하는 말이 숨을 들이쉬고 내쉴 때 에너지를 덜 소모하게 해준다.

마찬가지로, 투구게의 혈액이 심장으로 돌아갈 때는 책아가미가 힘

* 사람의 경우에도 부피와 압력의 관계는 비슷하게 적용되지만, 흉강의 부피를 변화시키는 주요 원인은 횡격막이 수축-이완할 때 일어나는 횡격막 근육의 상하운동 때문이다.

을 보태준다. 책아가미는 수중이라는 환경에서 앞뒤로 펄럭이며 산소와 이산화탄소를 교환하느라 이미 매우 바쁜 기관이다. 말의 간이 앞뒤로 움직이는 것과 비슷하게, 투구게 아가미가 앞뒤로 펄럭이는 움직임 역시 아가미로 들어온 혈액을 심낭막으로 보내는 데 도움이 된다. 따라서 혈액을 심낭으로 보내는 데 소모되는 에너지를 줄일 수 있다.

그동안 개방순환계는 상대적으로 단순한 구조이며, 따라서 비효율적이라고 여겨졌다. 그러나 투구게의 순환계에서 볼 수 있듯이, 개방순환계도 상당히 복잡한데다, 그들이 사는 환경에 맞게 매우 효율적이다. 개방순환계는 청바지를 입고 휴대전화를 들고 다니는 동물이 가진 순환계에 비해 단순하고 비효율적이라는 생각이 오히려 오만한 편견이다.*

투구게의 놀라운 면역체계

투구게가 가진 순환계의 복잡하고 독특한 구조는 면역과 관련이 있다. 포유류와 달리 무척추동물은 후천성 면역력이 없다. 후천성 면역은 포유류의 면역계의 일부로 림프구라는 특수한 세포와 항체가 이

* 네안데르탈인은 현생인류에 의해 밀려나서 결국 멸종될 수밖에 없었던 야만적인 패배자 원숭이라는 지독한 편견이 떠오른다.

역할을 담당한다. 항체는 박테리아, 진균 등 외부에서 침입한 여러 병원균을 식별해 대항하는 단백질이다. 이로 인한 면역반응은 외부침입요소가 사라지면 기억세포를 남겨놓고 비활성화 또는 "억제"된다. 기억세포는 순환계 안에 남아 있다가 똑같은 외부 침입자를 만나면 재빨리 면역반응을 일으킨다. 우리가 같은 변종의 독감에 두 번 걸리지 않는 것이 바로 이런 이유 때문이다. 이미 한 번 단련된 면역반응이 병원균을 파괴해 우리가 같은 병으로 두 번 고통 받지 않게 해주는 것이다.

무척추동물의 순환계는 우리의 순환계와 다르지만, 무척추동물에게는 잘 맞는 훌륭한 구조다. 예를 들어 투구게는 그들 나름의 면역세포를 진화시켰다. 인간의 어떤 부분과도 유사하지 않지만, 투구게의 면역 시스템은 투구게뿐만 아니라 수없이 많은 인간의 생명을 살려내기도 했다.

대서양 투구게가 처음 의학계에 등장한 것은 1956년, 우즈홀의 병리생물학자 프레드 뱅이 투구게의 피를 실처럼 생긴 덩어리로 응고시키는 박테리아를 알아내면서였다. 그와 동료들은 투구게의 피가 응고되는 메커니즘이 고대의 면역 방어 형태라는[10] 가설을 세웠고, 혈구의 한 종류인 유주세포遊走細胞, amoebocyte가 응고를 일으킨다는 결론을 내렸다.* 그 이름에서도 알 수 있듯이, 유주세포는 아메바와 비슷하게 생

---

* 투구게 외에도 달팽이 같은 일부 무척추동물에게도 유주세포가 있어서[11] 혈액을 응고시키고 투구게 이외의 다른 동물의 경우에는 혈액매개독성에 대해서도 반응하지만, 이 분

졌다. 아메바는 이질을 일으키는 원인으로 비난받는, 표면에 위족이 라는 가지 돌기가 있는 단세포 원생생물이다.

투구게는 태어나서 죽을 때까지 진흙을 파헤치며 살아가는데, 이 진흙 속에는 박테리아와 세균이 득실거린다. 뱅의 연구를 지지하는 이들은 이 박테리아와 세균에 대항하기 위해 유주세포가 혈액을 응고시킨다는 가설을 세웠다. 투구게의 혈액 속 유주세포 군단은 외부침입 물질들이 감염을 일으키며 퍼져나가기 전에 끈적끈적한 젤라틴 같은 물질 속에 가두어 막아낸다.

그 결과 투구게는 질병에 저항할 수 있을 뿐만 아니라 치명적인 신체적 손상을 입고도 살아남는 놀라운 능력을 지니게 되었다. 손상 부위에서 응고를 일으키는 유주세포 덕분에, 투구게는 어선의 모터 프로펠러로 인해 외골격에 해당하는 껍데기가 사람 주먹만 한 크기로 잘려 나가도 아무렇지 않게 살아남는다. 투구게의 독특한 방어 및 수리 시스템은 투구게가 5억 년이라는 길고 긴 시간을 살아남는 데 크게 기여했을 것이다. 그 5억 년 동안 지구상의 생물들은 다섯 차례나 대멸종의 위기를 겪었다.

지금은 유주세포가 잘못하면 매우 치명적으로 작용할 수 있는 내독소라는 화학물질을 감시하는 역할을 한다는 사실이 밝혀졌다. 내독소는 주로 그람 음성균이라는 미생물군에 의해 생성되는데, 식중독을

야에 대해서는 연구가 매우 부족하다.

일으키는 대장균*Escherichia coli*, 장티푸스와 식중독을 일으키는 살모넬라*Salomonella*, 수막염과 임질을 일으키는 나이세리아*Neisseria*, 패혈증과 수막염을 일으키는 헤모필루스 인플루엔자*Haemophilus influenza*, 백일해균*Bordetella pertussis*, 콜레라균*Vibrio cholerae* 등이 이에 속한다.

기이하게도 내독소 자체만으로는 앞에서 나열한 것 같은 질병이 발생하지 않는다. 내독소가 이 박테리아들이 적과 싸우기 위해 만드는 보호물질인 것도 아니다. 내독소의 커다란 분자들은 외부 환경과 박테리아 세포 사이에 구조적인 벽, 즉 박테리아 세포막의 대부분을 형성한다. 내독소는 탄수화물이 지방에 달라붙어 있는 구조를 하고 있어 리포다당류라고도 불린다. 이 거대분자는 박테리아가 죽어서 잘게 잘리거나, 면역계 또는 항생제가 그람 음성균과 싸우면서 박테리아 용해가 일어나면 다른 조직에 문제를 일으킨다. 이때 박테리아 세포의 내용물이 밖으로 쏟아져 나오고, 세포막의 리포다당류 구성 물질이 주변으로 흩어진다.

이렇게 질병의 원인균이 정복되어도 병에 걸린 숙주의 문제는 아직 완전히 해결된 것이 아니다. 혈액 안에 내독소가 존재할 경우 체온이 급격하게 올라가기 때문이다. 고열은 외부 물질에 대한 보호 반응의 하나다. 이렇게 고열을 일으키는 물질을 발열원이라 하는데, 발열원 때문에 지나치게 올라간 체온이 오랫동안 내려가지 않으면 뇌 손상 같은 심각한 문제를 일으킬 수 있다. 또 다른 문제인 과잉 면역반응도 대단히 위험하다. 코로나바이러스가 지구를 휩쓰는 동안, 의료진이 예민하게 관찰해야 했던 부분이 바로 과잉 면역반응이었다. 내독소에 노출되면 최악의 경우 내독소성 쇼크 상태에 빠지기도 한다. 이는 심장내막과 혈관 손상에서부터 치명적인 수준의 저혈압에 이르기까지, 생명을 위태롭게 하는 수많은 증상을 한꺼번에 불러온다.

해변에서 투구게 알둥지를 찾는 체험을 한 후, 레슬리와 나는 댄 깁슨과 함께 우즈홀 연구소를 찾았다. 깁슨은 거기서 투구게의 신선한 혈액으로 미생물 슬라이드를 만들었다. 우리는 곧 살아 있는 투구게의 유주세포를 볼 수 있었다.

"입자로 가득 차 있네요." 나는 세포 안을 꽉 채우고 있는 모래알 같은 입자를 보며 말했다.

"그 입자가 바로 응고인자라는 단백질이에요." 깁슨이 말했다. 그 이름에서 알 수 있듯이, 응고인자는 혈액의 응고 또는 혈전을 일으킨다. "유주세포는 내독소를 극소량만 감지해도 응고인자를 풀어놓습니다. 그러면 금방 젤 같은 덩어리가 생기죠."

내독소는 사람에게도 매우 위험한 반응을 일으키기 때문에, 1940년대부터 제약회사들은 약품 생산공정 도중에 우연히 생길 수도 있는 내독소를 감지하기 위한 테스트를 하기 시작했다. 가장 먼저 개발된 방법은 토끼 발열원 테스트였는데, 이 방법은 곧 제약업계의 표준이 되었다. 그 방법은 다음과 같다. 먼저 테스트에 쓰일 실험실 토끼들의 직장온도를 측정해서 기저온도로 삼는다. 그다음, 테스트에 쓰일 약물 1회분을 토끼에게 주사한다. 대개 토끼의 귀 정맥을 통해 주사하는 것이 편리하다. 그 후 세 시간 동안 30분마다 한 번씩 토끼의 체온을 측정한다. 만약 토끼의 체온이 높아지면, 주사한 약에 내독소가 존재할 가능성이 있다는 의미다.

1960년대 후반에 내독소가 있으면 투구게의 혈액이 응고된다는 사실이 발견되자, 프레드 뱅의 동료인 혈액학자 잭 레빈은 어세이assay라고 알려진 화학 실험법을 개발했다.[12] 이 방법은 손이 많이 가는 데다 논쟁의 소지가 있는 토끼 발열원 테스트를 대체하게 되었다. 핵심적인 과정만 설명하자면, 레빈과 동료들은 투구게의 유주세포를 잘라서 리물루스 유주세포 용해물Limulus amoebocyte lysate; LAL이라는 응고 형성 성분만을 모았다. LAL은 의약품이나 백신뿐만 아니라 카테터나 주사기 같은 의료도구에서 내독소의 존재 여부를 테스트하는 데에도 쓰인다. 이런 도구를 쓸 때 멸균소독을 하면 박테리아를 죽일 수는 있지만, 그럼에도 환자에게 내독소를 주입하는 사고가 생길 위험은 늘 존재하기 때문이다.

토끼들은 이 발견에 환영의 박수를 보냈겠지만, 투구게에게는 그다지 좋은 소식이 아니었다. 우즈홀 연구진이 LAL의 발견에 뒤이어 투구게의 혈액을 대량으로 추출하는 생명 의학 회사를 설립하자, 투구게에게 닥친 현실은 더욱 암울해졌다. 대서양 연안을 따라 같은 목적의 회사 세 곳이 연이어 생겨났고, LAL 생산은 수백만 달러 규모의 산업이 되었다.

지금은 매년 산란기 때마다 거의 50만 마리의 투구게가[13] 뭍으로 잡혀 올라온다. 잡힌 투구게는 대부분 오픈 픽업 트럭에 실려 거대한 공장시설로 운반된다. 공장에 도착하면 마스크를 쓰고 가운을 입은 사람들이 투구게를 소독제로 세척한 후, 경첩처럼 접히는 껍데기를 반으로 접어 조립 라인 같은 긴 테이블에 묶는다. 그다음에 용량이 큰 주사기를 투구게의 심장에 찔러 넣으면, 우유와 비슷한 농도의 파란색 피가 방울방울 스며나와 주사기와 연결된 병에 모인다. 드라큘라 백작도 울고 갈 이 과정은 피가 더 이상 흐르지 않을 때까지 계속되는데, 대개 투구게의 혈액 중 30퍼센트가 채혈되면 출혈이 멈춘다.*

우리는 투구게를 구할 수 있을까

적어도 이론상으로는, 인간을 위한 헌혈을 마친 투구게도 살아남을 수 있다. 법적으로도 투구게는 애초에 잡았던 곳이나 그 근처에 다시 놓아주어야 한다. 그러나 플리머스주립대학교의 신경생물학자인 크리스 채벗은 채혈을 위해 잡혀 온 투구게 중에서 대략 20~30퍼센트가 채혈을 마친 후 72시간 이내에 죽는다고 추산했다. 72시간은 투구게가 잃어버린 혈액을 보충하기까지 걸리는 시간이다.

"채혈을 마치고 다시 바다로 돌아갈 때까지 상당히 긴 시간을 물 밖

* 주삿바늘은 심장으로 돌아가는 혈액의 순환을 방해한다. 따라서 심장에 있던 혈액과 순전히 중력에 의해 심장으로 돌아간 혈액만이 채혈된다.

에서 지내야 한다는 것은 아가미 호흡을 하는 투구게에게 치명적입니다." 채벗이 레슬리와 나에게 말했다. 우리는 투구게의 생존 문제를 알아보고자 뉴햄프셔대학교의 잭슨 하구 연구소에서 채벗과 그의 동료인 동물학자 윈 왓슨을 만났다.

채벗은 채혈당한 투구게가 바다로 돌아간 뒤에 단기적으로나 장기적으로 어떤 후유증을 겪는지, 또는 바다로 돌아가 살아남기는 하는지조차 알 수 없다는 것이 또 하나의 중요한 문제점이라고 지적했다. 물론 대서양 연안주 해양수산위원회는 1998년부터 투구게의 개체수를 관리하고 있지만,[14] 정책적인 허점 때문에 생명 의학 기업들이 포획하는 투구게의 생존율을 제대로 파악하지 못하고 있다. 이러한 현황을 잘 알고 있는 채벗의 연구팀은 채혈 당한 뒤 바다로 돌아간 투구게에게 채혈 과정이 어떤 영향을 끼치는지를 연구하고 있었다. 이를 위해 채벗과 그의 학생들은 소수의 투구게를 포획해 생명 의학 기업에 잡혀간 투구게가 겪는 과정과 비슷한 상황에 노출시킨 뒤 경과를 관찰했다.

생명 의학 기업에서와 비슷하게 채혈을 당한 실험 대상 투구게들은 무기력증을 보이며 방향감각을 상실한 듯한 반응을 보였다. 이를 관찰한 채벗과 연구생들은, 투구게가 채혈을 당한 후에는 몸이 필요로 하는 만큼의 산소를 공급받지 못한다는 가설을 세웠다. "투구게가 출혈로 인해 잃어버린 유주세포와 헤모시아닌을 다시 보충하려면 2주가량 걸립니다." 채벗이 말했다.

또한 채혈을 당한 직후에는 투구게 면역체계의 핵심인 유주세포의 상당량이 실험관 안에서 용해된 후다. 그러므로 채혈 당했을 때의 상처를 회복하지도 못하고 그람 음성균이 득실거리는 환경으로 되돌아가는 상황은 매우 위험하다.

왓슨은 사흘이라는 긴 시간을 물 밖에서 고온에 노출된 채 보내야 하는 데다 혈액도 상당량을 잃어버린 상태의 투구게는 매우 치명적인 위험에 처할 수 있다고 재차 강조했다. 게다가 교미 시기 도중에, 심지어는 짝짓기에 성공하기도 전에 투구게를 포획하면 이때의 사망률은 미래의 개체수에 커다란 영향을 미칠 것이 분명하다. 특히, 기업체에서는 몸집이 큰 암컷 투구게를 더 선호하므로 더욱 위협적이다. 투구게는 성장이 더딘 동물이기 때문에, 현재 벌어지고 있는 일들이 어떤 문제를 불러올지 지금 당장은 알 수 없다. 연구진조차도 10년 앞의 미래를 제대로 인식하기 어렵다. 그러나 대서양 연안주 해양수산위원회에 따르면, 뉴욕주와 뉴잉글랜드 지역에서는 이미 투구게의 개체수가 줄어들기 시작했다.[15]

왓슨과 채벗은 투구게의 생존율을 높이고, LAL 산업에 악영향을 주지 않으면서도 투구게의 개체수를 유지하기 위해서는 응당의 조치를 취해야 한다고 이구동성으로 말했다. 그 방법도 간단하다. 첫 번째는 투구게 포획을 교미기 이후로 늦추는 것이다. 두 번째로, 포획한 투구게를 운반할 때 보트 갑판이나 트럭 적재칸에 실어 건조하고 뜨거운 햇살 아래 노출시키지 말고, 시원한 바닷물이 담긴 수조에 넣는 것이다. 그들은 이렇게만 해도 투구게가 받을 고온 스트레스를 줄일 수 있을 뿐만 아니라 투구게의 호흡을 책임지는 책아가미의 얇은 낱장 낱장이 말라 시들어버리는 위험도 막을 수 있다고 설명했다.

왓슨과 채벗은 의학계에서 LAL의 중요성과 생명 의학 산업계의 인내심을 통해 살릴 수 있는 생명의 중요성을 제대로 이해하고 있었다. 그들은 인간이 나타나 오염을 심화시키고 서식지를 파괴하며 남획을 일삼기 이전에도 이미 생존을 위해 고군분투해 온 한 동물 종의 생존 확률을 높이기 위해 노력하고 있다.

왓슨과 채벗이 제안한 방법이 투구게의 생존율을 높이는 데 큰 도움이 되기는 하겠지만, 투구게 남획과 관련해 또 다른 위협 요소가 있다. 이는 투구게의 심장박동이 심장 바로 위에 자리하고 있는 신경절이라는 자그마한 뉴런의 덩어리에 의해 유도되고 조절된다는 데서 기인한다. 신경절은 심장의 각 부위가 미세전기파에 반응하여 올바른 순서로 수축하도록 자극하는 일을 한다.

이러한 신경인성 심장은 새우 같은 갑각류뿐만 아니라 지렁이, 거머리 같은 환형동물에게서도 발견된다. 신경인성 심장은 사람을 비롯한 척추동물이 가지고 있는 근원성 심장과는 크게 다르다. 근원성 심장은 신경절이나 신경 같은 외부 구조에 의해 자극받아서 박동하지 않는다. 근원성 수축은 심장 내부에 있는, 심장박동조율기라고 불리는 작고 특수한 근육조직에서 시작된다. 아스테카문명이 남긴 그림 중에 사제가 희생된 직후 아직도 불끈불끈 뛰는 바닷가재나 투구게의 심장을 들고 있는 그림이 없는 이유는, 아마도 신경인성 심장에는 심장박동조율기가 없기 때문일 것이다. 신경인성 심장은 심장박동을 제어하는 신경절과 분리되는 순간 박동을 멈춘다.

반면에 인간의 심장은 심박조율세포 덕분에 계속해서 전기신호를 발신한다. 그 전기신호는 우심방에 있는 동방결절에서 시작되며, 전도경로라는 매우 특별한 경로를 따라 심장을 통과한다. 자갈밭 위로 밀려오는 잔물결처럼 이 전기신호는 우심방에서 좌심방으로 이동하는데, 이 두 개의 심방은 심장의 상단 좌우 끝단에 위치한다. 전기신호의 물결이 심실을 향해 아래로 움직이기 시작할 때, 또 다른 심박조율세포인 방실결절이 그 신호의 속도를 늦추어서 시간을 약간 지연시키면, 그동안 심실에 혈액이 채워진다. 방실결절의 전기신호는 계속해서 심장 하단의 뾰족한 끝을 향해 아래로 흐른다. 그러는 동안 양쪽 심실을 구성하고 있는 근육들이 교대로 수축한다.

요약하자면 인간의 심장은 스스로 박동을 주도하고, 수축의 속도와 강도는 한 쌍의 신경이 관장한다. 미주신경은 심장박동의 속도를 늦추고, 심장의 속도를 가속시키는 신경은……, 여러분도 이미 아는 바이다. 이 한 쌍의 신경은 자율신경계의 일부로 작용하는데, 이 부분은 의식적인 명령이 없이도 제 역할을 수행한다.

자율신경계는 두 부분으로 나뉜다. 하나는 교감신경 부분으로, 심박수와 혈압의 증가 등 여러 반응을 통해 우리가 위협에 대응하도록 만든다. 이 반응을 종종 "투쟁-도피 반응"이라고 일컫는다. 심박수가

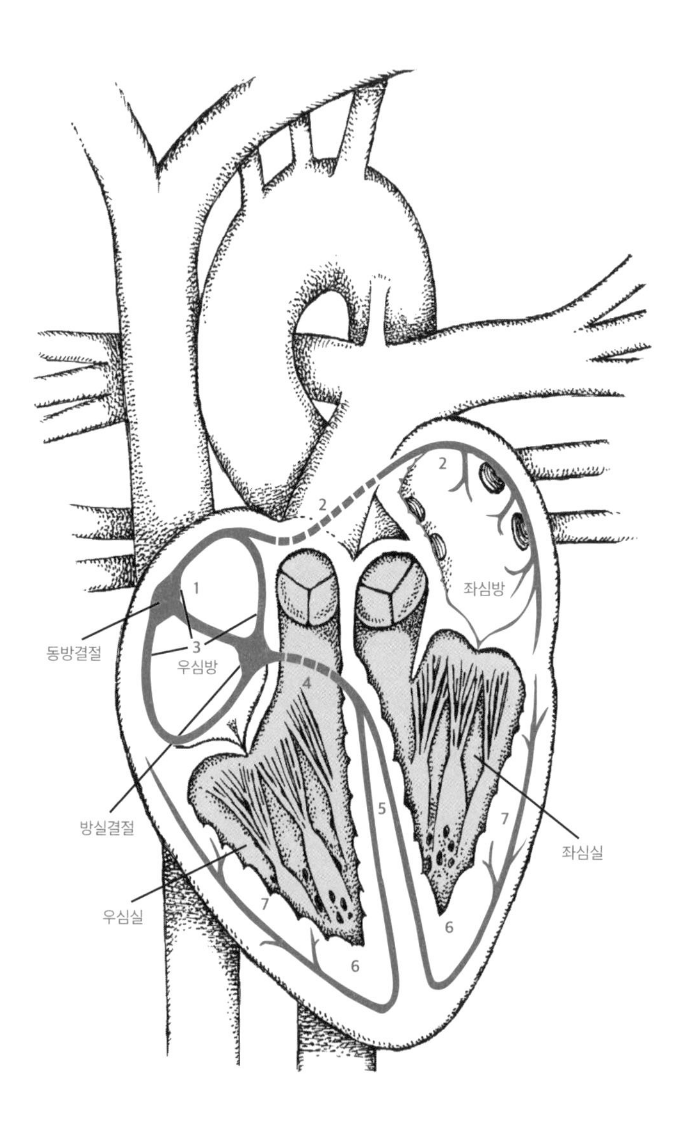
2
2
1
좌심방
동방결절
3
우심방
4
5
7
방실결절
좌심실
7
우심실
6
6

올라가면, 자율신경계는 뇌와 다리로 혈액을 운반하는 혈관의 내경을 넓히라는 명령을 내려, 그 두 기관으로 가는 혈류를 증가시킨다. 동시에 보통 때 같으면 소화관과 신장으로 가는 혈액이 흐르던 작은 혈관들을 수축시켜서 혈액이 소화관과 신장을 우회하여 흐르게 한다.* 과자를 먹거나 소변을 보는 것보다는 갑자기 맞닥뜨린 호랑이에게서 달아나거나 청중을 설득하고자 연설하는 행위가 훨씬 더 중요하기 때문이다.** 소화관과 신장 대신 머리와 다리 근육에 더 많은 혈액을 보내줌으로써 인생 최고의 속도로 달릴 수 있게 해준다. 머리로 가는 혈류도 증가하는 이유는, 아마도 달아나는 것만으로는 사태를 해결할 수 없을 경우를 대비하기 위함일 것이다.

자율신경계의 두 번째 부분은 부교감신경 부분이다. 이 부교감신경은 호랑이도 청중도 없는 평상시에 자율신경계를 관장하며 "휴식과 평정"을 담당한다. 부교감신경은 심장박동의 속도를 늦추고, 소화기관이나 배뇨 기관처럼 투쟁-도피 반응을 할 때 외면했던 신체 기관으로 혈액을 보낸다.

흥미로운 사실은, 자율신경계를 통제하는 신경이 손상을 입거나 신경 자극이 차단되면, 심장이 박동을 멈추지 않아 금방 치명적인 위험에 처하게 된다는 점이다. 복어 애호가라면 필히 주의해야 할 부분이

---

* 혈관으로 흐르는 혈액의 양이 감소하거나 증가하는 현상은 혈관의 안과 겉을 감싸고 있는 평활근의 수축과 이완에 의해 일어난다.

** 자율신경계는 실재하는 것이 아니더라도 실재하는 것처럼 느껴지는 위협에도 반응한다. 공포영화가 우리에게 공포를 주는 것도 바로 그런 이유 때문이다.

다. 반면에 동방결절은 심장박동의 통제권을 쥐고서 분당 104회라는 [16] 안정적인 속도로 심장박동을 조절한다.

다시 투구게 문제로 돌아가자. 사람이 드라큘라 백작에게 경동맥을 물려 피를 잃듯이 투구게가 피하주사에 찔려 피를 잃을 때의 문제는, 투구게에게 스스로 박동을 조절하는 능력이 없다는 데 있다. 투구게의 심장박동은 심장 바로 위에 있는 신경절이 전적으로 조절한다. 왓슨은 이 신경절이 글루타민산염이라는 신경전달물질을 분비해 심장 근육과 소통하는 운동신경을 활성화한다고 설명했다. 이 화학물질 전달자는 심장 표면에서 발견되는 신경전달물질 맞춤형 자물쇠의 열쇠와 같다. 바로 이 자물쇠와 열쇠의 관계가 심장 근육을 수축하는 세포에게 명령을 내리는 것이다.*

"문제는, 투구게의 혈액을 뽑아내기 위해 주삿바늘을 찌르다 보면, 자칫 심장의 신경절을 건드릴 수도 있다는 겁니다. 그러면 투구게는 죽거든요." 왓슨이 말했다.

"그렇다면 생명 의학 시설에서 투구게를 다루는 작업자들에게 주삿바늘을 찌를 때 신경절을 피하도록 교육을 시키면 되지 않나요?"

왓슨은 고개를 저었다. "빌, 나는 그 사람들 대부분이 신경절이 뭔지조차 모를 거라고 생각합니다."

---

* 신경전달물질을 제거하면 근육의 이완이 일어난다.

투구게가 위협에 처해 있지 않다는 변명

최대한 공정을 기하기 위해, 투구게의 혈액을 채혈하는 주요 생명 의학 시설들을 접촉해보았다. 이메일을 통해 LAL 생명 의학 기업들이 하는 역할의 중요성을 충분히 이해하고 있으며, 투구게를 보호해야 한다는 입장과 해당 기업의 입장 모두를 세상에 알리고 싶다고 전달했다. 첫 반응은 완벽한 침묵이었다.

결국 그런 생명 의학 시설에서 일하는 사람을 "건너 건너" 아는 옛 제자를 통해 직접 담당자와 연락할 수 있었다. 나는 중간에서 다리 역할을 한 내 제자를 언급하며 새로운 질문지를 보냈다. 얼마 후, 미안하지만 회사의 내부 규정상 현장 인터뷰는 불가하다는 답장이 왔다. 재산권 문제로 인해 투구게의 채혈실에는 외부인의 출입이 금지되어 있다는 것이었다. 그 편지를 쓴 사람은 투구게가 아주 훌륭한 대접을 받고 있다고 단호하게 말하고 있었다. 그 말투나 주장이 너무나 단호해서, 모든 과정이 적법하고 환경친화적이니 걱정하지 말라는 후속 서신이라도 보내줄 것 같은 분위기였다.

또 다른 회사가 작성한 환경영향평가서도 속속들이 들여다볼 기회가 있었다. 그 평가서는 "오해를 살 만한 주장"에 대해 반박하고 있었다. 그 "오해를 살 만한 주장"이란, 아메리카 투구게의 개체수가 위험에 처해 있으며 LAL의 생산이 투구게를 죽게 만드는 주요 원인이라는 주장이다. 과학계의 검증을 받은 수많은 논문을 살펴본 결과, 이 회사는 리물루스 투구게의 개체수가 안정적일 뿐만 아니라 실제로는 증가하고 있다고 주장했다.

이들의 주장은 투구게를 보존하려는 노력으로 꾸준히 투구게 개체수가 증가하고 있는 델라웨어만에 근거를 두고 있는 것으로 보인다. 그러나 이들의 환경영향평가서는 델라웨어만을 제외한 대서양 연안의 다른 곳에서는 투구게의 개체수가 계속해서 감소하고 있다는 사실은 무시하고 있다. 게다가 그들은 투구게의 개체수를 감소시키는 진짜 범인은 쇠고둥과 장어잡이 어부들이라고 주장하는 막대그래프를 들이대며, 투구게의 치사율에 생명 의학 기업이 미치는 영향은 미미하다고 결론지었다. 물론 그들이 언급하는 원인도 투구게의 서식 환경에 매우 심각한 문제이기는 하다. 하지만 투구게 개체수가 감소하는 일차적인 원인을 이에 한정해서는 안된다.

다행스럽게도 몰로이칼리지 환경 연구 및 해안 해양 모니터링 센터 소장인 생물학자 존 타나크레디는 그동안 희망적인 진전이 있었음을 알려주었다. 타나크레디가 이끄는 연구팀은 롱아일랜드의 사우스쇼어에 있는, 과거 굴 부화장이었던 곳에 투구게 사육장을 유지하고 있다. 미국에서는 유일한 투구게 사육장으로, 규모는 작지만 지역 친화적인 방식이다. 타나크레디와 몰로이칼리지는 아메리카 투구게를 UN 세계자연유산으로 지정되도록 함으로써 아메리카 투구게의 미래를 지켜주기 위해 노력하고 있다. 그러나 타나크레디는 그러한 노력이 성공하더라도(성공할 가능성은 꽤 커 보인다), 그 지역의 투구게는 멸종할 것이라고 전망한다. 그뿐만 아니라 투구게를 미끼로 쓰는 어업 행위나 생명 의학 기업의 활동을 줄이거나 규제하지 않는다면, 투구게를 "이국적인 음식"으로 소비하는 행위가 계속된다면, 그리고 개발이라는 명목으로 투구게의 부화 장소 같은 중요한 서식지를 파괴하거나 오염시키는 행위가 계속된다면 그보다 더 심한 상황이 찾아올 수도 있다고 말한다.

어쩌면 투구게가 처한 이러한 딜레마에 대한 최선의 답은 싱가포르의 생물학자 지크 링 딩이 1980년대에 했던 연구에서 찾을 수 있을지도 모른다.[17] 딩은 내독소에 강한 반응을 일으키게 하는 투구게의 유전자를 미생물의 DNA에 삽입할 방법을 연구했다. 여러 제약회사가 이미 그와 비슷한 DNA 재조합 기술로 대형 효모 수조에서 사람의 인슐린을 생산하고 있었다. 결국 딩이 이끄는 연구팀은 투구게 혈액 응고 형성의 주요 물질인 "팩터 C"의 생성에 보이지 않는 역할을 하는 유전자를 찾아냈다. 그들은 곤충 장세포(이러한 연구에 가장 많이 쓰이는 세포 유형)의 배양균 안에 팩터 C를 주입하기 위해 바이러스를 이용했는데, 이 장세포는 곧 LAL을 기계적으로 만들어내는 작은 공장이 되었다. 딩은 2003년에 재조합 팩터 C 테스트 키트에 대한 특허를 얻었지만, 제약업계에서는 큰 관심을 보이지 않았다. 당시에는 이 테스트 키트를 공급하는 업체가 한 곳뿐이었는데, 그 업체는 FDA 승인을 기다리는 중이었다. 그런 이유로 생명 의학 기업들은 투구게에서 직접 LAL을 뽑아내는 방식을 포기하기를 주저하고 있었다. 이미 수십 년 동안 써오던 방법을 굳이 포기할 이유가 없었기 때문이다.

그러나 최근 들어 재조합 팩터 C를 생산하는 새로운 회사가 생겼다. LAL을 생산하는 주요 기업들은 여전히 새로운 테스트 키트를 도입하지 않고 있지만, 한 회사가 기존의 투구게를 이용한 키트 외에도 새로운 키트를 판매하기 시작했다. 투구게를 사랑하는 많은 사람들에게 아주 반가운 소식 한 가지는, 제약업계의 거인인 일라이 릴리사가 자사의 신약 테스트에 재조합 팩터 C를 이용하기 시작했다는 것이다. 이 한 발자국에 힘입어 모든 기업들이 한 생명체의 몸을 축내지 않고 내독소를 탐지하는 방법을 찾기를 바라며, 투구게를 조립 라인에 묶어놓고 강제로 채혈하는 방식도 토끼 발열원 테스트처럼 완전히 사라지게 되기를 희망한다.*

* 슬프게도, 코로나바이러스를 예방하거나 치료할 방법을 찾으려 혈안이 된 제약회사들 때문에 멸균 실험실에서 내독소를 탐지하기 위한 투구게 혈액의 수요도 폭증했다. 그로 인해 비침습적 기술을 사용한 키트는 다시 뒷전으로 밀려나고 말았다.

놀라운 심장들

심장 없는 존재들이 살아가는 법

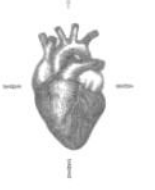

곤충의 몸집이 커지면 몸길이의 세 제곱의 비례로 산소필요량이 증가하지만,
실제 공급량은 몸길이의 제곱의 비례로 증가한다… 그러므로 고질라는
산소 공급을 충분히 유지하기 위해 기관을 더 많이 갖고 있어야 한다.

— 마이클 C. 라바버라 《B급 영화 속 괴물의 생물학》

순환계와 호흡기계의 절친한 관계를 알고 난 다음에 무척추동물, 특히 곤충의 순환계는 산소나 이산화탄소를 운반하지 않는다는 사실을 알면 깜짝 놀라게 된다. 곤충의 몸에서는 순환계 대신 기문이라는 아주 작은 구멍을 통해 산소가 풍부한 공기를 유입한 다음, 점점 더 작아지는 기관과 모세기관을 통해 구석구석의 조직까지 공기를 운반한다. 공기가 체외로 배출될 때는 그 역순으로 이동한다. 이번에는 산소 대신 이산화탄소를 흡수해서 옮기는데, 몸에 산소를 공급하거나 몸으로부터 이산화탄소를 흡수하는 과정이 모두 확산을 통해서 일어난다.

곤충의 기관계는 곤충이 다른 동물이 지닌 순환계와 호흡기계 없이도 그토록 활동적으로, 때로는 지나칠 정도만큼 활동적으로 움직일 수 있는 이유를 설명해준다.[1] 하지만 곤충들도 먼 과거의 언젠가는 순환계와 호흡기계 사이의 연결이 있었을 수도 있다는 점이 매우 흥미롭다. 강도래stonefly 같은 일부 곤충 종은 혈림프 안에 산소를 운반하는 색소인 헤모시아닌을 갖고 있기 때문이다. 이 사실로 미루어 보아 고대 곤충 중 일부 종, 흔히 기저집단*이라 부르는 종의 조상은 혈액을 기반으로 한 가스교환 메커니즘을 갖고 있었지만, 진화하는 과정에서 기문이 그 역할을 대신하게 되어 기존의 가스교환 메커니즘이 완전히 퇴화했음을[2] 짐작할 수 있다. 이러한 가설에 대한 또 하나의 증거는 구리를 함유한 안토시아닌이 메뚜기 배아의 혈림프에서는 발견되지만, 그보다 나중 발달 단계에서는 발견되지 않는다는 점이다.

하지만 곤충의 순환계가 일반적인 예상을 벗어나는 매우 독특한 기관이라는 데에는 또 하나의 이유가 있다. 곤충에게는 심장이 없다!

* "기저"라는 용어는 진화의 나무에서 뿌리 근처에 있는 집단이라는 의미가 있다. 어떤 분류군에서도 마찬가지다. 이미 멸종한 기저집단도 있지만, 아직 현존하는 기저집단도 있다. 가령 잠자리의 기저집단인 초대형 잠자리는 멸종한 반면, 곧 다룰 좀bristletail은 아직 존재한다.

곤충은 심장 없이 어떻게 살아갈까

심장이 없는데 어떻게 순환계가 기능을 할 수 있을까? 투구게를 비롯해서 개방혈관계를 가진 다른 많은 동물처럼, 곤충도 몸의 정중선正中線을 따라 흐르는 등쪽 혈관을 가지고 있다.* 그러나 혈관 자체에 투구게 심장에 있는 것과 같은 판막인 심문이 있다. 영양분이 든 혈림프가 심문을 거쳐 들어가고 혈관의 근육벽이 수축할 때 배출된다는 점에서 등쪽 혈관은 심장과 비슷하다. 등쪽 혈관을 떠난 혈림프는 방과 비슷하고 몸 전체에 퍼져 있는 혈강으로 들어가 뇌와 주요 장기까지 가닿는다. 그다음에는 몸의 뒤쪽으로 혈림프가 이동해 말단 기관까지 영양분을 운반하고 노폐물은 배설기관으로 보낸다. 소화기관, 몸의 움직임, 날개에 있는 보조 "심장," 더듬이, 다리로부터 다시 한번 영양분을 공급받은 혈림프는 등쪽 혈관으로 돌아가고, 여기서 심문의 수축기와 수축기 사이에 심문을 통해 등쪽 혈관 안으로 다시 들어간다.

등쪽 혈관의 수축처럼, 기관계는 그 자체의 압력으로 체형을 유지하고, 이동과 운동, 번식행위, 탈피, 부화를 돕는 등 다양한 기능을 한다. 이러한 개방계는 또한 곤충에게 보조적으로 에너지를 공급함으로써 전형적인 순환계의 역할도 떠맡는다. 공중을 날아다니는 것처럼

* 여기서 더 나아가기 전에, 혼돈을 막기 위해 미리 정리를 해두어야겠다. 자신이 곤충 또는 지렁이, 아니면 뭐든 네 발로 기어 다니는 동물 중 "아무거나"라고 상상하고 방바닥에 드러누워 보자. 바닥에 닿아 있는 면을 앞면ventral surface이라 하고, 천장을 바라보고 있는 면을 등쪽면dorsal surface이라고 한다.

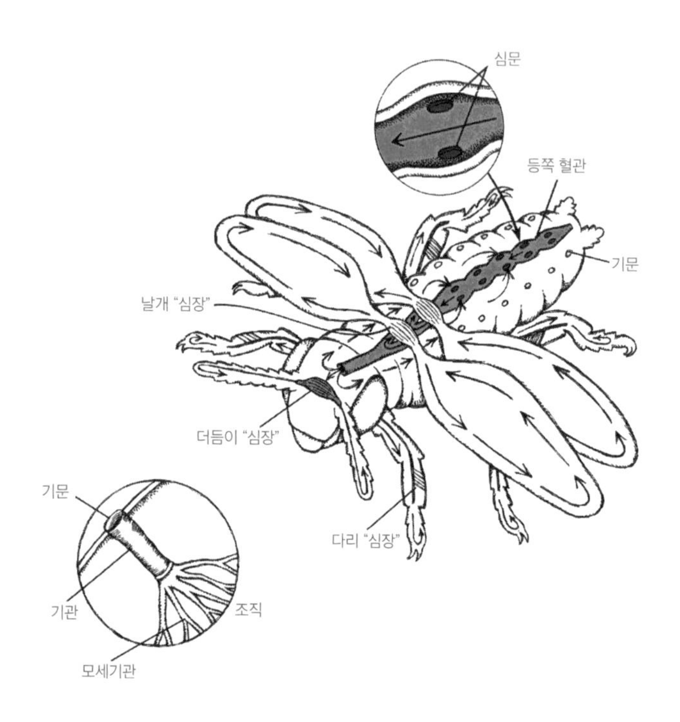
심문
등쪽 혈관
기문
날개 "심장"
더듬이 "심장"
다리 "심장"
기문
기관
조직
모세기관

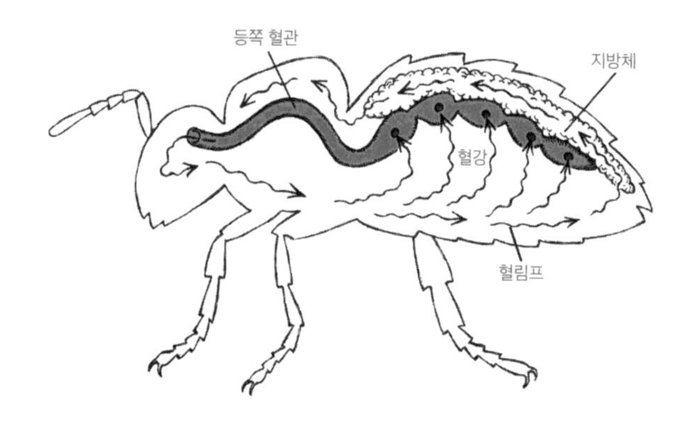
등쪽 혈관
지방체
혈강
혈림프

에너지 소모가 많은 행동을 할 때 필요한 에너지를 공급하는 데 도움이 되는, 지방체라는 조그마한 화학에너지 저장소가 여러 기관에 붙어 있어서 가능한 일이다.*

그러나 모든 곤충이 위에서 설명한 것과 같은 순환계를 지니고 있지는 않다. 지금까지 발견된 바로, 약 100만 종의 곤충은 이러한 일반적인 순환계에서 기이하게 변형된 순환계를 가지고 있다. 좀붙이Diplura 목에 속하며 좀이라고 불리는 곤충 기저집단에서 그런 예를 볼 수 있다. 좀은 등쪽 혈관에 혈림프가 서로 반대 방향으로 흐르게 하는 특수한 판막을 가지고 있다. 사람의 심장에서 판막이 탈출했을 때 일어나는 문제를 떠올려보면, 혈액의 역류는 절대로 일어나서는 안 되는 일이다. 그런데 좀은 머리와 꼬리까지 효율적으로 혈림프를 보내기 위해, 혈림프를 한 방향이 아니라 양방향으로 흐르게 한다.[3] 좀을 제외한 곤충 대부분의 순환계에서 등쪽 혈관은 다리나 날개, 더듬이처럼 아주 먼 기관까지, 한 방향으로 혈림프를 보내기 위해 분투한다. 오직 좀만이 이런 특이한 방식으로 혈림프를 순환시키도록 진화했다.

좀보다 흔한 경우로, 다른 곤충들은 말단 기관에 보조 심장의 형태로 임기응변식 구조를 진화시켰다. 근육에 의해 움직이는 이 작은 펌프는, 진짜 심장과 연계된 다른 장치 없이도 체강과 날개, 다리, 더듬이 같

* 동물계 전체에서 볼 수 있듯이, 저장된 지방이 필요할 때면 지방은 에너지가 풍부한 지방산이라는 작은 분자로 분해된다. 지방산은 순환계를 타고 흘러서 필요한 곳으로 이동한다. 에너지가 필요한 기관의 세포는 지방산 분자를 묶어주는 화학결합을 끊어서 그 에너지를 다양한 목적에 이용한다.

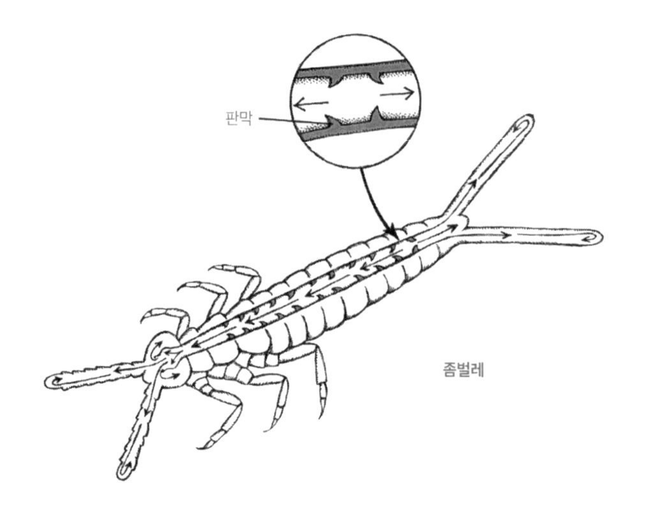

은 사지 말단까지 혈림프를 보낼 수 있게 한다. 이런 보조 장치가 없었다면 사지 말단까지 혈림프를 제대로 공급할 수 없었을 것이다. 곤충을 연구하려는 이들에게 한 가지 팁을 주자면, 맥박이 치는 이 기관들의 배후에 있는 메커니즘은 아직도 미지의 세계라는 것을 말해두고 싶다.

곤충의 개방혈관계 안으로 들어온 혈림프는 어떻게 역류하지 않고 흐를 수 있을까? 좀의 경우에서 살펴보았듯이, 역류 방지 메커니즘은 폐쇄혈관계를 가진 동물에게서 발견되는 것과 거의 똑같다. 홍수가 날 때 물이 찰 위험이 있는 지하실에 설치된 침수 방지 시스템과도 비슷하다.

이 모든 경우에 출발점은 펌프다. 수축성 등쪽 혈관이든 진짜 심장이든, 아니면 지하실 배수펌프의 전기모터든 마찬가지다. 생물학적 시스템에서와 마찬가지로, 배수펌프는 에너지를 기계적 에너지로 변환한다. 콘센트나 배터리에서 얻는 에너지를 모터 내부의 회전날개 같은 장치의 운동으로 변환하는 것과 같다. 이 기계적 에너지는 일을 하는 데 쓸 수 있다. 지하에 파인 웅덩이에 고인 물을 중력에 반하여 지하실 밖으로 퍼내는 것도 바로 그런 일 중의 하나다. 펌프의 힘이 충분히 강하다면, 물은 펌프의 힘으로 호스를 통해 이웃의 마당으로 쏟아져 들어갈 것이다. 이때 전기가 끊기거나, 물을 퍼내야 할 거리가 너무 멀다면, 중력은 그 물을 다시 웅덩이로 끌어들이려 할 것이다. 그러나 성능이 괜찮은 펌프라면, 한번 퍼올려진 물은 다시 지하실의 웅덩이로 되돌아오지 않는다. 펌프에는 밸브, 심장으로 따지면 판막이 있어서 물은 오직 한 방향, 즉 밖을 향해서만 흐른다.

그렇다면 혈관도 이런 방식으로 작용하는 걸까?

이웃집 마당이나 지하실 물웅덩이 부분을 무시한다면, 기본적으로는 그렇다고 할 수 있다.

맥동하는 지렁이의 혈관, 심장이 세 개인 오징어

앞에서 언급했듯이, 척추동물의 심장과 비교하면 무척추동물의 순환계는 생김새나 기능이 매우 가변적이다. 가령 지렁이는 연동성/맥동성 혈관을 지니고 있으며, 앞에서 살펴본 투구게는 튜브형 심장을 지녔다. 별벌레아재비는 자루형 심장을, 달팽이는 심지어 여러 개의 방실을 지니고 있다. 혈액은 이러한 순환계를 통해 체내로 들어간다. 오징어 같은 두족류 등 무척추동물 중의 일부는 폐쇄순환계를 지니고 있지만 동시에 심장이 여러 개인데, 해부학적으로나 기능적으로 제각각 성격이 다르다. 이런 순환계를 모두 다루기는 불가능하므로, 그중 눈에 띄는 몇몇 흥미로운 예를 살펴보기로 하자.

이론상으로는 지렁이나 지렁이의 친척들, 흔히 환형동물이라 불리는 동물들은 심장이 없다. 대신 다섯 쌍의 수축성 혈관을 지니고 있는데, 이 혈관을 동맥궁, 위심장 또는 환식도혈관(식도를 둘러싸고 있기 때문에 이런 이름이 붙었다)이라고 부른다. 곤충과 마찬가지로 지렁이의 순환계와 호흡기계도 상호작용하지 않는다. 즉, 지렁이와 곤충의 혈림프는 산소와 이산화탄소를 운반하지 않는다. 곤충의 경우 기관계를 통해 공기가 드나들고, 지렁이 같은 환형동물은 얇고 축축한 피부를 통해 피부호흡으로 직접 가스교환을 한다. 한 가지 더 이야기하자면, 지렁이는 피부를 통해 호흡하기 때문에 비에 젖은 흙을 좋아한다. 일찍 일어나는 새에게 잡아먹히거나 어부에게 잡혀 미끼로 쓰일 위험을 무릅쓰고 비 오는 밤이면 땅 위로 올라오는 이유가 바로 여기에 있다.

미끈미끈한 피부로 피부호흡을 하는 동물은 대부분 피부의 가장 바깥층인 표피를 통해 공기 중의 산소를 몸속으로 들여와 표피 아래 진피에 빽빽한 네트워크를 이루고 있는 모세혈관으로 확산시킨다.* 산

* 진피는 혈관이 많이 모여 있고 대사 작용도 활발하기에 가장 바깥쪽 표면을 이루고 있는 표피와는 매우 다르다. 일반적으로 표피의 기능은 주로 외부 환경에 대한 물리적 방

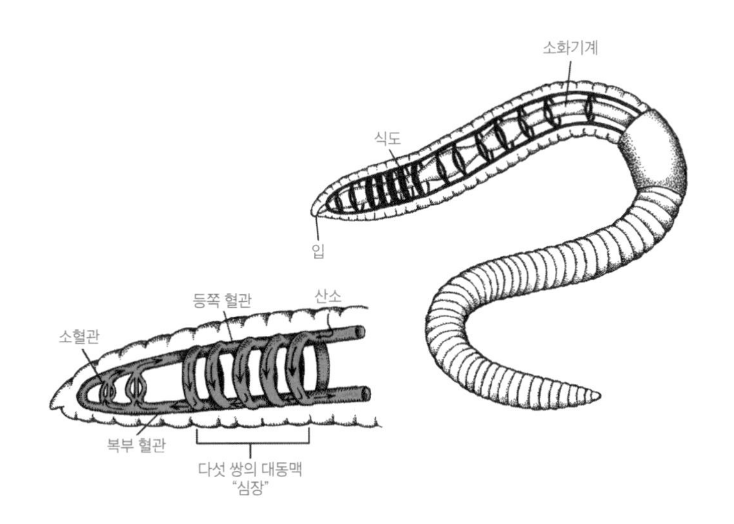

소로 충전된 혈액은 진피의 모세혈관에서 출발해 모세혈관보다 더 굵은 등쪽 혈관을 향해 이동한다. 몸의 길이 방향으로 배열된 등쪽 혈관은 리드미컬하게 수축하면서 혈액을 머리 쪽에 여러 개의 고리 모양으로 배열된 대동맥궁으로 밀어 보낸다. 대동맥궁은 평행하게 배열되어 있어, 지렁이 몸의 앞부분을 감고 돌며 연동운동을 통해 파도를 치는 것처럼 동기화되어 수축한다. 이 과정은 우리 몸에서 입을 통해 들어온 음식을 식도가 밀어서 내려보내고 위에서 짓이긴 다음 튜브를 짜내듯 소장으로 내려보내는 연동운동 과정과 똑같다.

환형동물의 순환계는 연동 수축으로 산소가 든 혈액을 아래로 내려

어막으로서 작용하는 것이며, 가장 바깥쪽 세포는 기능적으로 성숙한 단계에 이를 즈음이면 생명을 다한다. 지렁이뿐만 아니라 역시 피부호흡을 하는 동물인 개구리도 표피가 극도로 얇다.

보내 복부 혈관으로 들여보낸다. 혈액은 복부 혈관에서 모세혈관으로 갈라져 들어가면서 몸 구석구석과 여러 장기로 보내진다. 산소가 고갈된 혈액은 다시 모세혈관과 연결된 작은 혈관들을 통과해서 등쪽 혈관으로 돌아온다.[4] 이렇게 해서 지렁이의 몸속에서도 끊임없이 혈액이 돌고 돈다. 지렁이의 폐쇄순환계는 무척추동물의 대표적인 예다.

현재는 척추동물의 심장이 대동맥궁과 비슷하게 연동운동을 하는 혈관으로부터 진화했다는 가설이 강력한 지지를 받고 있지만, 척추동물의 심장이 오늘날 지렁이에게서 볼 수 있는 시스템으로부터 진화했다고 믿는 사람은 아무도 없다.*

모든 순환계는 나름의 이유가 있다

오징어나 문어 같은 두족류 동물은 지렁이처럼 대동맥궁을 다섯 쌍이나 갖고 있지는 않지만, 심장이 세 개, 즉 세쌍둥이 심장을 가지고 있다. 그중 두 개는 한 쌍의 아가미 심장으로, 몸을 한 바퀴 돌고와 산소가 고갈된 혈액을 받아들인다. 아가미 심장은 수축을 통해 산소가 고갈된 혈액을 아가미로 보내고, 이 아가미에서 혈액에 산소가 충전된다. 알다시피 아가미는 주변의 물에서 부지런히 산소를 뽑아내는

* 등쪽면이 어디고 앞면이 어디인지를 구분하기 위해 아직도 방바닥에 누워 있다면, 이제 그만 일어나기 바란다.

기관이다. 산소가 충전되어 아가미를 떠난 혈액은 세 번째 심장, 즉 하나밖에 없는 체심장으로 가고, 체심장은 혈액을 펌프질해 온몸 구석구석으로 보낸다. 이러한 형태의 매우 효율적인 폐쇄순환계는 특이할 정도로 활동적인 두족류의 서식 행태에 맞게 진화한 결과인 것으로 보인다. 지능과 제트 추진술, 뛰어난 사냥 능력까지 갖춘 이 동물들에게는 몸집은 비슷하게 커도 움직이기 싫어하고 머리도 쓸 줄 모르는 다른 동물에 비해 상대적으로 많은 양의 산소가 필요하다.

이쯤에서, 동물계 전반을 바라보는 사람들이 저지르기 쉬운 일반적인 실수를 예방하는 데 도움이 될 만한 경고를 전하려 한다. 곤충, 지렁이, 오징어 등의 순환계에서 볼 수 있는 다양하고 의미 있는 변형을 보면, 어떤 것이 다른 것보다 더 낫다는 식으로 분류하거나 동물이 가진 시스템은 인간이 가진 것보다 열등하다고 단정 짓기 쉽다. 20세기 중반까지는 많은 과학자들도 곧잘 저질렀던 오류였다. 이런 오류의 영향으로, 옛날의 과학 문헌에는 사람이 "승리자"이며 모든 논점에서 "정점에 있는" 존재라는 주장이 허황되고 과장된 미사여구로 나열되어 있는 경우가 적지 않다. 그러나 사람 이외의 동물이 가진 순환계를 2류 또는 불완전한 구조로 보는 관점은 크나큰 오류다. 저마다 사는 환경 조건에 맞게 영양을 공급하고 노폐물을 배출하며 가스를 교환할 수 있도록 수억 년에 걸쳐 진화한 결과이기 때문이다. 따라서 이러한 동물의 순환계도 인간의 순환계와 기능적으로는 동등하다는 인식을 갖는 것이 합리적이다.

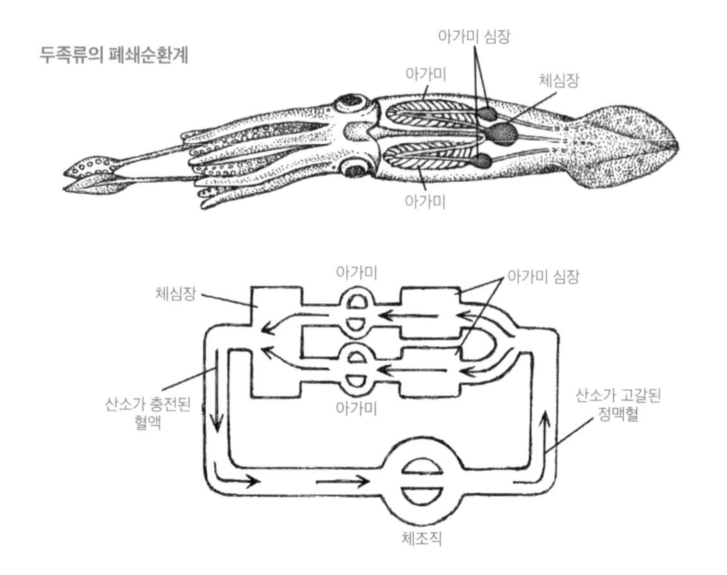

더욱이, 어떤 동물의 기관계도 완벽하지 않다. 동물의 기관계는 대부분 과거에 존재하던 구조에서 조금씩 발전된 형태이며, 때로는 새로운 역할을 수행하기 위해 두 부분이 협력하기도 한다. 진화의 과정에서는 무에서 유가 창조되지 않는다. 이미 있던 것을 살짝 바꿔서, 있던 구조를 조금씩 손보고 새로운 목적에 맞도록 고친다. 이 점을 염두에 두고 보면, 어떤 동물의 순환계가 다른 동물의 순환계에 비해 상대적으로 더 복잡하다는 사실을 가지고 자랑을 삼거나 다른 동물을 비하할 권리는 없다. 어떤 순환계든 모두 제 할 몫을 다 하고 있기 때문이다. 중요한 것은 그뿐이다.

그러나 개방순환계가 할 수 있는 일에는 한계가 있다. 어떤 동물이든 기본적인 물리학의 법칙을 벗어날 수 없고, 그 법칙에 따른 제한을 받기 때문이다. 달리 말하면, 진화가 모든 것을 가능하게 해줄 수는 없다. 소처럼 생긴 동물이 하늘을 날 수 없는 이유는 하늘을 나는 동물에게 적용되는 공기역학의 법칙 때문이다. 개방혈관계를 지닌 동물들의 한계는 크기와 관련이 있다. 독수리만 한 크기의 집파리가 없고, 골프카트만 한 크기의 투구게가 없는 것도 바로 그 때문이다.

간단히 말해 몸집이 큰 동물은 개방순환계로 모든 것을 원활히 공급, 배출시키기에는 세포의 수가 너무 많다. 개방순환계는 확산에 의존하기 때문이다. 폐쇄순환계에는 셀 수 없이 많은 모세혈관이 촘촘히 얽혀 있어서 그 표면적이 엄청나다. 모세혈관의 표면적은 혈액과 체조직 사이의 가스교환, 영양 공급과 노폐물 배출이 동시다발적으로 일어나기에 충분할 만큼 넓다. 개방혈관계에는 그런 것이 없다. 이미 보았듯이, 개방혈관계에서는 방처럼 생긴 혈강에서 가스교환, 영양 공급, 노폐물 배출이 일어난다. 매머드처럼 큰 몸집을 갖고 싶어 하는 투구게가 있을지도 모르지만, 안타깝게도 혈강벽의 면적은 조 단위의 세포로 이루어진 겹겹의 조직에 그 모든 일을 해줄 수 있을 만큼 넓지 않다.

기린은 어떻게 중력을 이기고 머리까지 피를 보낼까

중력은 개방순환계를 가진 동물에게는 또 하나의 제약이다. 중력 때문에 기린 같은 몸집을 가진 개방혈관계 동물은 존재할 수 없다. 개방혈관계의 펌프는 기린 같은 동물이 받는 만큼의 중력을 이기고 혈액을 위로 높은 곳까지 보내줄 수 있도록 진화하지 않았다. 개방혈관계로는 기린은 고사하고 사람 키만큼의 동물도 머리까지 혈액을 공급할 수 없다.

육상 포유류 중 키가 가장 큰 기린*Giraffa camelopardalis*은 머리 높이가 웬만한 나무 꼭대기에 닿을 정도다. 수컷의 경우 5.5미터까지 자란다. 그렇게 높은 위치의 머리까지 혈액을 전달하기 위해서 기린의 심장은 어떤 포유류보다도 높은 혈압을 짜내야 한다. 보통의 경우 기린의 혈압은 280/180 수은주 밀리미터mmHg, 인간의 평균 혈압인 110/80 수은주 밀리미터의 두 배다. 이 놀라운 동물의 순환계에 대해서는 잠시 후에 다시 다루기로 하고, 일단 지금은 더 중요한 문제에 집중하기로 하자.

참고로 혈압과 관련해 방금 언급한 숫자들의 의미를 궁금해하는 독자들을 위해 설명하자면, 첫 번째 숫자는 심실이 수축할 때, 그러니까 심장에서 몸으로 혈액을 펌프질해 내보낼 때 혈관이 받는 압력을 나타낸다. 이 숫자가 수축기 혈압이다. 두 번째 숫자는 심장이 이완되어 심실에 다시 혈액이 채워질 때 같은 혈관이 받는 압력을 나타낸다. 이 숫자가 이완기 혈압이다. 대기압 같은 다른 압력을 측정할 때와 마찬가지로, 끝이 개방된 U자형 유리관의 한쪽 끝에 힘이 가해질 때 유리관 속 수은이 중력에 반해 올라가는 높이를 밀리미터 단위로 측정한 숫자라고 보면 된다. 대기압은 한쪽 관 끝에 가해지는 힘이 공기에 의

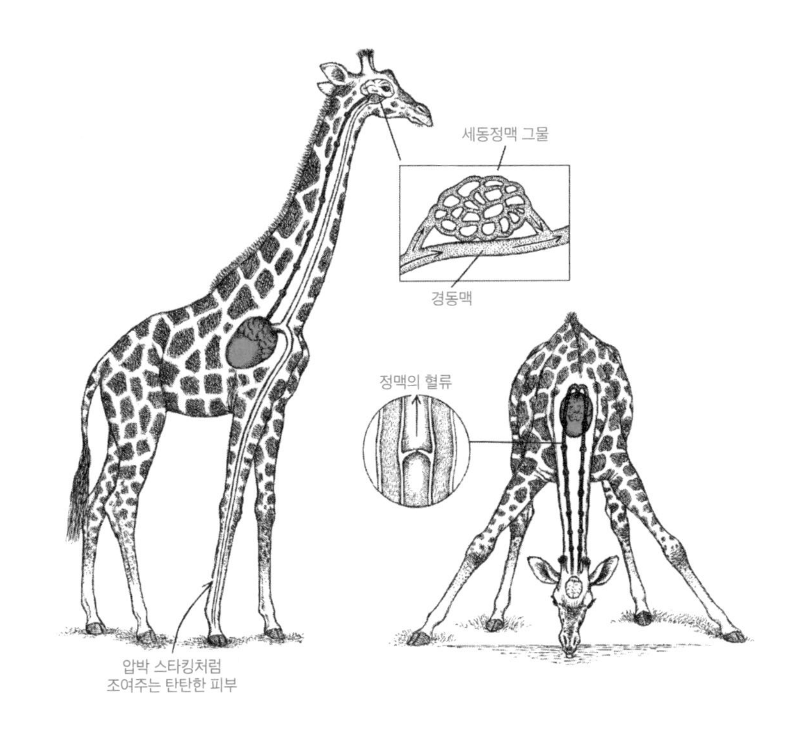

해 생기는 힘이고, 혈압의 경우에는 심장의 수축과 이완에 의해 생기는 힘이다.

사람의 경우 고혈압(일반적으로 혈압이 120/80수은주 밀리미터 이상일 때)에 대해서는 잘 알려져 있고, 최근 연구를 보면 수축기 혈압은 물론 이완기 혈압도 심장마비, 뇌졸중의 발생을 미리 예견할 수 있는 중요한 징후가 된다.* 하지만 이 문제는 나중에 다시 살펴보는 것으로

* 최근의 한 연구 결과를 보면, 고혈압과 치매 사이에는 분명한 연결고리가 있다.[5] 그러나 고혈압보다는 덜 위험하다고 인식되는 저혈압(90/60수은주 밀리미터보다 낮은 경우)

하자.

기린이 동전의 한쪽 면이라면, 그 반대쪽 면은 바다에 사는 어족인 먹장어다. 흔히 "곰장어" 또는 "뱀장어"로도 불리는데, 사실 먹장어는 뱀장어도 아니고 뱀도 아니다. 어쨌거나 이 동물은 종종 "가장 혐오스러운 먹거리" 목록에 오르곤 한다. 물론 그 이유가 모든 척추동물 중에서 대동맥 혈압이 가장 낮다(5.8~9.8수은주 밀리미터)는 점과는 상관이 없을 것이다. 이러한 악명이 붙은 이유는 아마도 덩치 큰 동물의 사체를 파고 들어가며 그 사체를 뜯어먹는 포식 습관과 적을 만나거나 사로잡힐 위험에 처하면 순식간에 5갤런짜리 물통을 가득 채울 만큼의 진흙을 토해내기 때문일 것이다. 먹장어는 "땃쥐"와 정반대의 서식 행태를 보인다. 땃쥐는 한순간도 가만히 있지 못하고 움직이는 반면, 먹장어는 인간 세상에서 가장 게으른 사람이라도 블랙커피를 한 주전자씩 들이마신 올림픽 선수처럼 보이게 만들 정도로 에너지 소모가 극도로 적은 서식 행태를 보인다.

오싹한 포식 습관을 생각하면, 이 매력적인 동물이 한국에서는 굉장한 정력제로 대접받는다는 사실이 놀랍지 않을 수 없다. 한국의 어부들이 먹장어를 잡는 방법은 "제물낚시보다 약간 덜 세련된" 기술이라고 말할 수 있겠다. 먹장어를 잡으려면 먼저 죽은 소를 밧줄로 묶어

도 현기증, 두부 경중감, 실신 등 건강상의 문제를 일으킬 수 있다. 극심한 저혈압은 쇼크, 심지어는 사망에까지 이르게 할 수 있다.

바닷속 뻘에 가라앉히고,* 밧줄의 반대쪽 끝은 부표에 묶어둔다. 그리고 집으로 간다. 일주일쯤 후에 돌아와 소의 시체를 끌어올린 뒤 배를 갈라 초저혈압을 자랑하는 먹장어를 수확한다. 아마도 죽은 소의 배 안에는 열두어 마리의 먹장어와 그 친구들이 토해놓은 슬라임이 상당량 들어 있을 것이다. 먹장어의 슬라임은 끈적끈적한 단백질로 이루어진 가느다란 끈 뭉치인데, 이 끈은 나일론보다도 강하고 사람의 머리카락보다 가늘다.

기린이나 사람과는 달리, 대부분의 수중 동물은 중력의 영향을 받지 않는다. 먹장어든 물고기든, 그들이 사는 환경인 바닷물이 매우 밀도가 높은 물질이기 때문이다. 따라서 물이 이 동물들을 위로 띄워 올리는데, 이렇게 작용하는 힘을 부력이라고 한다. 공기는 물보다 밀도가 훨씬 작아, 지상의 동물에게 작용하는 부력은 매우 미미하다. 따라서 육상 동물은 아래로 잡아끄는 중력의 힘에 끊임없이 대항해야 한다.

중력은 사람에게도 큰 문제를 일으킨다. 정맥혈이 다리나 발 같은 사지말단에서 심장으로 돌아올 때 특히 그렇다. 모세혈관은 우리 몸에서 혈압이 가장 낮아, 약 20수은주 밀리미터에 불과하다. 심지어는 그보다 낮을 때도 있다. 물리학 법칙에 따라 표면적이 증가하면 압력은 감소하는데, 모세혈관그물 표면적의 총합은 심장에 가까운 동맥이

* 미끼 가게에서 죽은 소를 팔지 않는다면, 썩어가는 생선을 넣은 통발도 좋다.

나 미세동맥의 표면적보다 훨씬 크다. 게다가 이렇게 혈압을 떨어뜨리지 않으면, 동맥혈이 모세혈관의 얇디얇은 벽을 파괴할 수도 있다. 문제는 혈액이 모세혈관그물을 떠나 정맥으로 흘러가도 계속 혈압이 낮은 상태에 머물러 있다는 점이다. 만약 이런 문제가 생긴 모세혈관이 우리 몸에서도 지면에 가장 가까운 발가락 부분에 있다면, 혈액은 중력을 이기고 심장까지 되돌아가기가 어려워진다.

이 문제를 해결하고자, 사람의 몸은 정맥혈이 다리에서 심장으로 되돌아가는 과정을 도와주는 보조 장치를 진화시켰다. 이 보조 장치는 비복근과 비근 같은 장딴지 근육이 수축할 때 작용한다. 이 두 근육의 배(두꺼워져서 불룩 튀어나온 중간 부분)가 발에서 심장으로 혈액을 되돌려보내는 정맥의 일부를 감싸고 있다. 뒤꿈치를 당기고 발끝을 밀어내는, 발레에서 '포인트'라고 하는 동작을 취하면 이 두 근육이 수축하면서 정맥과 그 안에 흐르는 혈액을 압박한다. 그러면 물로 채운 막대풍선을 꽉 쥔 것처럼 이 혈관의 혈압이 증가하고, 이 압력으로 인해 혈액은 위로 밀려 올라가 심장을 향하게 된다. "골격근육펌프"라고 알려진 이 작용은 끊임없이 계속된다. 다리 근육 안에 있는 서로 분리된 근육섬유 다발이 의지와 상관없이 교대로 규칙적인 수축을 반복하기 때문이다.

이쯤이면 예상할 수 있겠지만, 기린의 긴 다리는 순환계와 관련된 여러 가지 문제를 안고 있다. 하지만 이 문제는 잠시 뒤로 미루기로 하자. 기린의 몸에서 혈액을 심장으로 돌려보내기 위해 극복해야 할 난관은 바로 기린의 목이기 때문이다. 기린의 목은 1.8미터에 달해, 기린이 물을 마시기 위해 고개를 숙이면 머리와 뇌에 있는 혈관에 혈액이 몰릴 위험이 있다. 다행히도 기린이 지닌 두 개의 경정맥(산소가 고갈된 혈액을 뇌에서 심장으로 돌려보내는 혈관)에는 각각 일곱 개씩 판막이 있어서 그런 위험을 막아준다. 기린이 고개를 숙이고 있을 때 중력에 반하여 흐르는 혈액을 더 큰 힘으로 밀어주기 위해, 기린의 경정맥 벽은 다른 포유류 동물의 혈관벽보다 훨씬 많은 근육으로 이루어져 있어서 경정맥이 수축할 때 정맥혈이 위로 올라가도록 도와준다.

세상에서 제일 키가 큰 이 포유류 동물의 동맥은 정맥과는 완전히 다른 문제를 가지고 있다. 한번 생각해보자. 이 기린의 머리로 가는 혈관의 혈압은 매우 높다. 그래서 일반적으로 생각하면, 기린이 머리를 숙이면 혈액이 콜로라도강의 급류처럼 머리로 쏟아져 들어갈 것 같다. 그러나 경동맥에 의해 운반되는 이 혈액은 목 윗부분의 조밀한 혈관그물로 들어간다. 라틴어로 "아름다운 그물rete mirabile"이라는 뜻을 지닌 세동정맥그물은 혈관표면적을 증가시켜서 혈압을 낮춰주는 역할을 한다. 모세혈관그물이 혈압을 낮춰주는 것과 같은 이치다. 세동정맥그물은 기린이 물을 마시기 위해 머리를 낮춰 머리의 위치가 심장보다 3미터 이상 낮아질 때 뇌혈압이 급격히 높아지지 않도록 막아준다. 기린이 물을 마시고 머리를 들면, 세동정맥이 수축하면서 그 안에 있던 혈액을 뇌로 보낸다.

이미 언급했듯이, 이 호리호리한 동물 친구에게는 문제가 한 가지 더 있다. 이번에는 길어도 너무 긴 다리가 문제다. 기린의 다리에 있는 동맥은 중력의 영향으로 혈압이 최고 350수은주 밀리미터까지 올라가는 경우가 있다.[6] 이렇게 혈압이 높아지면 사지에 비정상적으로 체액이 고이는, 일반적으로 "수분저류"라고 알려진 부종이 일어나기 쉽다. 혈액을 이루는 체액의 일종인 혈장이 압력을 이기지 못하고 모세혈관벽을 통과해 주변 조직에 흡수되면 이러한 현상이 일어난다. 그러나 기린은 다리를 두껍고 탄탄하게 조이는 피부를 진화시켜 이 문제를 해결했다. 사람이 압박 스타킹을 신은 것과 같은 원리라고 생각하면 된다. 기린 다리의 피부와 압박 스타킹, 이 두 가지 모두 사지 혈관의 혈류를 감소시킴으로써 부종이 생기는 것을 예방한다.*

기린과 생김새는 비슷하지만 몸집도 작고 목과 다리도 짧은 오카피, 낙타, 타조 등 목이 긴 동물에서도 압력과 관계가 있는 또 다른 형태의 적응 사례를 찾아볼 수 있는데, 이 역시 수렴진화의 사례라고 볼 수 있다. 키가 크면 여러 가지 문제에 부딪힐 수 있는 것이 사실이지만, 많은 동물들은 진화를 통해 이미 검증된 표준적인 해부학적 구조를 취함으로써 그 문제를 해결했다.

---

* 성인의 발 사이즈가 갑자기 커진다면, 부종 때문에 미세하게 발이 부었기 때문일 수 있다. 이럴 때는 심장에 문제가 있을 수 있으므로, 의사의 진단을 받아보아야 한다. 예를 들면, 혈압 상승으로 모세혈관에서 혈장이 빠져나가 주변 조직에 스며들어서 발이 부은 것일 수 있다.

고질라는 존재할 수 있을까

초대형 몸집을 가진 동물에 대해 좀 더 이야기해보자. 우리가 사는 세상은 우리가 어린 시절 열광하며 보았던 영화 속 괴물들이 실제로는 존재할 수 없게 만드는 물리학의 법칙의 지배를 받는다. 거대한 빌딩만 한 고질라나 비행선 크기의 나비, 나방 등이 대표적이다. 앞에서 살펴봤듯, 곤충이 가진 개방순환계는 작고 가벼운 몸에서는 훌륭하게 작동하지만 몸집이 거대한 동물에게는 별 쓸모가 없다. 하지만 여기에도 예외는 있다.

가장 놀라운 예외는 아마도 대략 120종에 이르는 킹크랩(왕게 *Lithodidae*과에 속하는)일 것이다. 킹크랩은 몸무게가 8킬로그램, 몸길이는 1.8미터까지 자란다. 또 하나의 거대 수중동물로 대왕조개*Tridacna gigas*를 들 수 있는데, 이 무지막지한 조개는 몸길이 1.2미터, 무게는 250킬로그램까지 나간다. 이런 동물이 큰 몸집을 가질 수 있는 이유는 한 곳에 머물러 사는 고착성 서식 형태 덕분이다. 한 곳에만 머물러 살면 에너지 소모가 적어 에너지 필요량도 줄어들기 때문이다.*

하지만 킹크랩은 상당히 움직임이 많은 동물이다. 킹크랩이 개방순환계를 지니고 있으면서도 몸집을 그렇게나 크게 키울 수 있는 핵심

* 우리가 굳게 믿고 있는 것과는 다르게, 대왕조개는 인간에게 위험하지 않다. 대왕조개의 껍데기는 너무 천천히 닫히기 때문에 사람의 팔이나 다리를 가둘 수 없다. 설령 사람의 몸을 물려고 하더라도, 대왕조개는 아래위 패각, 즉 껍데기가 완전히 딱 맞물리지 않는 쌍패류다.

적인 이유는 수중이라는 환경 덕분이다.

수중에서는 육상에서보다 중력의 제한을 덜 받는다. 바다에서도 중력은 똑같이 킹크랩의 몸을 바닥으로 끌어당기지만, 부력이 킹크랩의 몸을 띄우는 반대 방향으로 작용하기 때문에 그만큼 중력의 힘이 상쇄되어 바닥으로 끌어당기는 힘이 줄어든다. 다시 말해 수중에서는 킹크랩이 일어서서 여기저기 돌아다니는 데 훨씬 적은 노력과 에너지가 소모된다는 뜻이고, 킹크랩에게 필요한 에너지와 영양분은 개방순환계로도 충분히 조달할 수 있는 수준이다. 그러나 공기의 부력은 바다의 부력에 비하면 너무나 미미하기 때문에, 킹크랩을 해변에 올려놓으면 중력이 잡아당기는 힘을 버틸 수 없다.

이렇게 "크기 규칙"의 예외도 있지만, 그런 현상은 전문가도 놀랄 만큼 다양한 동물의 왕국에서 충분히 예상할 수 있는 일이다.*

양방향 혈관을 가진 좀벌레에서부터 세쌍둥이 심장을 가진 거대오징어에 이르기까지, 무척추동물의 놀라운 다양성은 그들의 심장과 순환계에도 고스란히 드러난다. 껍데기나 뼈에 비해 연부조직구조는 화석 기록으로 잘 남지 않아 연구하기가 쉽지 않지만, 순환계도 서로 다른 여러 집단의 동물에게서 여러 번에 걸쳐 진화했다는 사실은 충분

* 동물의 다양성을 이야기할 때 내가 가장 좋아하는 사례는 지구상에 존재하는 딱정벌레가 35만 종에 이른다는 사실이다. 어렸을 때 이 사실을 알게 되었는데, 그때 내가 했던 생각은, "노아가 방주에 태울 생명들을 고를 때 공평하게 하긴 한 건가?"였다. 그다음에는 대략 5,200마리에 이르는 설치류(2,600종에 이르는 설치류를 암수 한 쌍씩 태웠다고 가정한다면)가 싼 똥은 누가 다 치웠을까 하는 것이었다.

히 알 수 있다. 따라서 각 동물 집단 사이의 관계와 그 동물들의 순환계를 구성하는 기관들의 작용은 살펴볼 수 있는 반면에, 혈강, 보조심장 같은 순환 기관과 그 두 기관을 채우고 있는 혈림프의 기원을 밝히는 것은 아직도 어려운 숙제로 남아 있다.

다음 장에서는 척추동물로 다시 돌아가려 한다. 지금까지 살펴본 무척추동물의 신비한 순환계와 달리, 척추동물은 진화의 경로를 추적하기가 훨씬 쉽다. 연구할 순환계 모델의 수가 충분히 감당할 만한 수준이기 때문이다. 게다가 어류, 양서류와 파충류, 조류, 포유류의 사이에서 진행된 변이를 밝혀줄 화석 기록도 비교적 명확하다. 무엇보다도, 현존하는 척추동물의 종수는 고작 6만 5,000종으로, 딱정벌레의 5분의 1에 불과하다. 물론 척추동물도 수중에서 육지로 서식 환경이 달라지면서 서로 매우 다른 변이가 일어났다. 척추동물은 밤처럼 어두운 바닷속에서부터 해발 수백 미터의 고지에 이르기까지 서식지를 이동해가며 살아왔다. 척추동물에게 일어난 적응을 살펴보면, 척추동물이 마주했던 제약과 이를 극복하기 위한 절충을 이해하는 데 도움이 될 것이다.

심장의 진화

멍게에서 도마뱀 그리고 인간까지

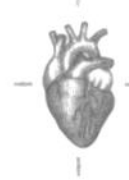

커다란 뇌, 풍부한 상상력, 뛰어난 사고력을 가진다는 건 대단한 일이다.
그러나 이런 멋진 것들을 갖추고도 인간에게 든든한 척추가 없었다면,
이 모든 것은 아무 쓸모도 없었을 것이다.

— 조지 매슈 애덤스

롱아일랜드의 사우스쇼어에서 자란 나는, 유년기와 소년기의 많은 시간을 이웃마을 부두나 해변에서 낚시를 하며 보냈다. 푸른꽃게나 복어, 가자미같이 어린 시절에 자주 접했던 물고기에 비하면, 우리 집 근처의 잔교나 부두에 딱 달라붙어 있는 말랑말랑한 생명체는 그다지 반갑지 않은 존재였다. 이 생명체는 우렁쉥이 또는 멍게라고 불렀는데, 달라붙은 자리에서 억지로 떼어내려고 하면 깔때기를 엎어놓은 것 같이 생긴 대롱에서 물을 찍 뿜었다. 나도 한 번 당한 적이 있었다. 하지만 진화의 관점에서 보면 친구들과 함께 손전등을 들고 다니

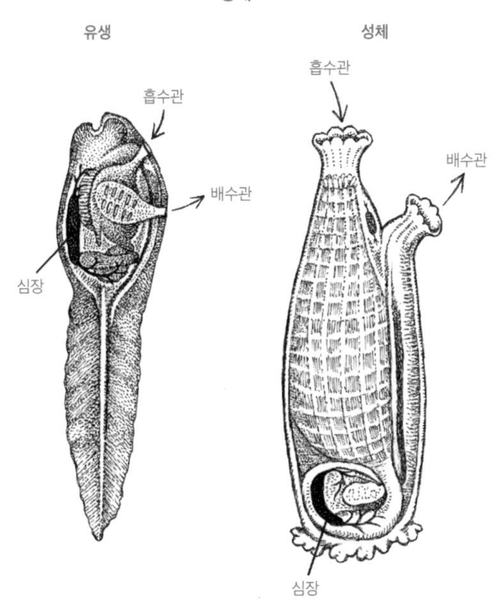

며 그물을 쳐서 잡곤 했던 푸른꽃게보다 못생긴 감자 같은 그 멍게가 우리와 더 가깝다는 사실은 전혀 몰랐다.

"원색동물"이라는 용어는 등뼈가 있는 척추동물과 가까운 관계이지만 실제로는 무척추동물에 속하는 몇몇 동물을 가리키는 비공식적인 용어다. 원색동물에는 올챙이와 비슷하게 생긴 창고기(두색동물에 속한다), 젤리같이 작고 말랑말랑한 멍게(미삭동물 또는 피낭동물) 같은 수중 동물종이 속해 있다. 성체가 된 멍게의 외모를 흰긴수염고래나 인간과 연결 짓기는 어렵지만, 과학자들은 이들의 유생으로부터 최초의 무척추동물의 조상이 어떻게 생겼는지를 대략 짐작할 수 있다고 믿는다.

성체와는 전혀 닮지 않은 멍게의 유생은 길쭉한 몸을 앞으로 밀어주는 꼬리까지 갖고 있어서 머리 없는 올챙이와 비슷하다. 옛날에는 멍게 성체와 전혀 다른 종이라고 여겨졌던 이 유영동물은 때가 되면 부두나 부두와 비슷한 표면에 착 달라붙는다(멍게 유생과 성체의 그림을 보라). 점점 더 젤리 같이 변해가는 몸이 꼬리를 다시 흡수하고, 한 쌍의 흡수관과 배수관이 몸 밖으로 불룩 튀어나오는데, 죽을 때까지 이 관을 통해 플랑크톤과 해수 속의 유기퇴적물을 걸러 먹이로 삼는다.

이제 본론으로 돌아가서, 우리의 아주 먼 원색동물 사촌들이 가졌던 단순한 튜브 형태의 심장부터 흰긴수염고래와 그들을 멸종위기로 내몬 탐욕스러운 2족 보행 동물의 4방실 심장에 이르기까지, 진화가 척추동물의 심장에 어떤 변이를 일으켰는지를 살펴보기로 하자.

척추동물이 지닌 심장의 조상, 멍게의 심장

유생일 때는 이동생활을 하다가 성체가 되면 고착생활을 하는 변이도 흥미롭지만, 멍게에게서 가장 놀라운 부분은 심장에 대한 가설이다. 막스플랑크 생화학연구소의 아네트 헬바흐는 튜브처럼 생긴 멍게의 관상심장이 오늘날 척추동물이 지닌 심장의 선조라고 믿는다. 멍게의 심장이나 척추동물의 심장 모두 전기전도 시스템이 독특한 리듬의 박동을 일으키기 때문이다. 헬바흐가 이끄는 연구진은 멍게의 심장이 "한쪽 끝에서 다른 쪽 끝으로 박동하고, 아주 잠깐 쉬었다가 반대 방향으로 박동한다"는[1] 사실을 발견했다.* 이들은 또한 멍게의 관상심장에서 심박수를 감소시키는 화학물질에 반응하는 세포도 찾아냈다. 이 세포는 사람을 비롯한 척추동물의 심박조율기에서 발견되는 세포와 같은 종류다.

여기서 잠깐, 진화론의 관점에서 짚고 넘어가야 할 점이 있다. 앞에서 언급한 "선조"라는 용어 때문에 척추를 가진 유영동물로 진화한 최초의 동물이 멍게라고 생각하는 함정에 빠져서는 안 된다. 여기서 선조란 그런 뜻이 아니다. 멍게의 고대 조상이 살던 시절로부터 5억 년 정도가 지나, 우연히 고대 멍게의 화석을 발견한 인간이 이 화석의 주인은 원색동물이 아니라 척삭동물로 분류해야 할 것 같다는 판단을 내릴 만큼 충분히 적응해 진화했다는 의미다. 척삭동물은 성체 시기에 이르면 흐물흐물한 몸에서 벗어나 등면을 따라 몸을 지탱하는 막대 같은 구조를 형성하는데, 척삭이라는 용어는 바로 이 구조를 의미한다.**

* 심장의 이러한 박동은 좀벌레의 독특한 양방향 판막에서 볼 수 있는, 혈액을 반대 방향으로 흐르게 하는 방법의 대안으로 보인다. 양방향 혈행을 돕는 이러한 적응 양태는 수렴진화의 또 다른 예일 것이다.

** 척삭동물이라는 이름은 (생애의 어느 한 시기에) 몸의 길이 방향으로 등쪽에 막대 같이 생긴, 척삭notochord이라는 구조를 가지고 있기 때문에 붙은 이름이다. 척삭동물 중에서 가장 규모가 큰 집단인 척추동물의 경우에는 척삭이 이미 퇴화하고 척추뼈로 대체되어서, 연골성추간판 안에 그 흔적이 희미하게 남아 있다.

어류와 양서류 그리고 파충류는 약 5억 년 전에 바닷속에서 시작된, 자연의 역사상 가장 위대한 이야기를 엿볼 수 있게 해준다. 이 이야기를 자세히 전해주는 흥미로운 책은 많지만, 그중에서도 닐 슈빈이 쓴 《내 안의 물고기》를 추천한다. 때로는 단속적으로, 때로는 대변동을 통해, 그도 아니라면 행운이 가져다준 우연을 통해 척추동물은 수중 동물에서 육지 생활에 적합한 동물로 가지를 치며 진화해왔다. 처음에는 수온이 높고 얕은 물에서 살다가 점차 산소가 고갈된 물로, 비록 첫걸음은 불안정했지만 결국은 땅과 바다, 공중까지 모두 성공적으로 접수했다. 그러나 그렇게 진화와 적응에 성공하기 위해서는 전형적인 어류의 기관계에 중요한 진화적 변동이 일어나야 했다. 특히 순환계와 호흡기계에 큰 변화가 생겼다.

여기서 또 한 가지 공개적으로 짚고 넘어가자면, 어류가 반수중 생활을 하는 양서류로 진화했다가, 그 양서류가 파충류와 포유류의 특징을 가진 초기 육상 동물로 진화했다는 주장은 매우 틀린 주장이다. 왜 현생 유인원은 인간으로 진화하지 못했느냐고 묻는 우문과 같다. 진화는 그런 식으로 진행되지 않는다.

과학자들은 작은 폐를 가지고 있어서 순환계와 대기 중의 공기 사이에서 가스교환을 할 수 있었던 소수의 어류 집단이 있었고, 그들로부터 수중에서 육상으로의 이동이 이루어졌다고 생각하고 있다. 이 어류를 오늘날에는 엘피스토스테지드elpistostegid라고 부르는데, 이들의 폐는 중력에 저항하는 부력 주머니, 즉 부레로부터 진화했다. 부레는 상어나 가오리, 홍어처럼 등의 양쪽 가장자리가 납작한 친구들을 제외한 거의 모든 어류가 갖고 있다. 폐는 이 고대 어류종이 습지나 산소가 부족한 수중환경에서도 살아남을 수 있게 해주었다. 굵고 짤막한 엽상형 지느러미는 이 물고기들이 얕은 물에서도 헤엄치며 돌아다닐 수 있게 해주었다. 아가미 호흡으로는 산소를 충분히 얻을 수 없었기에 부레에 채워진 산소로 보충했다. 부레는 모세혈관그물로 촘촘히 덮여 있어서 가스교환에 안성맞춤이었다. 그 나머지는 확산이 알아서 해주었다.

"반육상 척추동물"이 등장하기 이전에 악어와 비슷한 머리를 가진 틱타알릭Tiktaalik같은 동물이 지상에 잠깐 나타났던 적이 있었음을 지적하는 사람도 있을 것이다. 지상에 올라온 틱타알릭은 짤막하고 억센 지느러미를 새로운 용도로 쓰기 시작했다. 그 지느러미로 걷기 시작한 것이다! 고대의 말이 어떤 동물도 먹지 않던 풀을 씹어 삼킬 수 있었던 덕분에 살아남고 번성할 수 있었듯이, 틱타알릭과 그 후손들은 지상의 풍부한 먹잇감으로 성찬과 간식까지 즐길 수 있었다. 그들과 경쟁할 만한 척추동물은 아직도 바닷속에 있었고, 땅 위에는 아무도 없었다. 아무도 먹을 수 없는 것을 먹을 수 있는 능력은 성공적인 진화를 위한 하나의 공식이 되었다. 덧붙이자면 틱타알릭의 경우에는 다른 누구도 먹을 수 없지만, 그들만 먹을 수 있는 것들의 종류가 무수히 많았다.

당연하게도 이들의 진화 공식은 폭발적인 종 다양성으로 이어졌다.

반육상 양서류로부터 진화한 일부 척추동물은 파충류가 되고, 그중 일부는 드디어 완전히 땅 위에서만 살기 시작했다. 그리고 그 파충류에서 오늘날 우리가 포유류라고 분류하는 동물이 갈라져 나왔다.

물고기에서 찾아보는 우리 심장의 초기 모습

이런 진화의 한복판에서도 대부분의 물고기는 그냥 물고기로 남았다. 어설프게나마 걷는 능력이 있었던 메기, 짱뚱어와 그들의 가까운 친척을 제외한 거의 대부분의 물고기가 물을 떠나지 못했다. 그러나 "물"은 사실 매우 흥미로운 환경이었다. 고대의 어류들은 진흙 웅덩이에서부터 아주 깊은 해구에 이르기까지 거의 모든 수중 환경에서 적응하고 그 환경에 맞게 오늘날까지 진화해왔다.

어류는 척추동물과 비슷한 심장에서부터 무척추동물같은 심장에 이르기까지 다양한 형태와 구조의 심장을 가지고 있다. 따라서 과학자들은 초기 척추동물들의 심장이 어땠을지를 어류의 심장으로부터 미루어 짐작할 수 있다. 주의 깊게 보아야 할 점은, 어류의 심장에는 한 개의 심방과 한 개의 심실만 있다는 것이다. 그래서 어류의 순환계는 별도의 순환고리 두 개로 이루어진 다른 척추동물의 순환계와는 달리 한 방향으로만 순환한다.

어류의 심장에는 심방과 심실이 하나씩이지만, 혈액이 나가고 들

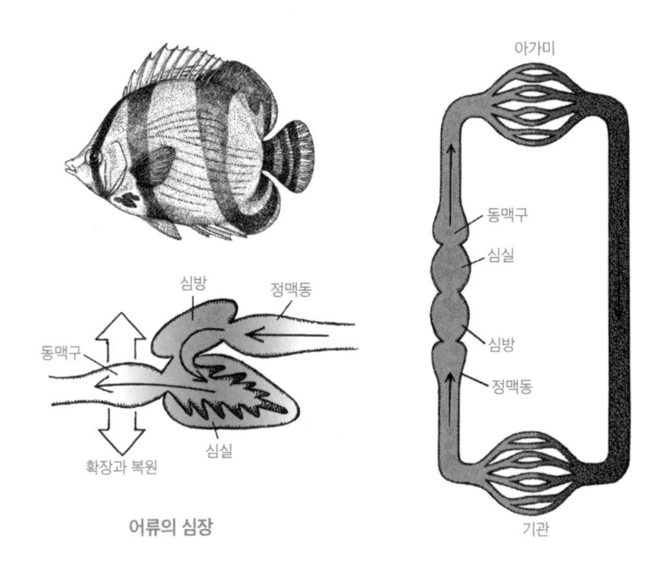

어류의 심장

어오는 두 개의 보조적인 공간이 따로 있다. 이렇게 해서 모두 네 개의 방이 대략 일렬로 배열되어 있다. 몸의 각 기관에서 온 정맥혈은 먼저 정맥동으로 들어간다. 혈액은 일단 정맥동에 모였다가 벽이 얇은 심방으로 이동한다. 심방이 수축하면 혈액은 벽이 두꺼운 심실로 들어가고, 여기서 동맥구를 통해 몸의 각 기관으로 운반된다. 동맥구는 주로 평활근과 신축성이 좋은 섬유인 엘라스틴과 콜라겐 단백질로 이루어진 백열전구 모양의 공간이다. 심실이 수축하면 동맥구 안에 혈액이 차는데, 동맥구의 벽은 그 혈액을 모두 받아들일 수 있을 만큼 쭉쭉 늘어난다. 심실이 수축하면서 내보낸 혈액이 동맥구로 모두 들어오면, 이번에는 동맥구가 원래 크기로 돌아가면서 안에 고여 있던 혈액을 심장 밖으로 펌프질해 아가미로 보내는데, 이 과정은 심장이 이완되어 있을 때에도 일정한 속도와 압력으로 계속 반복된다. 아가미는 깃털처럼 얇은 벽으로 이루어진 섬세한 기관이기 때문에, 동맥구의 기능은 매우 중요하다. 동맥구가 제대로 기능하지 않으면 심실의 수축으로 혈압이 갑자기 높아져서 아가미가 손상될 수 있다.

탄성에너지(위치에너지)의 장점은 포유류의 심장이 진화해온 모든 과정에서 사라지지 않고 남았을 만큼 매우 중요한 역할을 한다. 이런 이유로 사람이 가지고 있는 대동맥을 "탄성동맥"이라 부르기도 한다. 동맥구의 벽처럼, 대동맥의 벽에도 피부 같은 조직에서 볼 수 있는 탄력 좋은 섬유인 엘라스틴이 풍부하다.* 포유류의 몸에 있는 대표적인 탄성동맥이 대동맥인데, 대동맥은 좌심실이 수축하면서 내보낸 혈액이 유입될 때 확장된다. 대동맥벽이 원래 크기로 되돌아가면서 그 벽에 저장되었던 탄성에너지가 혈류를 진행시킨다.

사람뿐만 아니라 다른 포유류 동물들도 나이가 들면 종종 동맥경화 증상이 나타난다. 이는 대동맥의 탄성이 줄어들어 뻣뻣해지면서 나타나는 증상이다. 이 증상의 원인은 몇 가지가 있는데, 상처에 대한 병리적 반응으로 혈관의 탄성조직 또는 수축성 조직이 비탄성조직으로 대체되는 섬유증도 그중 하나다. 혈관에 부정적인 영향을 미치는 또 다른 증상은 석회화다. 석회화는 체내 조직에 석회가 축적되는 증상인데, 혈관에 석회화가 일어나면 혈관벽 내부에 비탄성 침전물이 쌓인

* 근육동맥의 중간막에는 엘라스틴이 적고 평활근 섬유가 많다.

다. 탄성 혈관이 도와주지 않으면 심장은 온몸에 혈액을 보내기 위해 더 많이 일해야 하고, 이런 상황이 계속되면 결국에는 건강에 심각한 문제가 생긴다.

파충류는 어떻게 물 위로 올라왔을까

진화론적 관점에서, 육상 생활에 중점을 둔 파충류의 선택은 나쁘지 않았다. 수중에서는 짝짓기를 하거나 알을 낳기 적당한, 또는 올챙이 같은 유생을 기르기에 적당한 수역을 찾는 데 상당한 노고가 들어가기 때문이다. 게다가 파충류의 일생에는 올챙이로 지내는 시기가 없었다. 덕분에 파충류는 수역으로부터 멀리 떨어진 서식지로 이동할 수 있었고, 포식자와 맞닥뜨릴 위험을 줄이면서 새로운 종류의 먹이를 찾을 기회를 만들 수 있었다. 그러나 이 때문에 파충류는 조상들이 갖고 있던 축축한 피부를 잃었다. 수분을 증발시키지 않고 체내에 유지하는 것이 더 중요해졌기 때문이다. 그 결과 파충류의 피부는 건조해졌을 뿐만 아니라 비늘로 덮인 종도 나타났으며 아주 드물게는 피부호흡을 대체할 수 있는 다른 조직을 가진 종도 생겨났다.

앞에서 언급했듯이, 양서류와 대부분의 파충류는 산소가 충전된 혈액과 산소가 고갈된 산소가 섞여 있는 3방실 심장을 지니고 있다. 이러한 심장 구조를 보면 양서류와 파충류가 진화론적 관점에서 매우 가까운 관계임을 알 수 있지만, 파충류와 양서류의 심장은 서로 약간씩 다르다. 악어 이외의 파충류의 심장과 양서류의 심장 사이의 핵심적인 차이는, 파충류는 하나뿐인 심실 안에 벽과 비슷한 격막이 있어서 최소한 부분적으로는 나뉘어 있다는 것이다.

앞에서 설명했던 곤충의 순환계처럼, 이어지는 설명도 파충류의 심장 구조를 일반화한 설명임을 미리 말해둔다. 자, 이제부터 이어지는 설명에 바짝 정신을 집중하자.

도마뱀의 경우, 심방이 수축하면 두 줄기의 혈류가 심실의 왼쪽으로 들어간다. 산소가 충전된 혈액은 좌심방으로부터, 산소가 고갈된 혈액은 우심방으로부터 나와서 심실로 들어간다. 하나의 심실으로 들어가기 때문에, 여기서 산소가 풍부한 혈액과 산소가 고갈된 혈액이 일부 혼합되기도 한다. 하지만 이 두 줄기의 혈류가 들어가는 심실에는 부분 칸막이가 있다. 심실 좌측 내부에서 산소가 고갈된 혈액은 오른쪽으로 몰려가고, 산소가 충전된 혈액은 왼쪽으로 몰려간다. 심실이 수축하면, 산소가 고갈된 혈액은 격막의 트인 부분을 통과해 심실 오른쪽으로 가고, 거기서 매우 가까운 폐동맥을 거쳐 폐로 들어간다. 그와 동시에, 심실이 수축하면 산소가 가득 든 혈액은 한 쌍의 대동맥을 통해 온몸으로 퍼져간다.* 휴우!

파충류 목에 속한 집단인 악어류(앨리게이터, 크로커다일 그리고 주둥

* 거북이와 뱀은 심장과 혈류의 패턴이 서로 약간 다르다.

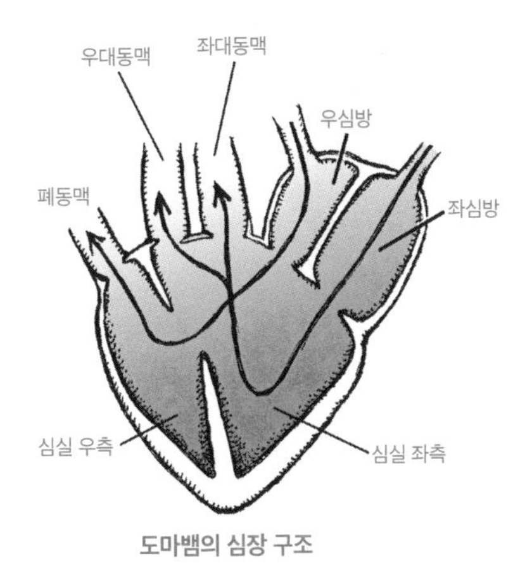

도마뱀의 심장 구조

이가 뾰족하고 긴 가비알 악어)의 순환계는 폐순환과 체순환이 완전히 분리되어 있다. 조류도 마찬가지인데, 악어류와 조류는 아주 가까운 척추동물이다. 악어류와 조류는 조룡류Archosauria 중에서 지금까지 살아남은 동물들로, 조룡류에 속한 동물 중 가장 유명한 동물은 공룡이다. 이들의 4방실 심장은 포유류의 심장과 똑같지는 않아도 매우 비슷하다.

역류를 방지하는 판막에 의해 분리된 네 개의 방실과 좌우를 구분하는 격막까지 갖춘 악어류, 조류 그리고 포유류의 심장은 하나의 펌

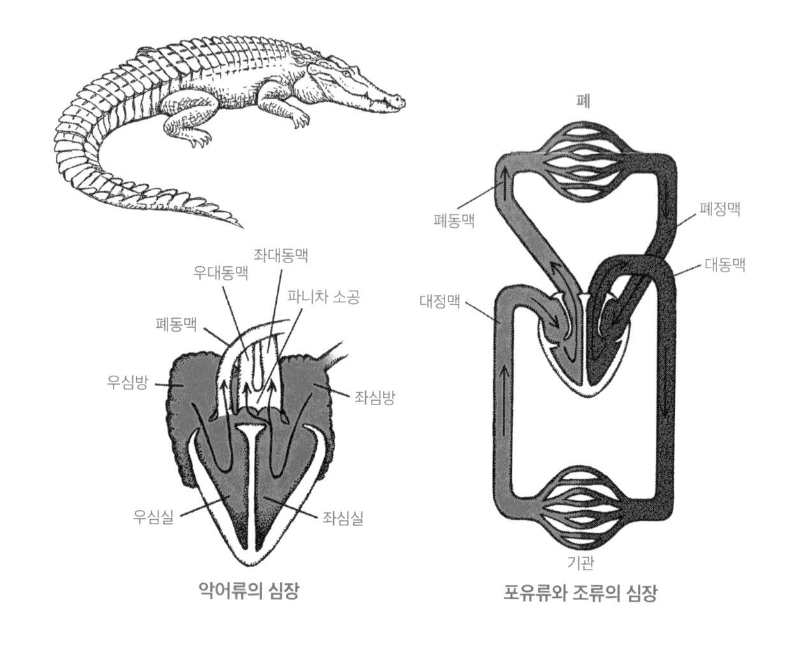

악어류의 심장

포유류와 조류의 심장

프가 아니라 한 쌍, 즉 두 개의 펌프와 그에 맞는 한 쌍의 순환 회로를 형성한다. 폐순환에서는 산소가 고갈된 혈액이 몸에서 우심방으로 돌아왔다가 우심실을 거쳐 폐로 들어간다. 체순환에서는 산소가 풍부한 혈액이 폐에서 나와 좌심방으로 들어갔다가 벽이 두꺼운 좌심실로 들어간다. 좌심실이 수축 작용으로 그 혈액을 온몸으로 내보낸다. 그 결과 산소가 풍부한 혈액과 산소가 고갈된 혈액이 섞이는 일은 일어나지 않으며, 산소가 풍부한 혈액이 산소가 고갈된 혈액 때문에 희석되는 일도 일어나지 않는다.

심장은 생존을 위해 최선을 다한다

척추동물의 심장에 방실이 두 개든 세 개든 아니면 네 개든, 산소가 풍부한 혈액과 산소가 고갈된 혈액이 어느 정도 섞이든 전혀 섞이지 않든, 결국 각각의 심장은 그 주인에게 필요한 대로 훌륭하게 제 몫을 다한다. 어떤 동물이든 살아남기 위해서는 서식지, 즉 자신이 사는 환경에 잘 적응해야만 한다. 하지만 종종 그 환경의 조건이 변하기도 한다. 때로는 갑작스럽게, 때로는 대규모로 혹은 그 두 가지가 한꺼번에 겹치는 경우도 매우 자주 일어난다.

어떤 동물에게는 극한의 조건이 오히려 평범한 조건이 된다. 건조한 사막, 습한 열대우림, 공기가 희박한 고산지대, 어마어마한 수압이 모든 것을 짜부라뜨리는 깊은 바닷속 등등. 이런 극한의 서식지가 아니어도 계절 변화가 크거나 기온 변화가 심하거나 홍수와 가뭄이 자주 반복되는 환경도 적지 않다.

순환계는 동물이 서식 환경의 극단적인 변화에 직면해서도 살아남아 번성하는 데 핵심적인 역할을 한다. 적응은 동물이 극한의 환경에서도 견딜 수 있도록 해준다. 우리는 이를 통해 심장과 순환계의 작동 방식을 이해할 수 있으며, 또한 심장과 순환계가 아무리 복잡하게 구성되고 효율적으로 작동하더라도 한계를 넘어서는 자극이 주어지면 결국 실패하고 만다는 사실을 알 수 있다. 이미 제 역할을 제대로 해내기 힘든 심장이라면 그 실패는 끔찍한 재앙으로 이어지기도 한다.

혹한을 견디는 심장

피를 투명하게 하거나 심장을 멈추거나

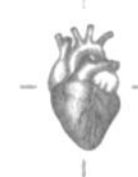

차가운 손, 뜨거운 심장.

— 속담

나를 곰탱이 잭이라고 불러도 좋아.
나는 동면 중이거든.

— 랠프 엘리슨, 《보이지 않는 인간》

30년의 연구 경력 중 대부분을 나는 박쥐를 연구하며 보냈다. 다행히도 이제는 많은 사람들이 박쥐를 피를 빨아먹는 날다람쥐로만 보는 인식에서 벗어났지만, 아직도 많은 이들에게 박쥐는 신비의 베일에 가려져 있다. 박쥐의 명예를 위해 말해두자면, 1,400종의 박쥐 중에서 피를 빨아먹는 박쥐는 딱 세 종뿐이다. 그리고 박쥐는 설치류보다 오히려 인간과 더 가깝다.

주로 야행성인 이 동물에 대해 사람들이 제대로 아는 지식은 박쥐가 대부분 동면을 한다는 사실이다. 곧 이야기하겠지만, 동면은 순환계의 전략이다. 춥고 먹을 것도 찾을 수 없는 계절, 그것도 금방 끝나지 않을 기간을 견뎌내기 위해서는 산소와 영양분을 운반하면서 에너지를 소모하는 순환계의 작동을 최대한 자제시키는 수밖에 없기 때문이다.

정말 우연히 추운 기후에 적응하는 박쥐를 연구하기 시작하면서 나는 기존의 연구 궤도에서 살짝 벗어났다. 그즈음 롱아일랜드와 뉴욕시의 날씨는 그 지역의 기상학자들이 "위험한 이상저온"이라 부를 만큼 추웠다. 그냥 이상저온이 아니라 "위험한" 이상저온이라는 딱지가 붙은 이유는, 심장마비나 그보다는 덜 빈번했지만 저체온증(심부체온이 섭씨 35도 이하로 떨어진 상태)으로 사망한 사람들의 기사가 동시다발적으로 터져 나왔기 때문이었다.

폭설이 내리면 심장질환 사망자가 증가하는 이유

심장질환이 있는 사람이 눈을 삽으로 치우느라 힘을 쓰다가 사망하는 이유는 그다지 어렵지 않게 이해할 수 있다. 미국 북동부에서는 수분이 많아 묵직한 눈이 자주 내리기 때문에, 눈 폭풍이 한 번 지나가면 집 앞에 톤 단위로 눈이 쌓이는 게 다반사다. 이런 날씨에 심장마비 환자가 증가하는 이유는 눈을 치우기 위한 삽질 동작, 특히 눈을 떠서 들어 올리는 동작 때문이라고 생각된다. 무거운 물건을 들어 올리려면 심장이 더 빨리, 더 세게 뛰어야 한다. 운동할 때 혈압이 올라가는 것처럼 이 동작도 혈압을 상승시키는데, 이미 평상시에도 부담을 느끼고 있는 심장이라면 이때 상승하는 혈압은 심장을 손상시킬 가능성이 있다.

이에 비하면 추위가 심장에 어떤 악영향을 주는지 그 인과관계는 상대적으로 덜 명확하다. 낮은 기온에 노출되면 사람의 몸은 뇌, 심장, 폐, 간 같은 중요한 장기의 온도를 유지하려고 애쓰기 시작한다. 그러기 위해서 팔, 다리, 코끝처럼 주변부에 있는 모세혈관그물의 혈류를 줄이고 대신 앞에서 말한 중요한 장기에 혈액을 보낸다. 이 과정을 국소적 혈관수축이라고 하는데, 신체의 특정 영역으로 가는 혈액 공급을 차단하는 것이다. 이러한 현상은 모세혈관전괄약근이라 부르는 근육 판막이 뇌로부터 혈관을 막으라는 메시지를 받을 때 일어난다. 근육으로 이루어진 띠가 조여들면, 괄약근에서 막힌 혈류는 모세혈관그물에서 우회해 흐른다. 고속도로 출구가 임시로 폐쇄되면 자동차는 달리던 방향으로 그대로 지나가는 것과 비슷하다. 모세혈관을 우회한 혈액은 후세동맥을 통해서 조직으로 흐른다.

따뜻한 집 안에서도 음식을 먹은 후에 이와 비슷한 현상이 일어난다. 하지만 이 경우에는 위와는 다르게 모세혈관그물이 우회경로가 된다. 혈액이 소화관벽 내부에 있는 모세혈관그물로 우회하는 것이다. 소화계 모세혈관그물로 들어간 혈액은 위장과 장의 내막을 통해

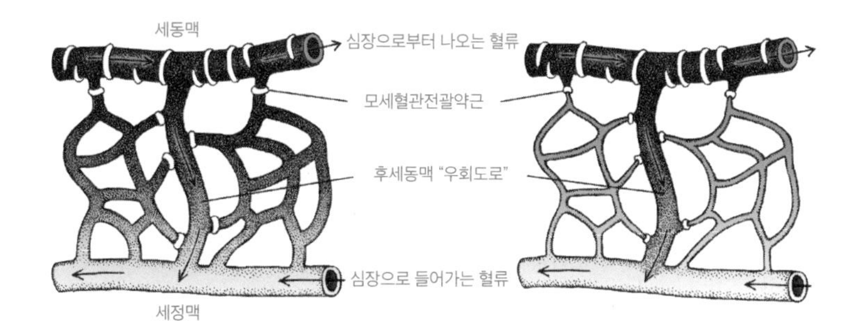

흡수된(확산!) 영양분을 받아들인다. 이렇게 영양분이 풍부해진 혈액은 심장으로 가고, 심장은 그 영양분을 온몸으로 보낸다.

보다 정확히 말하자면, 소화관에서 심장으로 돌아갈 때 정맥혈이 항상 심장으로 바로 직행하지는 않는다. 소화 중일 때 소화관을 거친 혈액은 간문액이라 불리는 혈관을 통해 먼저 간으로 간다. 혈액이 간으로 들어가면 간세포가 혈액 속의 당분을 제거해서, 전분과 비슷하고 저장하기 쉬운 글리코겐이라는, 마치 건물을 짓는 블록과 같은 분자를 만든다. 이렇게 당분을 제거한 후에야 나머지 영양분을 실은 혈액이 간을 떠나 하대정맥을 통해 우심방으로 들어간다. 우리가 초콜릿 한 상자를 먹고도 당분 과다섭취라는 판정을 받지 않는 이유가 바로 이 과정 때문이다.

간에 저장된 글리코겐의 운명은 어떻게 될까? 글리코겐은 혈액 속 당분을 제거했던 바로 그 간세포에 의해 빠르게 분해되어 포도당으로 변해 혈액으로 돌아간다. 경보기와 비슷한 화학수용기가 "혈당수치"가 너무 낮다는 판정을 내리면 이 과정이 진행된다. 보통 식사와 식사 사이가 여기에 해당한다. 이 과정에 관여하는 화학수용기들은 경동맥(머리에 혈액을 공급하는 동맥)과 대동맥의 혈관벽 안에 들어 있다. 그 이름에서 알 수 있듯이, 화학수용기는 혈관을 따라 흐르는 혈액 속의 화학물질(포도당, 산소, 이산화탄소 등)의 농도 변화에 자극을 받는다. 포도당 수준이 심하게 떨어지면, 신경 충격을 통해 뇌에 그 정보를 전달한다. 정보를 받은 뇌는 그에 합당한 반응을 시작한다. 예를 들면, "포도당이 너무 많아! 그러니 포도당을 글리코겐으로 저장해!" 또는 "포도당이 부족하군! 어서 글리코겐을 분해해!" 같은 식이다.

혈액 속에는 또한 콜레스테롤이라는 왁스 같은 지질이 흐른다. 콜레스테롤은 건강에 좋지 않다는 악명을 떨치고 있지만, 실은 매우 중요한 기능을 한다. 콜레스테롤은 세포막의 일부를 이루면서, 신경 충격을 전달하는 데 도움을 주고, 비타민D, 성호르몬, 담즙(지방 소화에 도움을 주는)과 스트레스 호르몬 코르티솔같은 물질의 기본 요소가 된다.

콜레스테롤은 지질 운반 단백질에 붙어서 혈액 속에 섞여 흐른다. 콜레스테롤에는 고농도 지질단백질HDL과 저농도 지질단백질LDL의 두 가지 형태가 있다. 정상적인 경우, 지질단백질은 혈관벽을 통과할 수 있는데 LDL은 종종 통과해 나가지 않고 혈관벽 안에 남아 지방침전물로 쌓인다. 이 침전물을 동맥경화 플라크라고 하며 동맥경화의 원인이 된다. 플라크가 쌓이면 혈류를 감소시키므로 동맥경화는 매우 위험하다. 꽃밭에 고무호스로 물을 주다가 실수로 그 호스를 발로 밟은 상황을 상상해보면 쉽게 이해할 수 있다. 이렇게 되면 고무호스 내부의 저항이 증가하면서 호스 안을 흐르는 물이 감소한다. 호스를 밟은 발을 떼지 않고 몇 분 동안 그대로 있으면 어떻게 될까? 수도꼭지로부터 발에 밟힌 부분까지 호스 내부의 압력이 증가해 결국 호스가 터지거나 수도꼭지에서 빠져버린다. 혈관이 터져버리면 건잡을 수 없는 출혈이 일어나고 심하면 사망에 이른다.

관상동맥은 심장근육, 즉 심근에 혈액을 공급하는 혈관이다. 소화 작용이 활발할 때는 혈액이 허리선 근처의 장기로 몰리면서 관상동맥의 혈류가 감소한다. 동맥경화로 이미 관상동맥이 좁아져 있는 사람들은 스트레스가 없는 상태에서도 심장이 겨우 제 기능을 할 정도의 혈액만 공급받고 있다. 이 상태에서 추운 날 몸을 움직여 스트레스 요인까지 더해지면 심장근육으로 들어가야 할 혈액의 공급이 급감할 우려가 있고, 따라서 심장에 공급되는 산소와 영양분의 양이 위험한 수준으로 떨어진다.*

게다가 혈중 콜레스테롤 수치는 보통 겨울에 가장 위험한 상태가 된다. 존스홉킨스대학교 심장의학자 패러그 조시가 이끄는 연구팀은 2006년부터 2013년까지 미국인 280만 명의 콜레스테롤 수치를 조사했다. 그 결과 더 많이 먹고 덜 움직이는 겨울철 생활 습관이 "나쁜"

* 통계에 따르면, 심장에 가장 위험한 시간대는 아침 식사 후다. 2011년에 스페인 마드리드에서 800명의 심장마비 환자들을 대상으로 조사한 결과, 다른 어느 시간대보다 오전(6시부터 정오까지)에 심장마비가 발생한 경우가 압도적으로 많았다. 또한 이때 발생한 심장마비는 심장조직의 손상도가 평균적으로 20퍼센트 더 심각했다.[2]

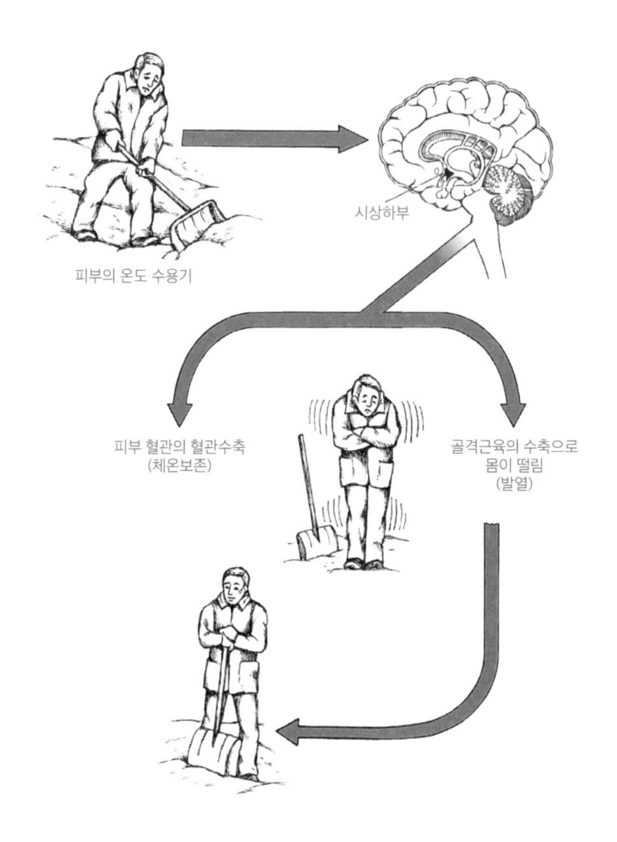

콜레스테롤이라고 일컬어지는 LDL 수치를 남성의 경우 3.5퍼센트, 여성의 경우 1.7퍼센트 더 높인다는 결론을 내렸다. 이에 덧붙여 겨울철에는 일광 시간이 줄어들기 때문에 비타민D도 감소한다. 그런데 비타민D는 혈중 LDL 수치를 낮춰주는 작용을 한다.[1]

이 사실이 전하는 메시지는 분명하다. 추운 날씨에 과한 신체 활동을 피하라는 것이다. 특히 과식한 후에는 혈액이 소화관으로 몰리기 때문에 더욱 주의해야 하며, 가공육, 튀긴 음식, 패스트푸드 또는 디

저트를 먹은 직후에도 조심해야 한다. 흡연자 역시 주의를 요한다. 니코틴은 혈관수축을 일으키는데, 이는 혈관의 저항을 높이는 주범이다. 만약 큰 폭설이 지나간 후 집 앞에 쌓인 눈을 꼭 치우고 싶다면, 몸을 따뜻하게 유지하면서 자주 휴식을 취하고, 작은 삽을 쓰며, 눈을 삽으로 떠서 들어 올려 다른 곳으로 치우기보다는 삽날로 밀어내는 방법이 좋다. 그보다 좋은 것은 아이들에게 용돈을 주고 그 일을 맡기는 것이다.

그래도 여전히 내 집 앞 눈은 내가 치워야 한다고 주장한다면, 더 이상 말릴 수는 없다. 그러나 추운 바깥에 나가기 전에 잔소리를 몇 마디 더 해야겠다. 온몸이 얼어붙을 듯이 추운 날씨에 육체적인 스트레스가 유발하는 심장 문제 외에도, 몸이 심부체온을 유지하려는 노력을 압도할 만큼 날씨가 추워도 심각한 문제가 발생한다. 예를 들어, 사람은 심부체온이 섭씨 35도 이하로 떨어지면, 몸을 떨거나 소화관과 사지말단으로 가는 혈류를 감소시켜서 회복시키는 체온보다 잃어버리는 체온이 더 커지기 시작한다. 이렇게 해서 저체온증이 발생하면, 순환계나 신경계 같은 기관계가 작용을 멈추기 시작하고 위험한 부작용이 나타나기 시작한다. 신체의 조응력과 인지력이 둔해지면서 반응 시간이 길어진다. 옛말에 "추우면 아둔해진다"는 말이 있는데, 실제로 틀린 말이 아니다. 판단력도 흐려지기 때문이다. 몸이 차가워지면 몸의 움직임을 멈춰서 에너지를 보존하려는 작용이 시작되고, 두뇌 회전이 느려지면서 잠들면 위험하다는 것조차 인식하지 못하게 된다. 마지막으로 맥과 호흡이 느려지거나 거의 일어나지 않는다. 그다음에는 죽음이 찾아온다. 다시 한번 명심하자. 어린아이들의 용돈벌이를 허락하자. 아니면 쟁기를 가진 건장한 청년을 고용하든지.

우리 몸은 어떻게 일정한 체온을 유지할까

우리 인간은 그렇다 쳐도, 대부분의 동물들에게는 눈삽을 집어던지고 뛰어 들어갈 따뜻한 집이 없다. 그러나 많은 동물이 추위와 그 추위에 따라오는 스트레스를 견딜 수 있는 저마다의 독특한 메커니즘을 진화시켰다. 눈삽을 만들고 쓸 줄 아는 동물을 포함한 모든 온혈동물은 몸 안의 내부 온도를 상대적으로 일정하게 유지함으로써 낮은 외부 기온을 보상한다. 정상적인 경우, 우리 몸의 체온은 약 섭씨 37도 정도를 유지한다.* 일정하게 유지되는 체온은 소화 같은 대사 과정과 근육수축의 간접적인 결과다. 대사 과정이나 근육수축 모두 화학반응의 부산물로 열을 생산하기 때문이다.

자동차를 점화할 때도 이와 비슷한 작용이 일어난다. 휘발유는 화학결합 에너지를 가지고 있다. 실린더 같은 아주 작은 공간 안에서 공

* 보통 섭씨 36~37.8도.

기와 섞인 휘발유를 점화하면 잘 제어된 폭발이 일어나면서 화학결합 에너지가 역학적 에너지로 변환되어 타이어를 회전시킨다. 그러나 어떤 에너지 변환도 효율이 100퍼센트에 이르지 못하기 때문에 에너지 중 일부는 변환 과정에서 소실되는데, 여기서는 열의 형태로 나타난다. 시동을 걸고 몇 분쯤 지나 평소에 꼴보기 싫었던 사람에게 자동차 엔진에 손을 대보게 하면 확인해볼 수 있다. 그 사람이 느낀 열이 바로 화학에너지에서 역학에너지로 변환되는 과정에서 소실된 에너지다. 속았다고 악을 쓰는 사람을 잘 달래고 나서 찬찬히 이 과정을 설명해주자.

대개의 경우 근육이 수축하면서 열이 방출되면 그 열은 수축한 근육 주변의 조직, 인접한 모세혈관으로 전파되면서 그 조직과 벽이 얇은 혈관 내부의 혈액을 따뜻하게 해준다. 따뜻해진 혈액은 심장으로 되돌아갔다가 온몸으로 퍼져나간다. 이렇게 혈액에서 방출된 열은 그보다 온도가 낮은 주변 조직으로 이동한다.

몸을 따뜻하게 데우는 방법은 이쯤이면 됐다. 그렇다면 더 나아가서, 무엇이 사람의 체온을 일정하게 유지해주는 것일까? 왜 우리 몸은 추운 겨울 아침 밖에 나가도 차갑게 식지 않는 걸까? 그 답은 시상하부라고 불리는 뇌의 일부분과 관련이 있다.

시상하부는 자율신경계를 제어하는 통제센터다. 자율신경계는 우리 신경계의 일부로, 의식적으로 제어하지 않아도 알아서 제 기능을 스스로 제어한다. 체온조절을 포함해 우리 몸의 내부 환경을 일정하게 유지하는 것이 자율신경계의 기능 중 하나다.

피부의 온도 수용기로부터 신경 충격을 받으면, 시상하부는 일종의 온도조절기처럼 기능한다. 쌀쌀하고 추운 기운이 감지되면, 시상하부는 앞에서 언급했던 것처럼 손가락이나 발가락 같은 말단부로 가는 혈액을 차단한다. 또한 피부로 가는 혈류도 줄인다. 피부에 가까운 혈관에서는 열이 금방 외부로 손실되기 때문이다. 또한 열을 내는 불수의적 근육수축을 시작한다. 추운 날씨에 몸이 오들오들 떨리는 것이 바로 이 작용이다.

흥미로운 사실은, 피부에 있는 온도 수용기가 중요하지 않은 자극은 무시하도록 "학습"된다는 점이다. 목욕할 때 뜨거운 물에 발을 담그면 처음에는 뜨겁다고 느끼지만 곧 편안해지는데, 바로 이 때문이다. 이런 현상을 열 적응이라고 한다. 촉각적으로도 비슷한 현상이 있다. 양말을 신을 때를 생각해보자. 처음에는 발과 발목에 있는 촉각수용기와 압력수용기에서 뇌로 신호가 전달되어 양말이 피부를 누르는 감각을 느낄 수 있다. 그러나 신경계는 곧 덜 중요한 촉각 자극을 무시하기 시작하고, 대신 그보다 중요한 일, 이를테면 양말의 나머지 한 짝을 찾아 신는 일에 집중한다. 이러한 감각 적응은 냄새나 소리 자극에서도 일어난다.

다행히도 이렇게 무시할 수 있는 자극에는 한계가 있다. 몸에 해로울 수 있는 자극, 이를테면 안쪽이 까끌까끌하거나 혈압을 높일 수 있는 양말을 신는 등의 자극에는 신경계의 감각 적응이 일어나지 않는다. 체내의 온도를 안정적으로 유지하는 능력을 내온성이라고 하며, 포유류나 조류처럼 이런 능력을 가진 동물을 온혈동물이라고 한다. 이 동물들의 내온성은 어류, 양서류, 파충류 등의 변온동물과 다르다. 흔히 냉혈동물이라고도 불리는 이런 동물들은 조직과 기관이 제대로 기능할 만큼 체온을 유지하기 위해서는 외부로부터 에너지(주로 따뜻한 햇빛)를 공급받아야 한다.

남극빙어의 피는 왜 투명할까

이미 언급한 바 있듯이, 헤모글로빈은 철을 포함하고 있는 분자이며 폐나 아가미에서 산소를 받아 조직까지 운반한다. 이러한 산소와 헤모글로빈이 상호작용한 결과 나오는 부산물이 바로 척추동물 혈액의 선명한 붉은색이다. 그러나 혹시라도 "척추동물의 피는 붉은색"이라는 규칙에도 예외가 있는지 궁금한 사람이 있다면, 그 대답 역시 "그렇다"이다. 남극빙어과Channichthyidae의 남극빙어가 대표적인 예다. 과학자들이 실제로 남극빙어를 잡아서 확인한 1928년보다 훨씬 이전인 19세기부터 포경선 어부들에게는 남극빙어의 피가 붉지 않다는 사실이 알려져 있었다. 남극빙어는 성체가 되어도 헤모글로빈을 갖지 않는 유일한 척추동물이다. 그래서 남극빙어의 피는 거의 투명하다.

내가 이 독특한 물고기에 대해 처음 들은 것은 롱아일랜드의 사우

샘프턴칼리지에서 해양생물학과 전공 학부생이던 시절이었다. 그때 어류학을 가르치던 하워드 레이스먼 교수로부터 남극빙어는 헤모글로빈이 없는 것도 특이하지만, 부동단백질을 갖고 있어서 몸을 얼려버릴 정도로 낮은 온도에서도 살아남을 수 있는 거라는 이야기를 들었다. 이 물질은 마치 자동차의 부동액처럼 화학적으로 동결온도를 낮춰준다. 남극빙어의 부동단백질은 혈액을 포함해 이 물고기의 신체조직과 심장, 혈관에서 얼음결정이 자라지 않도록 막아준다. 이는 장기이식 등의 과정에서 조직이나 장기를 얼음 속에 손상 없이 보관하는 방법을 연구하는 이들에게 매우 흥미로운 길을 열어준다.

재미있게도, 유럽의 한 식품회사가 효모를 통해 이 부동단백질을 생산하는 기술을 연구해 특허를 출원했다. 이 식품회사는 남극빙어의 혈액 속 부동단백질을 인위적으로 생산할 수 있도록 효모의 유전자를 조작했다.[3] 이들은 남극빙어의 부동단백질이 지닌 원래 기능을 약간 변형시켜서, 아이스크림에 결정이 생기지 않도록 하는 데 이 물질을 사용한다. 이 부동단백질 덕분에 아이스크림의 작은 결정이 녹았다가 다시 얼면서 크고 맛없는 결정으로 얼어붙는 문제가 해결되었다. 결과적으로 더 맛있고 부드러운 아이스크림을 즐길 수 있게 된 것이다. 이처럼 부동단백질은 작은 결정의 표면에 달라붙어서 결정끼리 달라붙어 더 큰 얼음덩어리로 성장하지 못하게 한다.[4]

솔직히 고백하자면, 내가 남극빙어에 대해 관심을 갖게 된 이유는 아이스크림을 맛있게 먹고 싶은 마음과는 조금도 상관이 없었다. 나

는 남극빙어가 어떻게 이렇게 기이하게 진화했는지, 또한 이런 조건에도 불구하고 어떻게 생존에 충분한 만큼의 산소를 공급받을 수 있는지가 궁금했다. 페어뱅크스에 있는 알래스카대학교의 남극빙어 전문가 크리스틴 오브라이언에 따르면, 남극빙어의 서식지 및 그 장소의 물리학적 특이성 그리고 이 물고기의 해부학과 서식 행태에서 그 답을 찾을 수 있다고 한다.

남극빙어는 남극대륙을 둘러싸고 있는 남극해라는 바다의 심해저에서 산다. 남극해 심해저에 서식하는 어종은 소수이고 바다표범이나 펭귄 같은 포식자는 극히 드물다. 때문에 남극빙어는 크릴이나 작은 물고기 또는 게를 사냥할 때 경쟁자가 거의 없다. 남극빙어는 매복을 잘하는 포식자이기도 하다. 매복을 하려면 움직임이 전광석화와 같이 짧고 빨라야 한다. 오랫동안 몸을 움직일 필요가 없으니, 산소필요량도 적다.

낮은 수온 역시 헤모글로빈이 없는 남극빙어에게는 또 하나의 혜택이다. 차가운 물에는 더운 물보다 더 많은 산소가 들어 있기 때문이다. 온도가 높은 환경에서는 분자의 활동성이 높아지고, 따라서 따뜻한 물에서는 산소가 물 분자로부터 분리되어 탈출하기도 더 쉬워진다. 그러나 수온이 낮으면 산소가 물 분자에서 쉽게 탈출할 수 없으므로, 산소를 필요로 하는 동물에게는 아주 유익하다.

연구 결과에 따르면, 남극빙어의 조상이 처음으로 헤모글로빈이 없는 피를 갖게 된 것은 자연의 실수, 즉 약 500만 년 전에 일어난 유전자 돌연변이 때문이었다. 다행히도 산소가 풍부한 환경에서 살았기 때문에 이 돌연변이가 남극빙어의 멸종으로 이어지지는 않았다. 오브라이언에 따르면, 이 돌연변이는 남극빙어의 심혈관계를 대대적으로 리모델링했다. 이렇게 진화에 유익한 돌연변이의 결과, 남극빙어는 비슷한 크기의 "빨간 피" 물고기에 비해 혈액의 양은 네 배, 혈관의 직경은 세 배나 커졌고, 심장은 다섯 배나 커졌다. 결국 남극빙어는 혈압도 낮고 심장박동도 느리지만, 한 번 수축할 때마다 심장에서 뿜어내는 혈액의 양은 매우 많다. 한 가지 더, 남극빙어의 모세혈관그물은 극도로 조밀해서 혈액이 근육과 각 기관에 도달했을 때 가스교환 효율이 매우 높다. 마지막으로, 이 역시 진화에 유익한 변이인데, 남극빙어의 몸에는 비늘이 없다. 따라서 아가미뿐만 아니라 피부를 통해서도 직접 산소를 흡수할 수 있다.

애초에 남극빙어의 조상들이 행운의 서식지에서 살았던 것인지도 모른다. 덕분에 그 후손들은 현존하는 다른 모든 척추동물의 혈액에 들어 있으며 생명 유지에 필수적인 산소를 운반해주는 헤모글로빈이 없는 몸으로도 지금까지 훌륭하게 적응하며 살아가고 있다.

심장이 뛰지 않아도 살 수 있는 동물이 있을까

남극빙어는 부동단백질로 자기 몸이 얼어붙을 위험을 피해 살아가지만, 반대로 스스로를 꽁꽁 얼려버리는 방법으로 살아남는 동물이 있다. 기온이 뚝 떨어지면, 북미 송장개구리*Rana sylvatica*는 한 번에 몇 주 동안이나 심장박동을 멈춘 채 지낼 수 있다. 이 개구리는 간 같은 주요 장기와 온몸이 꽁꽁 언 채로 겨울을 난다. 봄이 오고 기온이 올라가면, 심장과 몸을 스스로 해동시키고 얼어붙기 이전의 맥박을 회복한다.

이러한 현상을 오래 연구한 전문가인 오하이오주 마이애미대학교의 생물학자 존 콘스탄조와 이야기를 나누어 보았다. 그는 동결내성이라는 주제에 대한 대중들의 관심은 높지만, 실제로 이 분야를 연구하는 과학자는 매우 적다고 말했다. 콘스탄조에 따르면, 이 주제는 1990년대에 인간의 장기와 조직의 저온보존을 중심으로 인기가 절정이었지만 그 이후로는 관련 연구가 답보상태라고 한다.

어린 시절에 들었던 소문이 떠올랐다. 1966년에 사망한 월트 디즈니의 시신이 냉동보존 되어 있다는 이야기였다. 여기서 한 걸음 더 나아가, 냉동보존된 월트 디즈니의 시신이 디즈니랜드에 있는 캐리비언의 해적 어트랙션 밑 일급 기밀 장소에 보관되어 있다는 이야기까지 있었다. 하지만 월트 디즈니의 유족 중 한 사람이 월트는 폐암으로 사망한 후 이틀 만에 화장되었다고 이야기하는 것을 듣고 나는 엄청 실망했다.

"송장개구리"에게는 아주 훌륭한 생존 무기인 동결내성이 "송장사람"에게는 왜 없는 걸까? 송장개구리 전문가 콘스탄조에게 물어보자, 대부분의 동물이 지닌 조직은 얼음결정이 형성될 때 심하게 망가지기 때문에 멀쩡하게 해동될 수 없다는 답이 돌아왔다. "조직 사이에서 뾰족뾰족한 얼음결정이 만들어진다고 상상해보세요. 그뿐인가요, 세포 안에서도 마찬가지지요. 얼음결정은 모든 걸 찢어놓습니다." 콘스탄조가 말했다. 세포 밖에서 생기는 얼음도 위험하지만, 세포 안에서 생기는 얼음은 치명적이다.

결정화 과정에서 일어나는 구조적인 손상이 전부가 아니다. 동물의 신체조직과 장기가 얼면 수분 손실이 일어나 세포가 쪼그라들고, 세포막과 세포내 구성 요소가 엉망으로 망가진다. 에너지를 함유하고 있는 분자는 고갈되고, 세포내 노폐물 배출이 막혀 독성 물질이 쌓인다.

그렇다면 송장개구리는 어떻게 동결과정의 치명적인 요소들을 견뎌내는 걸까?

"송장개구리는 추위를 느끼면, 스스로 어는점 이하로 체온을 낮춰 버립니다. 나무가 많은 삼림지대에서 사는 개구리*이다보니, 숲속에서 나뭇잎 밑에 몸을 숨기고 있는 경우가 많고, 숲에 겨울이 오면 사방이 얼음이라 결국에는 이 얼음 결정이 개구리의 축축한 피부를 통해 스며들게 됩니다." 콘스탄조가 설명했다.

콘스탄조는 액체 상태인 물의 동결은 발열 반응임을 상기시켰다. 물이 얼 때는 열이 발생한다는 뜻이다. 그 결과 얼기 시작해서 처음 몇 시간 동안 개구리의 체온은 급격하게 올라간다. 심박수도 급격하게 올라가서, 동결 방지 물질이 심장 밖으로 방출되는 동안에는 평소의 두 배까지 빠르게 뛴다. 동결 방지 물질은 남극빙어 혈액 속의 부동단백질처럼 조직이 어는 것을 중단시키거나 세포가 얼면서 손상되는 것을 막아주는 역할을 한다.

이런 동결 방지 물질 중의 하나가 바로 포도당이다. 포도당은 에너지가 높은 당분으로, 간에 의해서 순환계로 유입된다. 송장개구리의 몸이 어는 동안, 간은 전분 형태로 저장된 글리코겐을 포도당으로 분해하기 시작한다. 이때 간이 글리코겐을 분해하는 속도는 어마어마하게 빠르기 때문에, 평소에 순환계로 내보내는 당분의 양보다 80배나 많은 포도당이 빠져나간다. 이렇게 포도당의 홍수가 일어나면 우리에게 익숙한 또 다른 형태의 확산, 이름하여 "삼투압"을 통해 세포의 수

* 송장개구리의 영어 이름은 woodland frog — 역자 주

분이 세포 밖으로 빠져나가 세포 안에서 얼음이 생기지 않는다. 물은 세포 안에 모여 있다가, 당분이 포화 상태가 된 세포의 주변으로 이동한다. 이렇게 되면 세포가 어는 과정에서도 붓거나 파열되지 않는다. 이 삼투압 운동에 대해서는 나중에 다시 이야기하기로 하자.

동물학자 켄 스토리는 포도당 방출이 신체의 과장된 "투쟁-도피" 반응이라고 설명했다. 투쟁-도피 반응 상황에서 스트레스를 받으면 뇌는 간에게 포도당을 순환계로 빨리 방출시키라는 명령을 내린다. 고에너지 포도당 분자는 싸우든 줄행랑을 치든 긴급할 때 에너지원으로 쓰일 수 있기 때문이다. 송장개구리가 동면개구리로 변신할 때도 이와 비슷한 경고 메시지가 발신되는 것이 분명하다.

최근에 콘스탄조와 동료들은 또 다른 동결방지제인 질소와 송장개구리의 장 속 박테리아 일부가 송장개구리의 동결 이후에도 활동성을 갖고 있음을 암시하는 연구 데이터에 집중하고 있다. 이 박테리아는 송장개구리의 몸속에 남아 있던 소변으로부터 질소를 해방시키는 효소를 분비한다. 포도당처럼 질소도 동결 및 해동 과정에서 조직과 세포를 보호하는 역할을 하는 것으로 생각된다.[5] 질소는 매우 낮은 온도(섭씨 영하 210도)에서 얼기 때문이다.

콘스탄조에 따르면, 앞에서 언급한 모든 과정이 송장개구리의 몸이 동결되는 과정의 첫 번째 단계에서 일어난다. 동결이 시작되고 몇 시간이 지나면, 급격히 올라갔던 체온은 서서히 낮아지면서 다시 냉각되기 시작한다. 최종적으로 심장의 박동이 멈추고 혈관 속의 혈액도 얼어붙는다. 송장개구리는 동결 기간의 대부분을 이런 상태로 보내는데, 꽃샘추위가 기승을 부릴 무렵에는 짧게 반나절 정도, 남극대륙에 서식하는 경우에는 수 개월에 이르는 동절기 동안 계속된다.

"그 기간 중에는 호흡도 하지 않고 심장도 뛰지 않습니다." 콘스탄조가 말했다.

나는 혹시 개구리의 몸이 얼어 있을 때는 뇌의 전기활동도 중단되는지 확인된 바가 있느냐고 물었다. 뇌파검사 그래프가 수평선을 그린다면 임상적으로는 그 생명체의 사망을 선고할 수 있다. 만약 그렇다면, 동결에서 풀려난 송장개구리는 실질적으로 좀비가 아닐까 하는 의구심이 들었다. 콘스탄조는 껄껄 웃는 것으로 답을 대신했다. 그는 송장개구리가 얼어 있을 때는 뇌파도 정지한다는 이야기를 들었다고 말했다. 그러나 그 말이 내가 생각하는 그 특정한 현상을 긍정하거나 부정하는 뜻은 아니었다.*

송장개구리를 동결의 부작용으로부터 지켜주는 요소는 동결방지제의 순환만이 아니다. 송장개구리는 동결 과정에서 체내에 있는 수분을 대량으로 재배치하는데, 이 과정이 동결 부작용을 막는 데 크게 기여한다.

정상적인 경우, 수분은 삼투압 현상을 통해 세포 안으로 들어가거나 밖으로 나온다. 혈액이나 세포내액 같은 체액의 대부분은 수분이

* 자, 이것을 연구주제로 삼을 대학원생, 어디 없소?

기 때문에, 체액 안에 녹아 있는 물질의 양이나 농도를 일정하게 유지하는 것이 매우 중요하다. 그렇지 않으면 농도의 평형을 위해 수분이 이동하면서 세포가 탈수되거나 부종이 발생한다.

송장개구리의 경우에도 동결되는 과정에서 몸 전체의 포도당 농도가 높아지는데, 이때 세포 바깥보다 세포 안에 수분이 더 많아지면서 삼투압 현상이 일어난다. 일단 수분이 세포에서 빠져나가면, 그 수분은 송장개구리의 체내 기관에서도 빠져나간다. 결과적으로 동결 도중에 체내 기관에 탈수가 발생한다. "예를 들면 간과 심장은 평상시 수분 함량의 절반을 잃어버립니다." 콘스탄조가 말했다.

"그러면 그 수분은 다 어디로 갑니까?" 내가 물었다.

"내장이 모여 있는 체강으로 가지요." 콘스탄조가 대답했다.

나는 그 과정을 머릿속에 그려보았다. "그렇게 체강에 모이는 수분은 얼마나 되나요?"

"얼어 있는 송장개구리를 해부해보면, 그 안에 스노우콘 하나는 들어 있다고 봐야 합니다."

그 말을 듣고, 이 사람은 아마도 꽁꽁 언 개구리맛 스노우콘을 먹어봤겠군, 하고 혼자 생각했던 기억이 난다. 그런데 내 머릿속에서 그 문장이 다 만들어지기도 전에 콘스탄조가 내 의심이 틀리지 않았음을 확인해주었다. 과학의 이름으로 인간 태반을 먹어본 사람만이 온전히 이해할 수 있는 열정을 가지고, 나는 콘스탄조가 연구진들과 함께 꽁꽁 언 송장개구리의 몸에서 그 스노우콘을 떠내 무게를 측정하고 개구리의 총 체중에서 그 얼음 무게의 비율을 계산한 과정을 열심히 들었다.

개구리가 탈수증을 견디고 살아남는 것은 전혀 이상할 게 없다. 땅에서 사는 개구리와 두꺼비는 몸이 바싹 말라도 살아남는 괴력을 보여준다. 진화 도중에 그 시스템이 동결내성을 강화하는 데 이용되었을 수도 있다. 콘스탄조와 그 연구팀의 결론에 따르면, 송장개구리의 체내 수분이 생명 유지에 치명적인 영향을 미치는 기관에서 비교적 먼 곳으로 이동하는 이 과정 덕분에, 체내 수분의 대부분이 어는 경우에도 송장개구리의 기관에는 큰 손상이 가지 않는다. 다시 봄이 오고 개구리의 몸이 해동되면, 녹은 수분은 세포를 재수화하고 남아돌던 포도당은 간으로 되돌아가 다시 글리코겐으로 저장된다.

송장개구리가 해동될 때 정확히 어떤 자극이 심장을 다시 박동하게 만드는지는 아직 누구도 알지 못한다. 심장이 다시 박동하기 시작하는 특정한 온도나 해동 과정 중의 특정한 시점 같은 것은 발견되지 않았다. 그러나 심장을 다시 뛰게 만드는 자극이 무엇이든, 이런 소생 과정은 실험실에서 표범개구리*Lithobates pipiens*를 대상으로 한 실험에서는 일어나지 않았다. 표범개구리는 송장개구리처럼 육상에서 생활하는 개구리다.

"해동된 다음에 몇 번은 심장이 뛰었어요. 심장박동 속도도 빨라지고 안정적으로 계속될 것처럼 보였죠. 하지만 곧 완전히 멈춰버렸습니다." 콘스탄조는 이 두 개구리가 서로 다른 반응을 보이는 이유를 명확하게 설명할 수 없지만, 아마도 송장개구리에게 있는 보호물질이 표범개구리에게는 없기 때문인 것 같다고 말했다.

나는 해동된 송장개구리에게 해동으로 인한 부작용은 없었느냐고 물어보았다. 콘스탄조는 동결과 관련된 부작용이 이 개구리의 수명에 영향을 미친다는 확실한 증거는 없지만, 막 해동된 송장개구리는 이성 개체에게 관심을 거의 보이지 않는 것으로 보아, 짝짓기 행동에는 분명히 영향을 미친다고 말했다.

실험실에서 수컷 개구리 여러 마리를 플라스틱으로 만든 커다란 씨름판 넣어놓고 관찰한 결과, 이 개구리들은 해동 후 24시간 이내에는 성적 흥미를 거의 보이지 않았다. 그 이후에도 이 수컷 개구리들은 동결된 적이 없었던 다른 수컷 개구리들과 한 곳에 놓았을 때 경쟁 의지를 보이지 않았다.[6] 이 현상을 설명하기 위한 가설이 여럿 있다. 한 가지는 해동된 개구리의 몸이 엄청난 양의 포도당을 처리하느라 짝짓기에 나설 여유가 없다는 가설이다. 또 동결 과정에 쓰인 포도당이 간의 글리코겐뿐만 아니라 개구리의 근육에서 분해된 글리코겐으로부터도 나오기 때문이라는 가설도 있다. 이 과정을 자가카니발리즘autocannibalism이라고 하는데, 이 과정에서 글리코겐을 잃어버리면 동면하는 동안 높이 도약하는 데 필수적인 다리 근육이 원래 근육량의 40퍼센트 가까이 줄어든다.* 따라서 해동된 지 얼마 안 된 수컷 개구리

---

* 단식을 하거나 굶주린 경우에도 이 현상이 일어난다. 몸이 스스로 골격근육이나 기타 다른 부분의 구조단백질을 분해하여 그 분해산물을 포도당으로 변환시키는 방법으로 자기

는, 적어도 사지가 동결 이전의 크기와 기능을 되찾을 때까지는 육체적으로 암컷 개구리를 쫓아다니며 구애를 할 힘이 없는 것이다.

이득에는 대가가 따른다

송장개구리가 일시적으로 겪는 성욕의 침체는 모든 진화론적인 적응에 따르는 일종의 대가, 즉 트레이드오프trade-off다. 예를 들면, 폐쇄순환계는 개방순환계보다 훨씬 많은 양의 가스와 노폐물, 영양분을 운반할 수 있지만, 에너지 측면에서 보면 유지비가 많이 든다. 게다가 구조가 복잡해 고장 나기도 쉽다. 트레이드오프는 진화생물학의 특징이다. 이득을 본 생명체는 거의 언제나 그 대가를 치른다. 트레이드오프의 가장 유명한 예는 혈액과 관련된 유전병인 겸상적혈구병이다.

고등학교 생물학 시간에 배워서 대개 알고 있듯이, 유전자는 머리카락의 색이나 혈액형 같은 기질의 발달을 제어하는 유전자 청사진의 아주 작은 일부분이다. 유전자는 언제나 쌍을 이루어 존재하는데, 각각의 유전자는 두 개의 비슷한 염색체, 즉 상동염색체 중 하나에 위치한다. 사람은 스물세 쌍의 상동염색체를 가지고 있으며, 이 염색체에는 총 2만에서 2만 5,000개의 유전자가 들어 있다. 또한 사람은 아버

몸에서 영양분을 취하는 것이다. 그래서 오랫동안 굶주린 사람은 몰골이 초췌해진다.

지와 어머니로부터 염색체를 하나씩 받아 한 쌍의 염색체를 완성한다. 아버지의 정자 세포와 어머니의 난자 세포가 융합해 하나의 세포가 되고, 그 세포가 증식하고, 발달하고, 분화하여 한 사람이 탄생한다.

겸상세포는 겸상적혈구병을 일으키는 유전자 복제본을 두 벌 가지고 있을 때만 문제가 된다. 그런데 이 유전자를 한 벌씩 지닌 사람이 매우 흔한 인종 집단이 있다. 바로 아프리카계 미국인이다. 이들 중 8퍼센트가 겸상세포 기질을 갖고 있다. 아버지와 어머니 중 어느 한쪽으로부터 돌연변이 헤모글로빈 유전자를 물려받았다는 뜻이다. 이 돌연변이 유전자의 "보유자"는 대개 별 다른 문제 없이 정상적으로 살아간다.

그러나 돌연변이 헤모글로빈 유전자를 두 벌 모두 가진 사람의 혈액에서는 헤모글로빈S라 불리는 비정상적인 형태의 헤모글로빈이 생성되기 때문에 심각한 문제를 안고 살아가게 된다.* 정상적인 헤모글로빈과는 달리, 헤모글로빈S는 긴 섬유를 형성해서 이 헤모글로빈을 가진 적혈구가 반달 모양 혹은 낫 모양으로 뒤틀리게 만든다. 이 겸상세포는 정상적인 헤모글로빈을 가진 적혈구보다 산소를 적게 운반한다. 따라서 조직에도 산소가 적게 전달된다.

겸상세포의 가장 심각한 문제는 정상적인 적혈구처럼 가느다란 모세혈관으로 들어갈 수 있을 만큼 유연하지 못하다는 것이다. 모세혈관으로 들어가지 못한 겸상세포는 모세혈관을 막아버린다. 이렇게 되

* 부모 양쪽이 모두 결함 있는 유전자를 갖고 있으면, 그들의 자손은 25퍼센트의 확률로 두 개의 결함 유전자 모두를 물려받아 겸상적혈구병이 발병한다.

면 사지말단 같은 부위에 혈액을 공급할 수 없다. 겸상세포는 또한 우리 몸에서 뭔가가 잘못되었음을 경고하는 통증수용기를 자극한다. 결과적으로 겸상세포 때문에 모세혈관이 막히면 우리 몸의 기관들, 특히 신장 같은 장기에 치명적인 손상이 올 수 있다.*

해부학과 생리학 강의를 하다보면 학생들로부터 "왜 자연선택은 오랜 세월 동안 돌연변이 헤모글로빈 유전자를 걸러내지 못했느냐"는 질문을 자주 듣는다. 학생들의 논리는 이렇다. 지금처럼 의학이 발달하기 이전에 돌연변이 헤모글로빈 유전자를 가진 사람은 성인까지 살아남을 확률이 낮았고, 따라서 결함이 있는 유전자를 다음 대에 물려줄 확률도 적었다는 것이다. 그렇다면 왜, 돌연변이 유전자는 오랜 세월이 흐르는 동안 사라지지 않았는가? 사실 이 질문에 대한 답은 진화의 가장 극단적인 트레이드오프와 관련이 있다.

그 첫 번째 단서는 겸상적혈구병이 아프리카, 아라비아반도, 지중해, 중남미에서 온 사람들의 후예에게서 흔히 나타난다는 점이다. 이들 지역은 말라리아 발병률이 높은 곳이다. 그런데 겸상적혈구 보유자들은 이 돌연변이 유전자를 갖고 있지 않은 사람들보다 말라리아에 대한 저항력이 높다. 따라서 모기가 옮기는 이 치명적인 질병이 사람의 생명에 가장 큰 위협 요소인 지역에서 돌연변이 헤모글로빈 유전

* 겸상적혈구병은 조직 손상, 미세혈관폐색 등 다양한 증상으로 나타난다. 조직에 산소가 충분히 공급되지 못해 발생하는 겸상적혈구성 빈혈도 그러한 증상을 나타낸다. 겸상적혈구병과 겸상적혈구성 빈혈은 증상은 비슷해도 같은 병이 아니다.

자를 한 벌 가진 사람은 번식적합성이 높아진다. 돌연변이 유전자를 가진 사람은 말라리아로 죽지 않고 그 유전자를 자식에게 물려줄 확률이 높기 때문이다. 이런 이유로 헤모글로빈 돌연변이는 유전자 풀pool에 그대로 남아 있게 되었다. 그러나 이 특별한 혜택에 대한 대가로 이 돌연변이 유전자를 두 벌 모두 가진 사람은 겸상적혈구병이라는 치명적인 병을 얻는다.

자연의 트레이드오프란 이런 것이다.

열대 지방의 박쥐가 동면을 하는 이유

주위 환경의 온도가 낮으면 생존에 중대한 위협이 된다. 그래서 때로는 주목할 만한 진화의 트레이드오프가 이루어졌다. 어떤 동물은 계절이 바뀌면 더 따뜻한 지역을 찾아 엄청난 거리를 이동하는 반면, 어떤 동물들은 추위를 막아주는 두꺼운 털코트를 진화시켰다. 남극빙어나 송장개구리 같은 또 다른 동물들은 극단적인 반응으로 추운 기온에 대응하도록 진화했다. 그보다 훨씬 많은 종류의 동물들이 휴면과 동면의 방법으로 추운 겨울을 견뎌낸다. 그런데 휴면과 동면, 이 두 가지는 척추동물의 심장과 순환계에 커다란 숙제를 안겨준다.

휴면은 "가벼운 동면"과 비슷한 현상으로, 대사 과정을 제어하여 그 속도를 현저히 낮춘다. 대사 속도가 느려지면 신체가 에너지를 소비하는 속도도 느려진다. 한 차례의 휴면은 대개 하루를 넘지 않는 반면, 동면은 이따금씩 의식을 차렸다가 다시 여러 날 잠드는 휴면이 반복된다.

오랫동안 과학자들은 휴면이 포유류가 환경에 적응한 결과라고 생각해왔지만, 최근의 연구들은 전혀 그렇지 않다는 결과를 보여준다. 서던코네티컷주립대학교의 생물학과 조교수이자 동면을 집중적으로 연구하는 미란다 던바에 따르면, 지금은 많은 전문가가 포유류의 휴면을 초기의 진화적 특징이 퇴화하여 남은 흔적으로 본다고 설명했다.

포유류는 스스로 열을 내서 자신의 내부 체온을 유지할 수 있는 항온동물이지만, 이런 능력은 척추동물의 진화의 역사에서 비교적 늦게 나타났다. 2억 5,000만 년 전에 등뼈를 가지고 있던 동물은 대부분이 변온동물이었다. 변온동물은 체온조절을 외부의 열원에 의존한다. 오늘날의 어류나 양서류 혹은 파충류 같은 변온동물들은 주변 환경으로부터 열을 최대한으로 얻을 수 있는 장소를 이용하는 식으로 낮은 주변 온도에 대응했다고 추측된다. 바위 위에서 일광욕을 즐기는 것처럼 보이는 바다거북은 사실 변온동물의 특징적인 행동을 보여준다. 싸늘한 카멜레온이나 냉정한 코브라도 똑같은 경우라고 볼 수 있다.

파충류는 진화의 과정에서 휴면과 동면 그리고 변온성, 즉 주변 온도에 자신의 체온을 맞추는 능력을 새롭게 획득했다. 그리고 일부 파충류가 오늘날 우리가 포유류라고 부르는 동물로 진화하면서, 휴면과 동면이라는 적응 능력은 포유류에게 그대로 남았다. 항온동물은 변온

동물에 비해 주변 온도의 영향을 덜 받지만, 대사 과정을 통해 자신의 체온을 안정적으로 유지하기 위해서는 많은 에너지를 필요로 한다. 겨울이 오고 기온이 떨어지면 필요한 에너지는 점점 증가하기만 한다. 그와 동시에 먹잇감은 점점 찾기 힘들어진다.

"겨울이 되면 쓸 수 있는 에너지가 적어지거나 아예 없어지고, 그래서 동면으로 연장될 수도 있는 휴면 상태로 들어가는 겁니다." 던바가 설명했다.

박쥐의 조상들은 열대지방에서 진화했는데 어떻게 동면을 하기 시작했을까, 나는 궁금해졌다.

"박쥐의 경우는 직관에 반하는 것처럼 보이죠? 열대지방에 살면서 동면을 하거나 휴면을 했다고 생각하면 말입니다. 하지만 사실은 그렇지가 않습니다." 던바가 설명했다.

던바는 아주 더운 기후에서 박쥐처럼 몸집이 작은 포유동물은 평상시 안정적으로 체온을 유지하도록 도와주는 화학반응을 아예 차단해버리는 능력을 진화시켰다고 설명했다. 주변 환경이 열원을 제공해 주기 때문에 박쥐는 체온을 유지하기 위해 에너지를 소모할 필요가 없다. 추운 지방에서 휴면에 들어가는 박쥐에게서 이와 비슷한 현상이 일어난다. 추측건대 박쥐가 서식지를 열대 지방에서 추운 지방으로 옮기면서, 대사 과정을 차단하는 능력이 급격한 온도차에 대응하도록 진화한 것으로 보인다.

박쥐는 동굴이나 광산처럼 비교적 온도가 일정한 곳에서 동면을 하기로 유명하다. 그러나 꼭 그런 곳이 아니더라도 박쥐는 어디에서나 동면할 수 있다. "늘어진 나무껍질 밑이나 나무에 파인 구멍에서 동면하는 박쥐를 본 적이 있어요. 사람이 만든 구조물이나 심지어는 땅 위, 나뭇잎 아래서도 동면을 해요. 하지만 가장 희한한 경우는 일본에 서식하는 박쥐들인데, 눈 속에서 동면을 합니다."

작은관코박쥐*Murina ussuriensis*를 연구한 최근의 한 논문에서, 연구자들은 눈 속에서 동면하는 박쥐들은 대개 겨울이 지나 날이 풀리기 시작한 후에야 발견된다고 지적했다. 스물두 건의 사례 중 스물한 건에서, 녹고 있는 눈 속에 고깔 모양으로 움푹 파인 작은 공간 속에서 작은관코박쥐가 한 마리 발견되었다. 모두가 구 또는 반구 형태로 몸을 웅크린 자세였는데, 이 자세는 열을 보존하는 데 최적의 자세다. 논문의 저자인 히로후미 히라카와와 유 나가사카의 결론이 옳다면, 이 박쥐는 눈 속에서 동면하는 두 가지 사례 중 하나다. 나머지 하나는 북극곰*Ursus maritimus*인데, 북극곰이 실제로 동면을 하느냐 아니냐는 아직도 논쟁 중이다.[7]

수컷 북극곰은 일 년 내내 활동하지만, 암컷 북극곰은 겨울이 오면 굴에 들어가 둥지를 만들어 새끼들을 품고 동면에 가까운 상태에 들어간다. 그러나 이런 상태에서도 암컷 북극곰의 체온은 급격하게 떨어지지 않는다. 이러한 차이로 인해 암컷 북극곰은 새끼에게 젖을 먹여 키울 수 있다. 성체인 암컷 북극곰은 길게는 8개월 동안이나 먹지도 않고, 심박수가 분당 40회에서 8회까지 대사율이 뚝 떨어진다. 그러나 진정한 동면이라면 상당 기간 동안 체온이 떨어진 채로 있어야 한다. 그러므로 진짜 눈 속에서 동면하는 동물은 작은관코박쥐가 유일하다고 볼 수 있다.*

박쥐를 비롯해 동면하는 동물들은 겨울철에 산소와 영양분을 덜 필요로 한다. 따라서 온도 외에도 위와 같은 대사율 하락은 동면의 중요한 특징이다. 동면하는 곰의 심박수가 급격하게 떨어지듯이, 평소에 분당 500~700회까지 올라가는 박쥐의 심박수도 동면 기간에는 분당 20회까지 떨어진다. 이 기간에는, 추위에 떠는 사람과 마찬가지로 박쥐도 혈액을 사지로 보내지 않고 몸의 핵심부로 보내 가장 중요한 장기를 보호하고 온도를 유지한다. 추위에 떠는 사람과 동면하는 동물 사이에 차이가 있다면, 동면하는 동물의 심장은 저온저산소 조건에서도 세동을 일으키지 않고 정상적으로 기능하도록 진화했다는 점이다. 세동은 심장근육 섬유가 빠르고 불규칙적으로, 동기화되지 않고 수축을 일으키는 매우 위험한 상황이다.

동면 기간에는 먹이를 구할 수 없으므로, 동면 동물들은 갈색지방이라고 알려진 물질에서 영양분을 이용한다. 박쥐의 경우에는 견갑골 사이에 갈색 지방이 작은 덩어리로 축적되어 있다. 대부분의 지방과 달리, 갈색지방은 중간 단계에서 에너지를 쓰지 않고 직접 열을 내는 화학반응을 통해 분해된다. 사람의 경우에는 신생아가 갈색지방을 가

* 잘 알려져 있지는 않지만, 동면하는 동물은 주기적으로 잠에서 깬다. 에너지 소비가 큰 행동이지만 어떤 종의 경우에는 대사노폐물을 제거하기 위해 꼭 필요한 행동이다.

지고 있다. 신생아는 추위에 특히 취약하다. 신생아가 신체적인 활동으로 체온을 조절할 수 있게 되기까지는 시간이 걸리기 때문이다.

게다가 아기들은 체구가 작기 때문에 표면적이 상대적으로 넓다. 체중 대비 표면적의 비율이 높다는 뜻이다. 박쥐처럼 몸집이 작은 동물도 마찬가지다. 결국 아기는 어른보다 빠른 속도로 열을 잃어버린다. 미숙아 또는 저체중 신생아는 체온조절 문제를 일으키기 쉽다. 정상적인 아기와는 달리 연소시킬 갈색지방을 덜 가지고 있기 때문이다. 그래서 미숙아는 태어나자마자 처음 몇 주 간 따뜻한 인큐베이터 안에서 보내게 된다.

아기 얼굴이 토실토실 오통통한 이유도 바로 갈색지방 덕분이다. 갈색지방이 모두 연소되어 사라지면 아기 얼굴에서 그 특유의 토실토실함도 사라진다. 성인의 경우에는 갈색지방이 남아 있다고 해도 아주 소량만, 주로 등 윗부분, 목 근처, 척추에 남아 있다.

박쥐와 다른 동면 동물들의 갈색지방은 동면 기간 내내 조금씩 나뉘어서 연소된다. 동물의 심부체온이 일정 정도 이하로 떨어지면 대사 작용이 시작되어 갈색지방을 태워서 체온을 높인다. 외부 요인(이를테면 호기심 많은 인간)이 끼어들어 예기치 않게 동면 동물의 잠을 깨우면 문제가 발생한다. 동물이 잠에서 깰 때마다 갈색지방이 조금씩 연소되기 때문에, 계산에 없던 연소가 발생해 다른 형태의 에너지원(먹이)을 찾을 수 있을 만큼 날씨가 좋아지기 전에 갈색지방을 다 태워버리면 동면하던 동물은 그대로 굶어 죽을 수도 있다.

동면이 가져오는 뜻밖의 효과도 있다. 흥미롭게도, 동면하는 동물은 더 오래 살고 더 천천히 늙는다. 박쥐는 야생에서 대략 20년을 사는데, 박쥐와 비슷한 몸집을 가진 동물들의 절대다수는 수명이 매우 짧다. 특히 몸무게가 5~6그램에 불과한 꼬마뒤쥐*Sorex minutus*의 평균수명은 겨우 18개월에 불과하여 과잉행동이라고 할 수 있는 분주하고 짧은 삶을 살다가 죽는다.

미란다 던바는 미국자연사박물관 멸종생명체위원회에서 발표한 최근 논문의 내용을 이야기해주었다. 이 논문에 따르면, 지난 500년 동안 61종의 포유류 동물이 멸종된 것으로 확인되었다.[8]

"그중에서 동면 박쥐는 겨우 세 종뿐이었어요. 박쥐가 얼마나 옳은 선택을 하고 있는지 아시겠죠?"

베이비 페이에게 바치는 노래

심장을 옮겨 심는 법

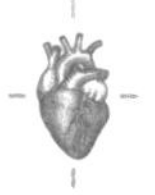

바깥의 동물들이 돼지에게서 사람에게로 시선을 옮겼다.
그랬다가 다시 사람에게서 돼지를,
다시 돼지에게서 사람을 번갈아 쳐다보았다.
하지만 이미 누가 사람이고 누가 돼지인지 분간할 수 없는 지경이었다.

— 조지 오웰, 《동물농장》

이제 우리는 동물의 심장과 심장 혈관의 순환에 대해 조금은 알게 되었다. 각 동물이 지닌 심장의 해부학적 차이는 매우 커 보여도, 동물계 전체를 살펴보면 심장의 기능은 거의 동등하다. 척추동물의 경우에는 혈액을 펌프질해 내보내고, 무척추동물의 경우에는 몸 전체로 확산시킨다. 이번에는 초점을 더 좁혀서, 우리 인간의 심장을 들여다보자. 하지만 그 전에 해부학적, 기능적 유사성으로 인해 다른 동물의 심장과 인간의 심장이 놀라운 관계를 맺게 된 사건을 살펴보려 한다.

인간에게 개코원숭이의 심장을 이식하다

캘리포니아에 있는 로마 린다 유니버시티 메디컬 센터의 흉부외과 의사 레너드 베일리(1942~2016)는 1980년대 초반에 양의 심장을 새끼 염소에게 이식하는 실험을 했다. 심장을 이식받은 염소는 잘 자라 성체가 되었을 뿐만 아니라 번식에도 성공하여 새끼도 갖게 되었다. 이 실험에서 용기를 얻은 베일리와 그의 팀은, 치료가 불가능한 심장 기형을 갖고 태어난 신생아를 대상으로 같은 이식술을 시도해볼 수 있으리라는 희망을 가졌다. 이 경우 심장을 기증할 측은 개코원숭이였다. 개코원숭이는 유전적으로나 발달상 그리고 생리학적으로 인간과 매우 가까웠다. 심혈관계의 관점에서 보면 개코원숭이의 심장은 인간의 심장과 거의 똑같았고, 혈액형도 O형만 없을 뿐 A형, B형, AB형까지 있다는 점에서 인간과 같았다.

1984년, 베일리 팀의 일원이었던 신생아학자 더글라스 데밍이 심장 기형을 가진 아기를 낳은 젊은 엄마를 만나 아기를 살릴 가능성이 있는 실험적 이식수술을 제안했다. 캘리포아니아주 바스토에서 로마 린다까지 가서 베일리를 만난 아기 엄마는 처음 그가 미친 과학자는 아닌지 의심했다. 그러나 그간의 연구기록에 대한 자세하고 끈기 있는 설명을 듣고, 아기 엄마는 지푸라기라도 잡는 심정으로 수술에 동의했다. 물론 최악의 경우 가슴 아픈 결과가 나올 수도 있다는 점은 분명하게 인식하고 있었다.

발육부전성 좌심증후군

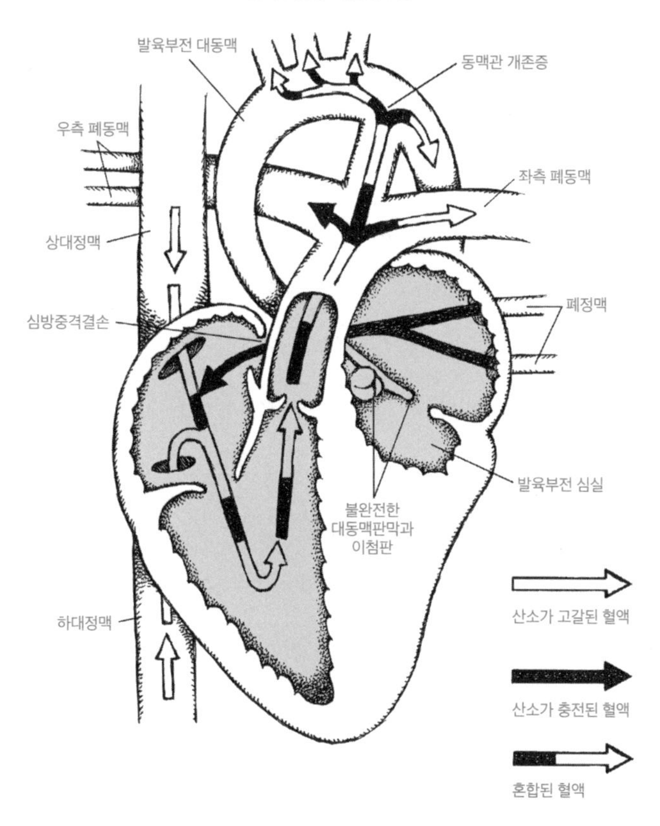

온 세상에 베이비 페이Baby Fae라는 이름으로 알려지게 될 이 아기는 1984년 10월 14일, 발육부전성 좌심증후군hypoplastic left heart syndrome; HLHS이라는 선천적인 심장이상을 가지고 태어났다. HLHS는 좌심실 발육이 미숙하고 이첨판과 대동맥판막이 불완전해, 당시로서는 전혀 생존가능성이 없었다. 이 증후군 때문에 아기는 호흡을 제대로 하지 못했고, 그로 인한 산소공급부족으로 피부, 입술, 손톱이 파랗게 되었을 뿐만 아니라 모유나 우유도 먹지 못했다.

수술팀은 이 아기에게 심장을 줄 수 있는 가장 적합한 개코원숭이 새끼 여섯 마리를 선별하고, 10월 26일에 로마 린다 유니버시티 메디컬 센터에서 수술에 들어갔다. 수술팀은 둘로 나뉘었다. 한 팀이 첫 번째 수술실에서 개코원숭이의 심장을 적출해 차가운 식염수로 채운 수조에 넣어 두 번째 수술실로 운반했다. 베일리가 이끄는 잘 훈련된 수술팀이 두 번째 수술실에서 베이비 페이를 둘러싼 채 기다리고 있었다. 최악의 상태이던 베이비 페이의 심장이 적출되고, 개코원숭이의 심장이 대신 자리를 채웠다. 수술팀의 일원이었던 면역학자 샌드라 넬슨카나렐라에 따르면, 그 심장은 베이비 페이에게 꼭 맞았다. 베일리와 동료들은 지체 없이 새 심장을 봉합했다. 그리고 다시 아기의 체온을 높여주면서 새로 이식된 심장을 통해 혈액이 도는 운명의 순간을 기다렸다. 잠시 후 심장이 뛰기 시작했다.

"눈물을 흘리지 않는 사람이 없었어요." 넬슨카나렐라가 2009년에 제작된 다큐멘터리 〈스테파니의 심장: 베이비 페이 이야기〉에서 말했다. "심장이 뛰는 소리가 들리는 순간, 모두가 목이 메었어요." 아기의 심장은 전혀 이상이 없어 보였고, 원래 주인이 누구였는지는 기억조차 나지 않았다. "완벽하게 정상적인 사람의 심장 같았어요. 결국, 심장은 다 같은 심장이었던 거죠."[1]

그러나 베이비 페이가 회복되고 의사들이 번갈아 가며 아기의 병상을 지키는 도중에 전혀 예상치 못했던 일이 벌어지기 시작했다. 베이비 페이의 수술이 전 세계적인 언론의 관심을 끌기 시작했고, 급기야 수백 명의 시위자가 병원은 물론 레너드 베일리의 집까지 에워쌌다. 사람에게 동물의 심장을 이식하는 것이 옳은가를 묻는 사람부터 동물의 권리를 주장하는 사람, 이식수술 자체를 반대하는 사람에 이르기까지 온갖 사람들이 몰려들었다. 한 술 더 떠서, 기자들은 베이비 페이의 부모의 신원을 파헤치고는 수술과는 전혀 상관없고 근거도 없는 중상모략으로 이 수술과 부모의 배경을 비방했다. 베일리와 그의 팀 역시 공격의 대상이었다. 죽어가는 아기를 살리고자 했던 그들의 진심 어린 노력은 언론의 주목을 끌기 위해 수술을 한 것이라는 비난의 집중포화를 받았다. 다행히 그러한 언론의 집중 공격이 오히려 동정적인 여론을 일으키기도 했다. 베이비 페이의 젊은 엄마는 그녀와 수술팀을 지지하는 대중들로부터 수백 통의 응원 편지를 받았다.

수술을 받은 지 며칠 후, 베이비 페이는 마취에서 깨어났고 산소호흡기를 떼었으며 젖을 먹기 시작했다. 의료팀도, 부모도 기뻐서 어쩔 줄을 몰랐다. 모든 이식수술 환자가 그렇듯이, 베이비 페이도 이식된 장기의 거부반응을 예방하기 위해 당시로서는 신약이었던 시클로스포린이라는 약물로 면역억제 치료를 받았다.

무엇이 베이비 페이를 죽였나

수술 후 2주가 지나자 베이비 페이의 몸에서 이상 반응이 나타나기 시작했다. 처음에 베일리와 의료팀은 "거부단계"라고 진단했다. 장기 이식을 받은 환자에게서 흔히 나타나는 증상이었기 때문에 의료진도 충분히 예상하고 있었고 그에 맞게 면역억제 단계를 높였다. 그러나 상황은 호전되지 않았고, 베일리의 팀은 이 증상이 단순히 거부반응이 아니라 자가면역반응이 아닐까 하는 의심을 하게 되었다. 베이비 페이의 면역 시스템이 자기 몸의 건강한 세포와 조직을 공격하는 상황 말이다. 그렇다면 의료진은 베이비 페이의 기관계 전체가 멈춰버리는 상황과 싸워야 했다.

베이비 페이는 1984년 11월 15일, 수술 후 3주도 채우지 못하고 사망했다. 베일리는 기자회견장에 나와 소중한 생명을 잃은 것을 슬퍼하며 말했다. "앞으로 태어날 아기들에게 한 줄기 희망을 주었기에 베이비 페이는 우리에게 특별한 기억으로 남을 것입니다."

베이비 페이가 사망한 당시에는 자가면역반응과 뒤이은 죽음의 원인이 베일에 가려져 있었으나, 훗날 베일리는 인간 환자와 개코원숭이 심장 사이의 혈액 불일치가 원인이었다고 고백했다. 베이비 페이의 혈액형은 O형이었지만, 심장을 준 개코원숭이의 혈액형은 AB형이었다. 베일리는 이것이 "재앙을 부른 전술적 실수"였다고 말했다.[2]

"베이비 페이의 혈액형이 AB형이었다면, 아기는 지금도 살아 있었

을 것입니다." 1985년, 그는 《로스앤젤레스 타임스》와의 인터뷰에서 그렇게 말했다.[3]

베일리는 혈액형 불일치가 면역억제제로도 충분히 감당할 수 있는 대수롭지 않은 문제라고 여겨 수술을 하기로 결정했다고 설명했다. 이 문제가 비극적인 결과를 불러온 이유는 수혈을 다룬 다음 장에서 자세히 이야기하기로 하자.

돼지의 심장을 인간에게 이식하다

베이비 페이의 비극적인 죽음에도 불구하고, 이 아기의 케이스는 샌드라 넬슨카나렐라가 말한 대로 "이식수술 혁명"의 시작이었다.[4] 베이비 페이의 이야기는 치명적인 심장 이상을 갖고 태어난 신생아의 운명과 연령을 불문하고 심장 기증이 절실함을 대중에게 알리는 기회가 되었다. 그 결과 신생아 심장 기증이 증가하면서, 베일리의 팀은 자신이 이종 간 이식(지금은 이종장기이식xenotransplant이라는 명칭이 보편화되었다)이라 이름 붙인 수술에서 벗어나 인간 대 인간 신생아 이식수술에 전념하게 되었다. 베일리는 1984년부터 2017년까지 로마 린다 유니버시티 아동 병원에서 총 375건의 인간 대 인간 심장 이식 수술을 집도했다.

그러나 이종장기이식을 계속 연구한 이들도 있었다. 이들은 영장류의 심장이 인간의 심장과 비슷하기는 해도 이식에는 적합하지 않다는 결론에 도달했다. 영장류(비비, 침팬지, 고릴라 등)는 후손을 많이 낳지 않는다는 것도 중요한 이유였다. 후손을 많이 낳지 않는다면 장기 공급이 제한적이기 때문이다. 연구자들은 돼지라면 적합할 수도 있겠다는 결론을 내렸다.

돼지의 심장은 크기나 해부학적 구조, 기능에 있어서 인간의 심장과 매우 비슷하다. 암돼지는 한배에 여러 마리의 새끼를 낳는다는 점도 중요했다. 조직부적합성이라는 문제가 있기는 하지만, 이 문제는 크리스퍼CRISPR 유전자 편집 기술을 이용해 실험용 돼지의 유전자를 재조합하면 해결할 수 있다. 유전자 편집 기술은 돼지의 장기가 사람의 면역계에 의해 거부당하는 사태를 막아줄 뿐만 아니라, 돼지 내인성 레트로바이러스porcine endogenous retrovirus; PERV로 발전할 가능성이 있는 유전자 시퀀스를 제거할 수도 있다. PERV는 사람에게도 감염될 수 있기에 이는 매우 중요한 진보다.* 최근 들어 연구자들이 이렇게 유전자를 재조합한 돼지의 장기를 인간이 아닌 영장류에게 이식하기 시작했고,[5] 2021년 이후에는 임상 전 연구가 시작될 것으로 기대된다.

* 비비의 심장을 이식할 경우에도 영장류 바이러스가 인간에게 감염될 위험이 있다.

심장을 단계적으로 재건하는 법

1984년 이후로는 발육부전성 좌심증후군을 갖고 태어난 신생아들의 예후도 많이 좋아지고 있다. 인간 대 인간 이식수술과 면역학적으로 안전한 이종장기이식술도 발전했지만, 그 외에 단계적 재건술이라는 심장 수술도 시행되고 있기 때문이다. 이 수술은 총 3단계에 걸쳐 진행된다.

첫 단계는 아기가 태어난 지 수일 안에 시행한다. 이 단계에서는, 산소가 고갈된 혈액을 받아 폐로 보내주는 심장의 오른쪽을, 수술을 통해 심장의 왼쪽이 담당하던 기능(폐에서 산소가 충전된 혈액을 받아 펌프질해서 온몸으로 내보내는)을 수행하도록 바꿔준다. 일부는 덧대고 접붙이는 등 몇 가지 변화를 주어* 충분한 혈액을 폐로 보낼 수 있도록 한다. 아기가 두 번째 단계의 수술을 받을 때까지 생명을 유지할 수 있도록 처치하는 것이다.

두 번째 단계의 수술은 생후 6개월 이내에 진행한다. 이때는 상대정맥을 재배열하여 심장을 완전히 우회하도록 해서 상반신으로부터 온 산소가 고갈된 혈액을 곧바로 폐로 들여보낸다. 이렇게 하면 심장의 오른쪽이 원래 하던 일에서 벗어나 완전히 다른 일을 할 수 있게 된다.**

---

* 좀 더 구체적으로 말하면, 좌심방과 우심방 사이를 연결하고 대동맥을 우심실에 연결한다.

** 상대정맥(상반신으로부터 돌아온 산소가 고갈된 혈액을 우심방으로 보내주는 혈관)을

단계적 재건술

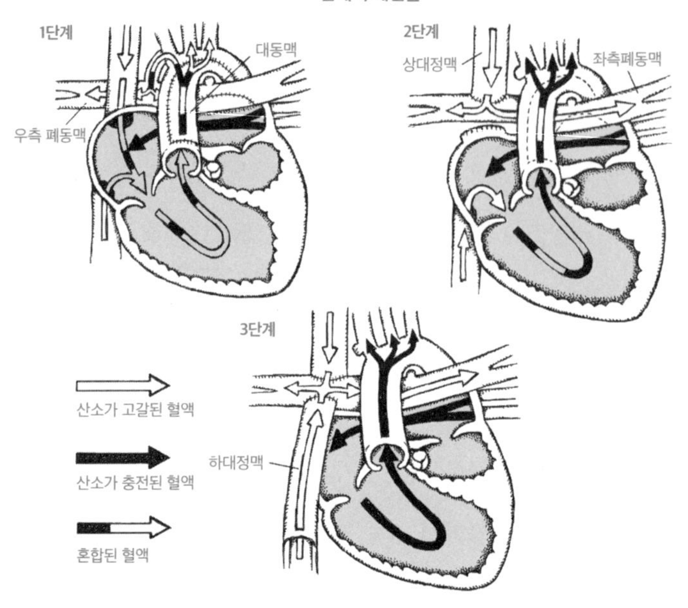

마지막으로, 아기가 한 살 반에서 세 살 사이에 하대정맥을 리모델링한다. 이 수술이 성공적으로 끝나면, 몸으로부터 돌아온 산소가 고갈된 혈액은 모두 곧바로 폐로 들어가고, 우심실은 좌심실이 하던 일을 전적으로 맡아서 대동맥을 통해 산소가 충전된 혈액을 온몸으로 보내준다!

생명을 살리는 단계적 재건술은 실로 놀랍다. 또한 유전자 재조합 돼지의 심장과 각종 장기를 기성품처럼 이용할 수 있다면, 생명이 위

우심방으로부터 완전히 분리하여 폐동맥(정상적인 심장에서는 우심실로부터 산소가 고갈된 혈액을 폐로 보내주는 혈관)에 직접 연결한다.

태로운 상황에도 길고 긴 장기이식 대기자 명단에 이름을 올린 채 기다려야만 하는 환자의 수를 대폭 줄일 수 있다. 실로 굉장한 일이다.

그렇다면, 우리는 심장에 대해 얼마나 알고 있을까?

이 질문에 대해 간단히 답하자면, 우리는 지독한 학습부진아들이다.

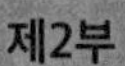

제2부

우리는 심장에 대해 얼마나 알고 있을까

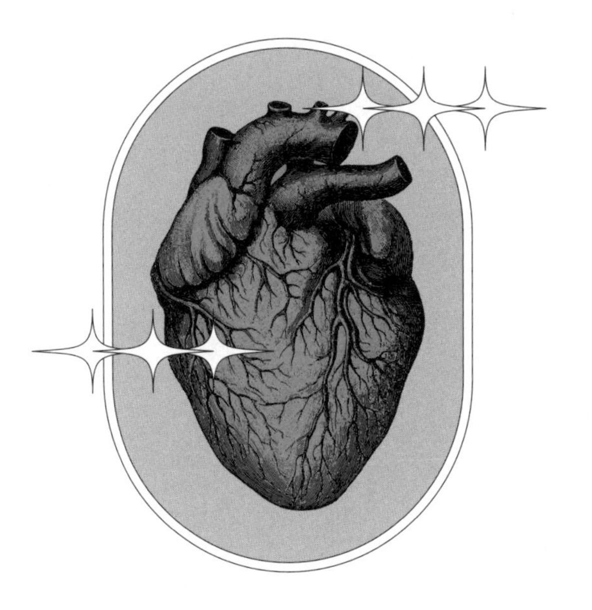

영혼이 담긴 심장

피와 심장에 대한 미신과 진실

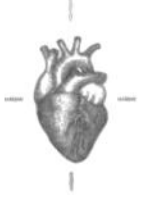

우리가 아는 것을 모두 합해도 지금도 우리가
여전히 모르고 있는 것의 극히 일부에 지나지 않는다.

— 윌리엄 하비, 《동물의 심장과 혈액의 운동에 관한 해부학적 연구》

인간이 가진 기관계의 해부학과 생리학에 대한 고대의 해석은 각양각색이며 한편으로는 놀랍기도 하다. 또한 매우 혼란스럽기도 하다. 가장 큰 이유는 파피루스를 비롯한 여러 매체에 기록된 고대의 의학 문헌이 파편적이기 때문이다. 일부는 더 큰 문헌이 부서지거나 갈라져서 남은 조각이고, 어떤 문헌은 여러 저자가 기존의 정보를 해석하거나 요약한 내용이다. 이런 문헌을 남긴 이들은 활동했던 시기가 각기 달라 심하면 수백 년이나 차이가 있기도 하며, 때로는 완전히 상반된 의견을 지니기도 한다.

게다가 지금 우리는 원문에 직접 접근할 수가 없다. 모든 정보가 현대적인 해석을 거쳐 우리에게 전달된 내용이다. 이러한 문헌의 상당수가 정맥, 동맥, 신경 같은 난해한 구조와 협심증, 심근경색 등 복잡한 증상을 묘사하고 있다. 다만 번역은 주관적이어서 고대 언어를 단어 그대로의 뜻으로 정확하게 옮기려고 노력한 사람도 있지만 현대적으로 재해석한 사람도 있다. 모든 문헌이 원전 그대로 번역되었다고 볼 수 없는 것이 당연하다.

고대의 의사와 학자가 애초에 잘못된 주장을 펼쳤다는 점도 부인할 수 없다. 그들이 사용한 도구는 조잡했고, 그나마도 엄격한 사회적, 종교적 틀 안에서만 활용할 수 있었다. 또한 고대의 학자 대부분은 오늘날의 현대 과학자처럼 전문 분야를 나누어 일하지 않았다. 고대의 학자 겸 의사들은 시도 쓰고 정치, 사회적 문제에 대한 비평도 했으며 물리학이나 수학 같은 과학 분야에도 식견을 가지고 있었다.

이러한 차이를 감안할 때, 고대의 의학자들이 펼쳤던 잘못된 주장보다는 옳은 주장에 관심을 갖는 편이 훨씬 더 현명할 것이다. 융통성 없이 고정된 사고방식에 내재된 위험을 경계하는 데 이들의 실수를 거울삼을 수도 있다. 학자, 교사, 의사들에 의해 아무런 비평이나 개선 없이 재활용되었던 고대의 의학적 지식은 기계적으로 학습되고 실행되었다. 그 결과 그 지식의 대부분은 수백 년간이나 잘못된 상태로 남아 있었다.

고대 이집트에서 가장 중요한 기관

고대 이집트인들은 장례를 치르기 위해 시신을 미라로 만들 때 내장 기관들을 차례로 제거했다. 심장에 망자의 선행과 악행이 모두 기록되어 있다고 믿었던 이집트인들은 '아브ab' 때로는 '이브ib' 그리고 '하티haty'라고 불렀던 심장을 방부처리를 하는 동안 매우 정중하게 다루었다.[1] 적출한 심장은 항아리에 따로 보존하거나, 사후 세계에서 진실과 정의의 여신인 마트Ma'at가 그 심장의 주인이 얼마나 정의롭게 살았는지를 판단하기 위해 깃털과 무게를 비교할 수 있게 망자의 몸 안에 도로 집어넣었다.* 반면 뇌는 그다지 중요하게 대접받지 못했다. 아무런 의식 절차 없이, 콧구멍을 통해 집어넣은 고리로 잡아당겨 빼낸 후 내버렸다. 고대 이집트인들이 뇌의 기능이나 중요성을 인식하지 못했다는 뜻이다.

고대 이집트인의 입장에서 생각해보면, 심장이 영혼의 자리라는 생각은 절대로 틀린 생각이 아니다. 케임브리지대학교의 역사학자 로저 K. 프렌치는 1978년에 이와 관련된 글을 쓰면서 다음과 같은 논리로 설명했다. "살아 있는 생명은 따뜻하다. 숨을 쉰다. 원래 움직이도록 타고났으며 또한 외부의 변화에 대응해서도 움직인다. 심장 역시 따

* 만약 심장이 마트의 깃털보다 가벼우면, 망자는 사후 세계에서 영원히 살 수 있었다. 만약 깃털보다 무거우면, 저울 밑에서 기다리고 있던 아만Aman이라는 이름의 괴물이 즉시 잡아먹었다. 아만은 걸신이라는 뜻이다.

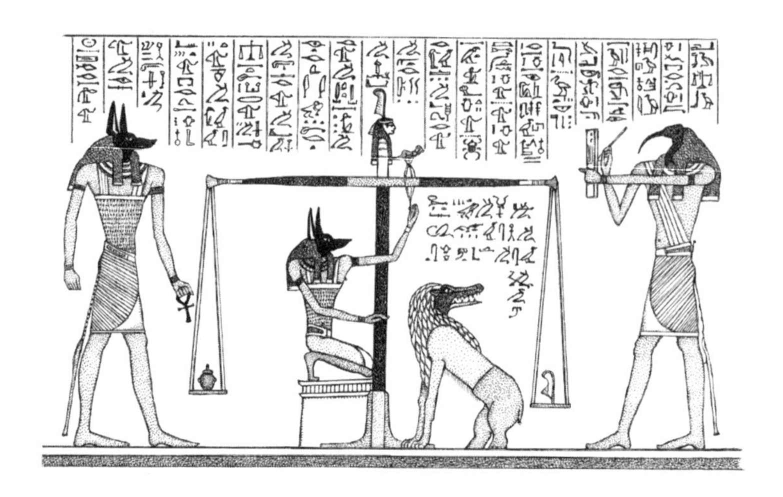

뜻하고, 움직인다. 그 움직임은 타고난 것이며[2] 호흡과도 관련이 있고, 외부 변화에도 분명히 반응한다. 예를 들어 위험에 노출되면 심장도 움직임이 빨라진다." 프렌치는 이집트인들이 순환계를 어떻게 인식했는지 다음과 같이 설명한다.

> 이집트 사람들은 심장과 심장에 연결된 혈관들은 살아 있는 인체의 생리에서 중심을 이룬다고 생각했다. 맥박은 심장이 혈관을 통해 '말하는' 것이었고, 혈관은 심장으로부터 분비물과 체액을 필요한 모든 신체 부위로 운반했다. 모든 병리적 상태에 대해서는 혈관에 그 원인이 있었고, '산 자의 숨'과[3] '죽은 자의 숨'을 운반했다.

영혼 또는 영혼의 자리를 찾고자 했던 철학자들에게는 심장이 그 답이었다.

대략 기원전 1555년경 이집트에서 저술된 것으로 추정되는 《심장의 서》는 고대 이집트의 의사들이 심장마비, 심지어는 동맥류 같은 심장 관련 질병에 대해 상당히 잘 파악하고 있었음을 보여준다.[4]

동맥류가 발생하면 연약해진 동맥벽이 위험하게 부풀어 오른다. 대개 중형에서 대형까지의 동맥에서 발생하는데, 가장 흔히 발병하는 부위는 흉부대동맥과 복부대동맥, 장골동맥, 무릎 뒤의 슬와동맥, 대퇴동맥, 경동맥 등이다. 발병해도 증상이 없지만 대동맥이 파열되면 환자의 75~80퍼센트가 사망하기 때문에, 대동맥류는 "침묵의 살인자"라고 불리기도 한다.[5]

비슷하게 대동맥 파열을 불러오는 질환으로 대동맥 박리가 있다. 대동맥 박리는 대동맥 내막이 찢어지면서 새어 나온 혈액이 혈관의 피막 사이에 고이면서 쌓이는 증상이다. 피막 사이에 점점 더 많은 혈액이 고이면서 압력이 증가하면 혈관이 파열될 위험이 높아진다. 의학계에서는 대동맥류나 대동맥 박리로 혈관이 파열되어 사망하는 환자의 90퍼센트는 혈관이 파열되기 전에 부풀어 오른 혈관을 초음파 검사로 감지해 미리 막을 수 있다고 믿는다.*

그러나 역사가이자 저술가인 존 넌은 고대 이집트인들이 대동맥류

* 대동맥과 관련된 질환으로 사망한 유명인 중에는 복부 대동맥류로 사망한 물리학자 알베르트 아인슈타인, 배우 조지 C. 스코트, 대동맥 박리로 사망한 코미디언 루실 볼, 존 리터 등이 있다.

를 비롯한 일부 질환에 대해 잘 알고 있었다는 주장을 경계할 필요가 있다고 주장한다. 그는 저서인 《고대 이집트 의학》에서, 개념적인 틀의 차이와 상형문자를 정확하게 번역할 수 없다는 점을 들어 고대 이집트의 의술이 기록된 파피루스는 "그 개념을 현대 심장의학의 개념으로는 번역할 수 없다"라고 썼다.[6]

그러나 동맥류에 대한 고대 이집트의 지식 수준을 정확히 판별할 수 없다고 해도, 공기가 코를 통해 폐와 심장으로 들어갔다가 동맥을 통해 온몸으로 퍼지면서 말초맥박을 발생시킨다는 고대 이집트 의사들의 믿음은 그 근거가 분명하다. 물론 이 개념도 자세히 살펴보면 약간 이상하기는 하지만, 넌은 이 개념에서 공기 대신 산소가 충전된 혈액으로 바꿔놓으면 "전체적인 개념은 놀라울 정도로 사실에 가깝다"라고[7] 인정했다.

히포크라테스와 아리스토텔레스가 심장을 연구하다

이집트 의학은 다른 문화권에서도 크게 존중받았기에, 순환계에 대한 이집트인들의 믿음은 후대에도 계속 인정받았다. 특히 고대 그리스와 고대 이집트 사이에는 직접적인 교류도 있었고 간접적인 교류도 빈번했다. 예를 들면 그리스의 프톨레마이오스 왕조는 275년 동안이나 이집트를 통치했고, 많은 이집트 문학 작품이 그리스어로 번역되어 널리 읽혔다. 이러한 이유로, 그리스와 이집트 사이의 문화적인 유사성은 심장에 대한 관점에도 영향을 미쳤다.

"의학의 아버지"로 불리며 오늘날에도 히포크라테스 선서로 그 이름이 빛나고 있는 히포크라테스(기원전 460~377)는 그리스의 섬 코스에서 일단의 의학 학파를 이끄는 지도자였다. 철학적 접근과 임상적 관찰로 현대까지도 역사적인 인물로 존경받는 히포크라테스는 당대 의학에서 주술과 미신의 그림자를 걷어냈다. 히포크라테스 이전에는 질병을 신의 분노가 부른 형벌이라 여겼기 때문에, 질병을 예방하거나 치료하기 위해서는 찬양과 공양, 제물과 기도로 신을 달래는 수밖에 없다고 믿었다. 그러나 히포크라테스는 위생과 건강한 식단을 강조하는 이집트 의술로부터 큰 영향을 받았다. 동맥이 공기로 차 있다는 주장을 그대로 받아들였던 것만 보아도 그가 고대 이집트 의술에 얼마나 의존하고 있었는지를 알 수 있다. 그는 기관氣管도 동맥이라고 보았다.[8] 고대 그리스에서는 기관을 "아르테리아 아스페라arteria aspera"라고 불렀는데, 여기서 '아르테리아'는 현대 영어에서 동맥artery이라는 단어의 기원이 되었다.

사람의 의식이 심장에 깃들어 있다는 이집트인들의 믿음에 히포크라테스가 동조했는지는 확실하지 않다. 그는 저술에서 때로는 심장이, 때로는 두뇌가 의식의 자리라고 주장하고 있어서 앞뒤가 모순되는 경우가 있다. 히포크라테스가 실제로 이런 모순적인 생각을 지니고 있었을 수도 있지만, 그보다는 히포크라테스가 썼다고 알려진 많은 저작물 중에서 어떤 것이 진짜 히포크라테스의 저술이고 어떤 것이 그를 추종하던 후학이나 동료들의 저술인지 역사가들도 정확하게 판별할 수 없기 때문일 것이다.

우리가 확실하게 알 수 있는 것은, 히포크라테스가 의사로서 활동하기 시작한 직후인 고대 그리스에서 자연철학자이자 의학이론가인 크로톤의 알크마이온이 인체의 기능에 대한 획기적인 관점을 제시했다는 사실이다. 기원전 480년에서 440년 사이의 어느 시점에 알크마이온은 뇌가 인체의 기관 중에 가장 중요하다는 가설을 세웠다. 그는 뇌가 지성의 근원일 뿐만 아니라 눈 같은 감각기관의 중추라고 말했다. 이러한 관점 때문에 우리는 알크마이온을 최초의 뇌중심주의자(인체의 기능은 뇌를 중심으로 돌아간다고 믿는 사람)라고 본다. 그러나 수백 년 동안 뇌중심주의는 심장중심주의의 그늘에 가려 있었다.

가장 영향력 있는 심장중심주의자가 바로 그리스의 철학자 아리스토텔레스(기원전 384~322)다. 아리스토텔레스는 "생물학의 아버지"라고도 불리는데, 그가 그러한 명칭을 얻게 된 이유는 심장, 뇌, 폐 같은 기관에 대한 정확한 지식을 갖고 있었기 때문이 아니다. 그보다는 분류학을 개척했다고 해도 손색이 없는 업적 때문이라고 볼 수 있다. 아리스토텔레스는 수백 가지의 식물과 동물을 관찰하고, 그중 많은 수를 직접 해부했으며, 자신이 관찰한 특징(예를 들면 혈액의 유무)을 가지고 모든 살아 있는 생명체를 분류하는 체계를 만들어냈다.

아리스토텔레스는 살아 있는 병아리의 배아에서 심장의 움직임을 직접 관찰했다. 그는 여러 장기 중에서도 심장이 가장 먼저 발달한다는 점에 주목하면서 인간 같이 몸집이 큰 동물의 심장은 오른쪽, 왼쪽, 가운데 하나씩 3방실로 이루어져 있으며, 가운데 심장은 비어 있는 공간이라는 가설을 내놓았다.* 아리스토텔레스는 중간 크기의 동물은 두 개, 몸집이 작은 동물은 하나의 심장을 가지고 있다고 보았다.

또한 그는 심장이 동물의 몸에서 가장 중요한 장기라고 믿었다. 지능과 감정, 그리고 영혼의 자리가 심장이라고 보았던 것이다.** 신경계에 대한 지식이 없었던 아리스토텔레스는 눈이나 귀 같은 기관으로부터 혈관을 통해 신호가 전달되고, 심장은 그 감각 정보의 허브 역할을 한다고 주장했다. 하지만 두뇌는 그다지 중요하게 평가하지 않았다. 아리스토텔레스는 두뇌를 마치 요즈음의 라디에이터 같은, 심장을 식혀주는 기능을 하는 기관으로만 보았다.

---

* 아리스토텔레스가 이런 가설을 세운 이유는 우심방을 별도의 방이라고 생각하지 않고 심장과 대정맥이 연결되는 넓은 접합부라고 보았기 때문일 것이다.[9]

** 아테네의 철학자 플라톤(기원전 425?~348?)은 영혼이 뚜렷이 구분되는 세 부분으로 나뉘어 있다고 믿었다. 로고스logos는 머리에 자리 잡고 있으면서 이성을 관장하고, 티모스thymos, thumos는 가슴에 자리 잡고 있으면서 분노를 관장한다. 가장 낮은 영혼인 에로스eros는 위와 간에 있으며 신체의 가장 원초적인 감정과 욕망을 관장한다.

1,500년간 인체 연구를 할 수 없었던 이유

아리스토텔레스의 시대로부터 약 500년 후, 클라우디오스 갈레노스(기원후 129~216)가 에게해 연안의 도시 페르가몬에서 태어났다. 페르가몬은 한때 그리스에 속해 있었으나, 갈레노스가 태어나던 즈음에는 로마제국의 일부였다.* 부유한 건축가의 아들로 태어난 갈레노스는 의사이자 철학자가 되었다. 갈레노스의 가르침은 그의 사후 1,500년 동안 신봉되었기에, 의학계에 미친 갈레노스의 영향은 실로 엄청나다.

히포크라테스로부터 영향을 받은 갈레노스는 젊은 시절 세상 곳곳을 여행하며 견문을 넓혔고, 당시로서는 첨단 과학과 의학의 중심지였던 이집트의 알렉산드리아 같은 곳에서 다양한 치료술을 접했다. 그가 추종했던 아리스토텔레스와 마찬가지로, 갈레노스도 영혼의 존재를 확신했으며 영혼은 신체의 각 기관과 밀접한 관계가 있다고 믿었다.

고향으로 돌아와 로마 검투사 훈련소의 의사로 일하면서 갈레노스는 인체 해부학에 푹 빠져들었다. 날이면 날마다 끊임없이 그를 찾아오는 부상자들(창상, 열상, 심지어는 사지를 절단해야 하는)을 치료하면서, 갈레노스는 상처에 식초 같은 수렴제를 사용하면 혈액의 손실을 줄일

* 지금은 튀르키예 영토에 속한다.

수 있다는 사실을 발견했다. 수렴제는 혈관을 수축시키므로 혈관을 통해 혈액이 새어나가는 것을 막을 수 있다. 또한 갈레노스는 포도주에 적신 붕대와 향신료를 듬뿍 섞은 연고로 치료를 원활히 하고 감염을 줄였다. 감염이 무엇인지, 무엇이 감염을 일으키는지는 몰랐지만, 알코올을 이용한 그의 치료는 박테리아의 증식을 차단하는 효과가 있었다.

갈레노스는 상처를 "몸을 들여다보는 창문"이라고 일컬었지만, 기원후 160년경 인체 해부를 금지하는 로마로 활동 무대를 옮긴 후부터는 사람의 몸을 해부할 수 없었다. 인체 해부는 그리스에서도 기원전 3세기 무렵의 아주 짧은 기간을 제외하고는 늘 금기시되었다. 그 시기 그리스에서 활동했던 칼케돈의 헤로필로스와 그보다 약간 더 젊은 키오스의 에라시스트라토스라는 두 의사는 사형선고를 받은 범죄자들을 대상으로 생체 해부를 할 수 있었다.[10] 헤로필로스는 심장의 판막을 발견했고, 얼마 후 에라시스트라토스는 그 판막의 기능을 설명했다. 에라시스트라토스는 심장을 하나의 펌프로 비유했는데,[11] 두 사람 모두 정맥과 동맥의 해부학적 구조와 기능을 분명하게 구분했다. 그러나 동맥이 공기로 채워져 있다는 잘못된 믿음에서 벗어나지는 못했다.*

* 두 사람의 발견은 심장과 순환계에만 국한되지 않았다. 헤로필로스는 뇌, 뇌신경, 간, 자궁에 대해서도 연구했다. 또한 각막, 맥락막(안구의 흰자위) 그리고 망막을 포함해 안구를 이루고 있는 네 겹의 막을 구분했다.

고대 그리스와 로마의 인체 해부 금지령이 해부학과 생리학의 발전을 심각하게 가로막았다는 점에는 이견의 여지가 없다. 극소수의 예외가 있었지만, 해부 금지령은 서구 세계에서 헤로필로스와 에라시스트라토스 이후 거의 1,800년 동안 풀리지 않다가 14세기에 이르러서야 이탈리아에서 풀리기 시작했다.

예일대학교의 역사학자 하인리히 폰슈타덴은 고대 그리스인들이 인체 해부를 금기시한 이유를 연구하고 여기에는 두 가지 중요한 요인이 있다는 결론을 내렸다. 첫 번째 요인은 시체에 병을 옮기는 힘과 주변을 오염시키는 힘이 깃들어 있다는 뿌리 깊은 전통적 인식과 그에 따른 문화적 관습이었다. 예를 들면, 시신과 접촉하거나 심지어는 시신을 보기만 해도 길고 복잡한 정화의 과정을 거쳐야 했다. 시신이 사랑하는 사람의 주검이라도 마찬가지였다. 피나 진흙 같은 여러 물질로 목욕은 물론이고 훈증소독과 고해까지 해야 했다.[12] 망자의 주거지, 화덕, 우물이나 샘물 그리고 매장지까지 똑같은 과정을 거쳐야 했다. 그러므로 인체의 배를 가르고 해부까지 한 사람이라면 그보다 훨씬 더한, 거의 범죄자의 수준에 이를 만큼 오염된 사람으로 취급받을 수밖에 없었다.[13]

그리스인들이 해부를 금기시한 두 번째 요인은 사람의 피부를 가르는 행위에 대한 부정적인 함의 때문이라고 폰슈타덴은 주장했다. 그의 주장에 따르면, 그리스인들은 피부를 "전체성과 단일성의 주술적 상징"으로 보았다.[14] 적을 물리치기 위해 상대를 찌르고 베어야 하는 전시에만 예외가 인정되었다.

수백 년 후 로마에서도 여전히 똑같은 금기를 접한 갈레노스는 동물 실험으로 인간의 순환계를 추측해야만 했다. 그는 돼지, 양, 염소, 개뿐만 아니라 짧은꼬리원숭이 같은 원숭이 해부 실험을 통해 점점 명성을 쌓았다. 갈레노스는 선배 의학자들과 마찬가지로 심장을 판막이 있는 펌프로 설명했지만, 동맥에 공기가 차 있다는 오래된 믿음은 거부했다. 그는 개의 동맥을 물속에서 갈라 자신의 가설을 증명했다.[15] 물속에서 가른 동맥에서는 공기가 아닌 혈액이 새어나왔다. 이로 인해 동맥도 호흡기계의 일부라는 이집트와 그리스 의사들이 주장은 틀렸음이 증명되었다.

갈레노스는 다른 기관계도 연구했다. 방광과 신장의 기본적인 기능을 파악했고, 실험을 통해 뇌신경과 척수신경의 기능을 구별함으로써 심장이 아니라 뇌가 오늘날 우리가 감각신경경로와 운동신경경로라고 부르는 것들의 통제 센터임을 증명했다. 이 두 경로는 각각 전신으로부터 뇌로 들어오는 정보와 뇌에서 전신으로 나가는 정보를 담당한다.

그러나 갈레노스의 유산에는 오류도 많았다. 아마 그 오류의 원인 중 상당수는 해부용 시신을 구할 수 없었기 때문일 것이다. 예를 들면, 신장에 대한 그의 설명은 개 해부 실험에 기반을 둔 것이었다. 개과 동물의 신장 위치는 우신장이 좌신장보다 높지만, 인간의 신장 위치는 그와 반대다.

갈레노스의 순환계

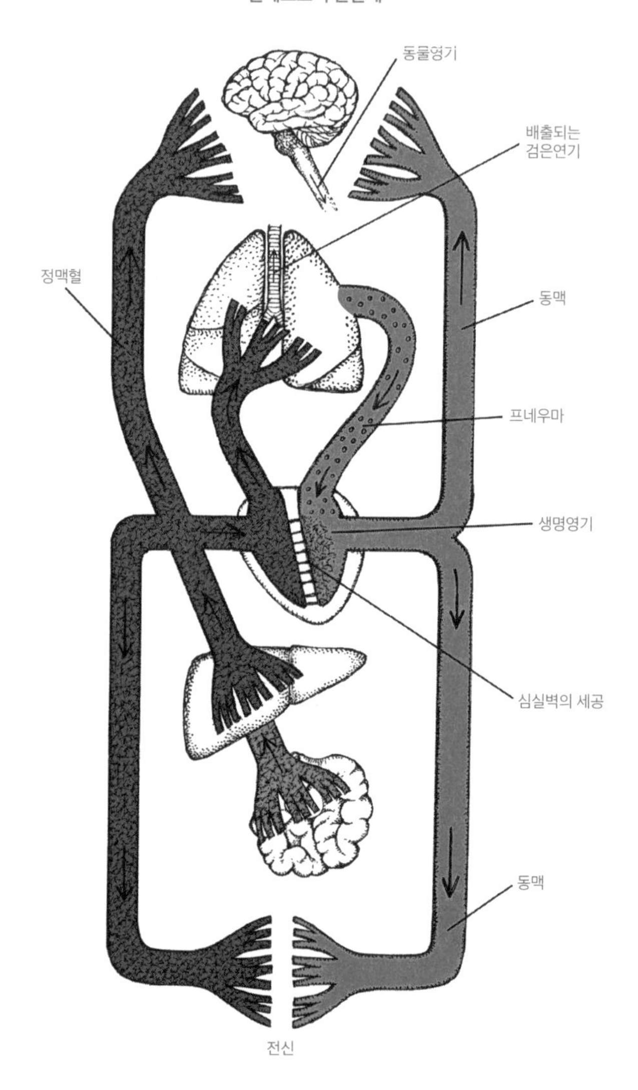

그러나 그보다 심각한 문제는, 인체의 기능에 대한 갈레노스의 잘못된 믿음이었다. 우선, 갈레노스는 정맥혈과 동맥혈이 완전히 별개의 혈액이며 그 기원도 다르다고 보았다. 그는 정맥혈의 색깔과 농도가 진하다고 주장했다. 갈레노스에 따르면, 간에서 소화된 음식물로부터 만들어진 정맥혈은 심장의 오른쪽으로 흘러들어갔다가 펌프질되어 영양분과 함께 전신에 공급된다. 그러나 정맥혈 중 일부는 좌우 심실을 구분하는 심실간벽의 눈에 보이지 않는 세공을 통해 심장의 오른쪽에서 왼쪽으로 이동한다. 갈레노스는 여기서 정맥혈이 영기와 비슷한, 주변의 공기로부터 얻어지는 프네우마pneuma라는 기운과 섞여서 기관과 폐를 통해 심장의 왼쪽으로 전달된다고 설명했다. 그 결과 동맥혈은 정맥혈보다 색깔도 맑고 밝으며 더 따뜻해져서 소위 "생명 영기"가 되어 동맥을 타고 전신으로 흘러간다. 뇌에 도달한 혈액은 "동물 영기"에 전달되어 신경을 통해 전신으로 흘러가는데, 갈레노스는 신경의 속이 비어 있다고 믿었다. "검은 연기"로 묘사된 노폐물은 호흡이 이루어지는 동안 기관을 통해 배출된다.

휴우!

순환계에 대한 갈레노스의 오류는 일일이 열거할 수 없을 정도로 많지만, 해부학적 관점에서 가장 심각한 실수는 폐순환과 체순환 사이의 연결을 제대로 파악하지 못했다는 점일 것이다. 다시 말하면, 혈액이 우심장에서 나와 폐를 거쳐 좌심장으로 이동하는 경로를 제대로 파악하지 못한 것이다. 심장의 양측 사이에 존재하는 눈에 보이지 않는 세공이라는 개념을 도입하는 바람에, 갈레노스는 순환계의 해부학을 수백 년 동안이나 잘못된 길로 인도했다.

체액이 사람의 성격을 결정할까

안타깝게도 갈레노스 역시 600년이나 의학계를 지배하던 히포크라테스의 4체액설을 신봉했다. 히포크라테스는 인체가 간과 비장에서 생성된 네 가지 물질을 포함하고 있는데, 그 물질을 체액이라 하며 각각 혈액, 점액, 황담즙, 흑담즙으로 나뉜다고 주장했다.* 이 네 가지 체액은 자연의 4원소인 공기, 물, 불, 흙에 해당했으며, 각각 뜨겁거나 차가운 성질, 마르거나 젖은 성질을 지녔다고 여겨졌다. 이러한 주장은 복잡하기도 할 뿐더러 문헌마다 다르기 때문에 명확하게 파악하기 어렵다. 어쨌거나 히포크라테스는 이 네 가지 체액이 균형을 이루어야 사람이 신체적으로나 정신적으로 건강을 유지할 수 있다고 믿었다. 각각의 체액은 그 성질과 마찬가지로 사람의 몸에 특정한 영향을 미치기 때문이었다.

위에서 열거한 모든 이론을 종합하여, 의사들과 소위 이발사 겸 외

* 갈레노스는 흑담즙이 실제로 관찰되었는지 여부에는 관심이 없었던 것 같다. 사실 아무도 흑담즙이 무엇인지 본 사람이 없었다. 이런 물질은 존재하지 않는다.

과의사들은* 수백 년 동안 환자의 체액 과잉에 대응하는 치료법을 썼다. 예를 들면, 몸에서 열이 나고 뺨에 홍조가 들거나 맥이 빨라지는 증상은 몸에 혈액이 너무 많은 결과라고 믿었다. 따라서 혈액의 양을 줄여줘야 그러한 증상을 완화시킬 수 있다고 보고, 환자의 방혈放血을 유도했다. 그들은 침착하고 몸이 차가우며 푸른빛을 띠는 상태가 열에 들뜨고 몸이 뜨거우며 홍조를 띠는 상태보다 바람직하다고 여겼다.

비슷한 논리로, 갈레노스는 체액이 어떻게 섞여 있느냐에 따라 사람의 기질이 다르게 나타난다고 믿었다. 다른 체액보다 혈액이 많아 "다혈질sanguine"인 사람은 사교적이고 낙천적인 반면, "(황)담즙질choleric"인 사람은 참을성이 없고 화를 잘 낸다. "우울질melancholic"인 사람은 흑담즙으로 가득 차 있으며 늘 슬픔에 빠져 있고, "점액질phlegmatic"인 사람은 감정이 없고 침착하며 냉담하다. 체액에 따라 분류된 성격 묘사는 현대 영어에 그 용어가 그대로 남아 있다는 데서 그 역사적인 의미를 가늠해볼 수 있다. 다만 지금은 일시적인 심리 상태를 묘사할 뿐, 한 사람의 고정적인 성격을 나타내는 말로 쓰이지는 않는다.

갈레노스의 연구에는 많은 오류가 있었지만, 그의 연구 자체는 큰 문제가 아니었다. 당시의 상황을 감안하면, 그의 이론에서 나타나는 오류는 대부분 이해할 수 있는 수준이다. 문제는 중세의 종교 지도자

* 중세 시대의 이발사는 오늘날로 따지면 의료진이었다. 이발 외에도 관장을 하거나 구토제(구토를 유발하는 약)를 처방하는 등 4체액의 균형을 위한 시술을 했을 뿐만 아니라 절단수술(면도칼을 구비하고 있었으므로)도 했다.

들이 갈레노스의 이론을 신으로부터 영감을 받은 무오류 이론이라고 선언한 데 있다. 이 때문에 그의 주장은 오랜 세월 누구의 의심도 받지 않고 널리 퍼졌으며, 결과적으로 과학의 발달에 치명적인 방해 요소가 되었다.

갈레노스의 저술은 매우 방대해서, 지금까지 남아 있는 분량만 계산해도 거의 300만 단어에 이른다. 로마제국의 멸망 이후 갈레노스와 다른 로마인들의 저술도 함께 몰락했기 때문에 고대 그리스어로 쓰인 그의 문헌들은 라틴어로 바로 번역되지 못했다. 게다가 라틴어는 보통 사람들이 쓰는 평범한 언어가 아니라 학자들이나 쓰고 읽을 수 있는 학술용 언어였다. 갈레노스의 저작은 중세 초기에 시리아의 기독교 학자들에 의해 아랍어로 번역되었다. 갈레노스는 기독교도는 아니었어도 일신론자였을 수는 있다. 기독교도들이 시리아의 기독교학자들에게 의존하면서, 갈레노스의 저술은 아랍어에서 라틴어로 이어서 번역되었다. 이러한 운명의 장난으로 그의 저술은 중세 교회에서도 쉽게 접할 수 있게 되었고, 그 결과는 가히 재앙이었다.

자신의 이론을 종교적 믿음과 양립시킨 몇몇 고대 과학자들과 교회가 갈레노스의 이론에 빠져들자, 오류투성이인 그의 이론은 216년경 그가 사망한 후 거의 1,000년이 넘는 세월 동안 유럽 등지에서 어떠한 도전도 받지 않은 채 난공불락의 교의로 의학계를 지배했다. 1500년대 이후, 심지어는 그보다 더 나중까지 많은 의사들이 자신이 직접 관찰한 것이 아니라 읽은 글에서 진실을 추구했다. 그 결과, 갈레노스의 이론에 대한 교회의 지원과 새로운 의학적 연구에 대한 탄압은 수 백 년 동안 서구 의학계를 지적인 동면 상태로 몰고 갔다.

피를 뽑아 물에 빠진 사람을 치료하다

갈레노스의 영향에서 그 이유를 찾을 수 있는, 불행히도 너무나 오랜 세월 인기를 끌었던 치료술이 바로 방혈이었다. 방혈은 19세기 초까지도 널리 시행되었다. 의학적인 방혈은 이집트에서 시작되어 고대 그리스와 로마로 전파되었으며 1800년대 유럽에서 절정을 이루었다. 체액 이론의 개념을 끌어온 의사들과 이발사, 즉 외과의들은 전염병, 천연두, 간염에 이르는 다양한 증상을 치료하기 위해 특별한 방혈용 도구까지 고안했다. 여성들에게는 월경의 부담을 경감시키기 위해 방혈을 하고, 절단 수술을 앞둔 환자에게는 곧 절단하게 될 부위의 출혈을 줄이기 위해 방혈을 했으며 심지어는 물에 빠져 익사의 위기에 처한 환자에게까지 방혈을 했다!

혈액이 부족하다는 진단이 내려진 환자에게는 갓 잡은 동물에서 뽑은 싱싱한 피를 마시게 했다. 이런 관습은 고대 로마에서 생긴 것으로 보인다. 로마에서는 뇌전증 환자에게 최근에 죽은 검투사의 피를 마시게 했다. 의학 역사학자 페르디난트 페테르 무그와 악셀 카렌베르크는 이러한 관습이 피를 마시면 치료 효과를 볼 수 있다는 고대 로마

의사들의 일반적인 믿음으로부터 비롯되었다고 밝혔다.[16] 피를 마신 뒤 우연히 발작에서 회복된 뇌전증 환자들이 더러 나타나면서 고대 로마 의사들의 주장은 더욱 힘을 얻게 되었지만, 환자들의 회복은 사실 피를 마신 것과는 아무런 상관이 없었다.

지금은 상상하기도 힘들지만, 이런 치료술은 르네상스와 산업 혁명기를 거쳐 19세기까지도 계속되었다. 유럽과 미국에서 과학, 비과학을 막론하고 전방위적으로 발전과 혁신이 이루어졌지만, 의학 분야에서만큼은 그렇지 못했다. 주머니칼과 비슷하게 생긴 방혈침과 난절기(여러 개의 칼날이 들어 있는 상자로, 이 상자 안에 손가락을 집어넣는다) 같은 방혈 도구는 더 이상 사용되지 않았지만, 대신 훨씬 더 오래된 것이 사용되기 시작했다. 바로 거머리*Hirudo medicinalis*였다. 거머리는 지렁이와 마찬가지로 환형동물에 속하는데, 톱니처럼 날카로운 이빨과 항응고제가 들어 있는 타액으로 무장하고 있어서, 고열과 두통에서부터 정신질환에 이르기까지 고통을 치료하는 수단으로 쓰였다.

거머리를 의료 목적으로 가장 먼저 사용한 곳은 아유르베다 의학이었던 것 같다. 아유르베다는 지금의 인도 지역에서 시작된 전신 치유 시스템으로, 그 기원이 3,000년 이상 옛날로 거슬러 올라간다. 아유르베다의 힌두 신 단반타리는 비교적 최근에 만들어진 조각상에서도 종종 거머리를 손에 든 모습으로 그려진다.

거머리를 이용한 치료술은 중동이나 아시아에서 무역로를 통해 유럽으로 전래된 것으로 보인다. 그러나 고대 이집트인과 그리스인이 인도나 메소포타미아의 치료술을 전수 받았다 하더라도, 아스테카와 마야에서도 거머리를 치료에 이용했던 것을 보면 거머리 치료법은 다양한 지역에서 독립적으로 시작된 것이 분명하다. 어디서 시작되었든, 거머리 치료술의 배후에 있는 아이디어는 체액 이론의 배후에 있는 아이디어와 비슷하다. 사람의 몸에 있는 다양한 원초적 에너지의 균형을 맞추어야 건강을 지킬 수 있다는 것이다.

16세기 프랑스 역사가 피에르 드 브랑톰이 남긴 거머리 이용법의 가장 황당한 사례는 신혼 첫날밤을 맞이할 신부의 질 속에 거머리를 집어넣는 관행이었다. 신부를 처녀로 위장하기 위해서였다.

> 피를 빨아먹던 거머리는 피가 가득 찬 물집을 남긴다.[17] 의기양양한 신랑이 초야에 신부를 공격해 들어가면, 그 물집이 터지면서 피가 흐르게 된다.

브랑톰에 따르면, 거머리가 만들어놓은 가짜 처녀막이 신랑의 난폭한 공격으로 파괴되면서 신혼부부의 첫날밤은 행복하게 끝났다. "피범벅이 된 채 뒹굴면서 신혼부부는 커다란 만족감을 느꼈고…… 가문의 영광은 그렇게 지켜졌다."

흠.

유럽에서 널리 퍼졌던 의학적 식인 풍습과 비슷하게, 방혈 치료술도 종종 없던 일인 양 감춰지곤 한다. 그나마 부끄러운 줄은 알기 때문일 것이다. 예를 들면, 미국의 초대 대통령 조지 워싱턴이 1799년에 후두염을 치료한답시고 몸에서 피를 2.3킬로그램이나 뽑아냈다는 사실을 아는 사람은 매우 드물다. 2.3킬로그램이라면 워싱턴의 몸에 있던 혈액의 40퍼센트에 가까운 양이다!

뿐만 아니라 워싱턴은 수포 치료(병증을 뽑아낸다는 매우 고통스러운 치료법이었다)와 아울러 관장과 구토제를 써서 양쪽으로 몸 안의 것들을 비워냈다. 끔찍한 고통을 호소하며 급속하게 탈진한 워싱턴은 오늘날의 기준으로 보면 출혈성 쇼크로 보이는 혼수상태에 빠졌다. 그리고 그다음 날 결국 사망했다.

역사적 기록을 뒤져 그때 워싱턴을 치료했던 의사들을 찾아보니, 무지하고 무능력한 돌팔이들은 아니었다.[18] 그들은 일류였다. 당시 워싱턴의 위상을 생각해보면 일류 의사들이 그를 치료했으리라고 보는 것이 타당하다. 문제는 의학계가 여전히 체액의 균형을 유지해야 한다는 갈레노스의 오류투성이 치료법에 심각하게 의존하고 있었다는 점이다. 2,000년도 더 전에 히포크라테스가 고대 이집트나 메소포타미아 또는 아유르베다의 의술을 차용했던 것처럼, 19세기 의사들 역시 유럽의 의학적 교의라는 깊은 수렁에 빠져 있었다.

1800년대에도 거머리의 인기는 여전히 드높았다. 나폴레옹 보나파르트의 건강을 책임졌던 수석 군의관 프랑수아조제프빅토르 브루세가 거머리의 효과를 장담했기 때문이다. "뱀파이어 의사"라는 별명으로 불렸던 브루세는 찾아오는 환자마다 증상이 어떤지는 묻지도 않고 무조건 거머리를 서른 마리씩 붙여놓았다고 한다.[19] 병명이 확인되고 진단이 내려지면 환자 한 명에게 최대 쉰 마리까지 거머리를 붙여놓아서, 때로는 거머리를 붙인 환자의 모습이 마치 번들거리는 사슬 갑옷을 입은 것 같았다고 한다. 패션에 민감했던 당시의 숙녀들 사이에서는 브루셰의 환자처럼 거머리 모양의 장식을 붙인 "브루세풍" 드레스가 선풍적인 인기를 끌었다. 브루셰의 인기가 얼마나 높았는지, 의료용 거머리의 수입은 점점 늘어나서 1833년에 프랑스에서 수입한 의료용 거머리는 4,200만 마리에 달했다. 사정이 이쯤 되자 새로운 가내수공업이 인기를 얻기 시작했다. 이 새로운 사업에는 늙은 말 한 마리와 양동이 그리고 얕은 개울만 있으면 됐다. 이런 조건만 맞으면 쏠쏠한 수입을 올릴 수 있었다. 새로운 사업가들은 늙은 말을 개울로 끌고 들어가 한동안 세워두었다가 불쌍한 말의 다리에 달라붙은 거머리를 떼어서 양동이에 담았다.

항생제의 등장으로 거머리 치료법은 20세기 초에 자취를 감추었지만, 1970년대에 이르러 다시 등장했다. 이때에는 이미 절단된 사지를 다시 접합할 수 있을 정도로 미세수술 기술이 발달한 데다, 벽이 두꺼운 동맥을 봉합하는 것은 문제가 아니었으므로 산소가 충전된 혈액은 새로 접합된 부위까지 도달할 수 있었다. 문제는 심장으로 되돌아오는 혈액이었다. 정맥혈은 고이거나 덩어리로 뭉치곤 해서 접합 부위의 조직이 괴사하기 십상이었다. 그러나 외과의사들은 접합 부위에 거머리를 붙여놓으면, 동맥혈이 재접합된 조직에 영양분을 전달하는 동안 이 흡혈충이 일종의 보조 순환계를 형성하여 노폐물과 이산화탄소가 잔뜩 든 혈액을 제거해준다는 사실을 알아냈다. 또한 거머리 타액 속에 든 항응고제는 혈액이 뭉쳐서 굳어버리는 사태를 막아주었다.[20] 나중에, 환자의 자가 회복 시스템이 새 정맥을 제대로 만들어내고 정상적인 순환이 원활하게 이루어지면 수백 마리를 동원했던 거머리 치료를 중단할 수 있었다. 환자에게는 기쁜 일이나 이 작은 환형동물에게는 그렇지 못했다. 훌륭히 임무를 완수한 거머리는 그 공로를 치하하는 어떠한 상이나 선물도 없이 알코올 항아리에 던져졌다.*

마침내 폐순환을 발견하기까지

유럽과 미국은 갈레노스의 가르침에 매달린 채 수백 년을 보내고 있었지만, 다행히도 지구상의 다른 지역에서는 나름의 발견을 하고 있었다.

TV 퀴즈 프로그램에서 "윌리엄 하비는 누구인가?"라는 질문이 나오면, 그 답은 "폐로 들어가고 나오는 혈액의 경로를 최초로 정확하게 파악한 사람"이 될 것이다. 그러나 정확하게 말하자면, 심장의 폐순환에 대한 정확한 정보는 17세기 영국 의사 윌리엄 하비보다 300년 전

* 요즈음 대체의학 의사들은 거머리의 타액에 항응고 물질 외에도 부종이나 혈전 제거에 쓰이는 항염증, 마취 성분 등 다양한 생물 활성 물질이 들어 있다고 믿는다.

부터 문서로 기록되기 시작했다. 유럽의 의학계가 갈레노스의 가르침에 거의 광적으로 집착하고 있었던 점을 감안한다면, 혈액의 순환 경로 이론을 수정했던 개척자들은 상당한 위험을 감수해야 했을 것이다.

이븐 알나피스(1210?~1288)*는 시리아에서 태어나 다마스쿠스에서 의학을 배웠으며, 카이로에 있던 알만수리 병원의 수석 의사 자리에 올랐던 박학한 사람이었다. 그는 스물아홉 살 때 자신의 최고 역작, 《아비센나 의학대전의 해부학에 대한 주석》을 편찬했다. 책 제목에 언급된 아비센나는 아부 알리 알후사얀 이븐 시나의 라틴어식 이름으로, 기원후 1세기경 페르시아에서 활약하던 학자였으며 매우 다양한 주제에 대해 놀라운 저서들을 남겼다.

아비센나는 의학 분야에서 갈레노스의 저술을 연구한 뒤, 자신의 연구를 바탕으로 그 내용의 일부를 수정하여 학생들에게 가르쳤다. 아리스토텔레스로부터도 깊은 영향을 받았던 아비센나는 뇌가 아니라 심장이 인체의 기능을 제어하는 통제센터라고 믿었다. 아비센나의 가장 유명한 저서 《의학대전》은 총 다섯 권으로 이루어진 의학 사전으로, 아리스토텔레스의 사상은 물론 페르시아와 그리스, 로마, 인도 그리고 갈레노스의 해부학과 생리학 이론까지 담고 있다. 이 책은 중세 여러 대학에서 표준 의학 교과서로 쓰였으며, 12세기에 유럽의 학술 언어였던 라틴어로도 번역되었다. 《의학대전》은 18세기에도 여전

* 이 사람의 본명은 알라 알딘 아부 알하산 알리 이븐 아비하즘 알카르시 알디만 알디마슈키로 매우 길기 때문에, 이븐 알나피스라는 약칭으로 불렸다.

히 의학계에서 널리 인정받는 교과서였다.

아비센나의 저술에 대한 주석에서, 이븐 알나피스는 1,000년의 세월 동안 의사와 해부학자를 당혹스럽게 했던 문제를 다루었다. 바로 갈레노스가 우심실에서 좌심실로 혈액이 이동하는 통로라고 주장했던, 눈에 보이지 않는 심실간벽 세공의 존재였다. 비교해부학을 연구하며 수많은 시신을 직접 해부했던 이븐 알나피스는 갈레노스가 아무도 직접 본 적 없었던 세공의 존재를 주장한 이유는 단 하나라고 추측했다. 갈레노스는 다량의 혈액이 폐에서 좌심장으로 끊임없이 흘러든다는 사실을 몰랐던 것이다.[21] 좌심실과 우심실의 구조에 대하여, 이븐 알나피스는 다음과 같이 썼다.

> 심장에서 그 부분은 막혀 있고 겉으로 드러난 개구부가 없기[22] 때문에, 아비센나가 주장했던 통로는 없다. 또한 갈레노스가 믿었던 것처럼 혈액이 드나드는 보이지 않는 작은 구멍도 없다. 심장에는 세공이 없으며, 두꺼운 벽으로 이루어져 있다. 혈액은, 묽어진 상태로 폐동맥을 통해 폐로 들어가 폐 안의 물질과 공기에 섞인다 (…) 그다음 폐정맥을 통해 왼쪽 공간으로 들어간다.

이븐 알나피스는 심장의 오른쪽과 왼쪽 사이가 실제로 구조적으로 연결되어 있다고 최초로 주장했다. 이후 400년이 흘러 마르첼로 말피기가 초기 현미경으로 폐 속의 아주 작은 공기주머니, 즉 폐포를 둘러싼 가느다란 정맥 모세혈관을 발견하고서야 이븐 알나피스가 옳았음이 증명되었다. 이 모세혈관은 산소가 고갈된 혈액을 폐로 운반하는 폐동맥과 산소가 충전된 혈액을 심장으로 돌려보내는 폐정맥을 연결하는 것이[23] 확실했다.*

이븐 알나피스는 폐순환의 경로를 정확하게 설명한 거의 최초의 의학자였지만, 그의 저술은 서구의 의학계에 그다지 큰 영향을 끼치지 못했다. 1924년 이집트의 한 의사가 베를린의 한 도서관에서 《주석》을 발견하기 전까지는 거의 묻혀 있었다.[24]

중국 전통 의학에도 순환계와 심장에 대한 독자적인 학설이 있었다. 그들은 2,000년이 넘는 세월 동안 심장을 "모든 장기의 제왕"으로 간주했다. 중국 전통 의학의 견해도 심장의 기능에 대해 기본적으로 서구 의학계의 견해와 일치했으며, 심장을 마음과 의식의 중심이라고 여겼다. 차후에 중국 전통 의학에 대해 짧게 살펴볼 것이다.

앞에서 잠시 언급했던 윌리엄 하비(1578~1657)가 심장의학의 개척자는 아니지만, 가장 유명한 심장의학자임은 분명하다. 케임브리지대학교에서 수학했던 하비는 인체의 각 기관이 저마다 하나 또는 그 이상의 기능을 수행하면서 마치 기계처럼 작동한다고 주장한 최초의 서구 과학자이기도 하다.

하비는 순환을 자연 현상의 하나로 설명하기 위해 과학적인 방법을

* 여기가 바로 인체에서 정맥이 산소가 충전된 혈액을, 동맥이 산소가 고갈된 혈액을 운반하는 유일한 곳이다.

동원했으며, 때로는 성경이나 갈레노스의 가르침과 관련된 정치적 또는 종교적 도그마에 저항하기도 했다. 뱀과 물고기의 혈관 그리고 사람 팔의 얕은 동맥과 얕은 정맥 실험을 통해 하비는 순환계가 물리학의 법칙에 따라 작동하며 혈액의 이동은 심장박동의 결과임을 보여주었다.

하비의 실험과 연구 결과는 17세기 초라는 당대의 시대적 한계상 큰 논쟁을 일으킬 소지가 있었다. 그는 계몽주의 시대에 의학계의 폭발적인 발전이 일어날 수 있었던 바탕을 마련했다.* 그러나 하비도 그 시대 사람이었고 또한 성공회 신도였던지라, 신체의 "영적 기관"이자 모든 감정의 자리라는 형이상학적인 개념을 그대로 받아들였다.

현대적 이론과 깊이 뿌리박힌 믿음 사이의 이러한 이분법은 이론과 실제 사이의 단절을 설명해준다. 게다가 해부학과 생리학이 이론적으로는 발전했어도 질병과 싸우는 데는 성공적으로 적용되지 못했다. 체액설이 퇴물이 된 이후에도 오랫동안 "정맥이 숨을 쉬게 해주는 데" 거머리를 이용했다는 사실은 의료 현장이 이론의 발전을 따라가는 속도가 얼마나 느리고 더뎠는지 보여주는 사례일 뿐만 아니라 치료할 수 없는 증상까지 모두 묶어 대응하는 "만병통치식" 접근법을 보여준다.

하비는 1628년에 의학의 고전이자 선풍적인 인기를 끌었던 《동물

* 계몽주의로 알려진 지적, 철학적 운동은 대개 17세기 중반에서 19세기 초반까지 지속된 것으로 본다.

의 심장과 혈액의 이동에 관한 해부학적 연구》를 출판했지만, 그때는 이미 하비보다 앞서 두세 명의 의학자가 갈레노스의 오류를 지적한 후였다. 그보다 더 놀라운 점은 윌리엄 하비가 폐로 들어가고 나가는 혈액의 경로를 정확하게 그려낸 최초의 유럽인이 아니라는 사실이다.

스페인 출신 의사였던 미카엘 세르베투스(1511~1553)도 갈레노스가 주장한 눈에 보이지 않는 세공 그리고 폐순환과 체순환 사이의 연결에 대해 비슷한 결론을 내렸다. 어쩌면 세르베투스는 제대로 평가받지 못하고 묻혀버린 이븐 알나피스의 가설을 표절했을 수도 있다. 하지만 그의 주장이 오리지널이든 아니든, 세르베투스는 1553년에 출판한 700쪽에 이르는 대작, 《기독교의 회복》에서 다음과 같이 썼다.

> 일반적으로 알려져 있듯이 혈액은 심장의 중간벽을 통해 소통하지 않으며 재생된 혈액은 매우 복잡한 구조에 따라 우심실에서 긴 과정을 지나 폐를 통과한다. 혈액은 폐에서 처리되어 노란빛을 띠는 붉은색이 되며 폐동맥으로부터 폐정맥으로 흘러들어간다.[25]

불행하게도, 세르베투스는 신의 축복을 받은 갈레노스의 순환계에 대한 학설을 반박하는 데서 그치지 않았다. 그는 자신의 최고 걸작 곳곳에 불경스러운 주장을 늘어놓았을 뿐만 아니라 영아세례와 성삼위일체를 거부해 스캔들을 일으켰다. 결국 이 스페인 의사는 정통 기독교뿐만 아니라 신생 프로테스탄트로부터도 거센 비난을 받게 되었다.

두 종교계에서는 그를 "이단"이라는 말로도 모자라는 극악무도한 존재라고 못 박아버렸다.

세르베투스는 1553년 4월 4일에 체포되었지만 사흘 만에 탈옥했고, 프랑스 종교재판소에 의해 궐석재판으로 사형선고를 받았다. 그리고 세르베투스를 대신하여 인형을, 그의 불온한 서적을 상징하는 백지를 불태우는 화형이 집행되었다.

이탈리아로 탈출하려던 세르베투스는 제네바에서 다시 붙잡혔고, 가톨릭과의 초교파적 협력을 의미하는 가시적인 조치로 개신교측은 그를 직접 재판정에 세웠다. 모두가 세르베투스를 유죄라고 판단하고 화형에 처해 마땅하다고 보는 것 같았다. 그러나 놀랍게도 탁월한 개신교 신학자인 존 칼뱅이 개입하여 자비를 구하는 청원을 냈다. 아마도 세르베투스가 자신의 설교를 들으러 왔다가 체포된 데 대해 책임감을 느꼈던 것 같다. 그러나 칼뱅의 청원도 그의 목숨을 구하지는 못했다. 그러자 칼뱅은 화형 대신 참수형으로라도 형을 낮추어줄 것을 요청했지만, 그에게는 그런 자비조차 지나치다는 책망을 듣고 말았다.

결국 미카엘 세르베투스는 활활 불타오르는 자신의 책에 둘러싸이는 상황에 처하고 말았다. 그가 출판했던 책들 중에서 오직 세 권만이 누군가에 의해 숨겨져서 파괴되지 않고 남았다. 의학의 관점에서 본다면, 《기독교의 회복》이 대중들로부터 격리되었다는 사실은 폐순환에 대한 그의 주장이 완전히 잊혀졌다는 의미라고 볼 수 있다.[26]

해부에 대한 금기가 풀리다

12세기에 들어서면서 로마 가톨릭은 성직자가 아니라 대학에 의해 실행되는 경우에 한해 인체 해부 금지령을 완화했다. 1222년, 이탈리아 북부의 파도바대학교는 해부학을 공부하고 싶어 하는 학자들과 의사들의 성지가 되었다. 16세기 중반에 이르자 파도바대학교는 극장식 해부학 강의실을 갖추고 벨기에 출신 해부학자 안드레아스 베살리우스(1514~1564)가 출강하면서 더욱 명성이 높아졌다. 이 무렵에는 지난 수 세기 동안 의학 연구를 마비시키다시피 했던 인체 해부에 대한 종교적, 도덕적, 미적 터부가 사라져, 베살리우스는 해부학이라는 분야를 개척할 수 있었다. 베살리우스는 갈레노스가 시도할 수 없었던 여러 가지 방법으로 인체를 연구했다.

베살리우스는 놀랍도록 세밀한 인체 해부도 전집을 제작했다. 그는 이 해부도를 학생들과 공유하면서 때때로 갈레노스의 주장 중 어떤 부분이 어떻게 틀렸는지 설명하는 데 활용했다. 1543년, 베살리우스는 《인체 구조에 대한 일곱 권의 책》이라는 놀라운 저서를 출판했는데, 이 책에서 그는 인체 해부학을 이해하기 위해서는 직접적인 관찰이 핵심이라고 강조했다. 갈레노스에 대한 베살리우스의 비판적인 자세가 이 책의 곳곳에서 드러나는데, 심지어 1555년에 개정판을 낼 때 초판에서 "혈액은 [심실간] 격벽을 통해 우심실에서 좌심실로 충분히 스며든다"라고[27] 썼던 문장을 "아무리 적은 양이라도 어떻게 혈액이 격벽을 통과해 우심실에서 좌심실로 갈 수 있는지 도저히 모르겠다"라고[28] 수정했다. 그러나 폐순환과 체순환에 대한 자신만의 가설을 내놓지는 않았다.

또한 베살리우스는 동물(갈레노스의 연구의 기반이었던)과 인간 사이에는 중요한 차이가 있음을 강조했다. 그는 인체의 여러 기관계에 대한 획기적인 이론에 커다란 공헌을 했지만, 그중에서도 가장 핵심적인 부분은 심장이 혈액을 전신으로 순환시키는 일종의 펌프 역할을 한다는 주장이었다. 베살리우스가 처음으로 내놓은 독창적인 주장은 아니었지만, 주로 물을 퍼내는 용도로 쓰이던 기계적인 펌프가 실제로 여러 곳에서 요긴하게 활용되기 시작하던 16세기였던 만큼 매우 설득력 있는 주장이었다.

해부학에 대한 금기가 사라진 파도바대학교에서는 그의 연구를 보호했지만, 수백 년 동안 굳건히 자리를 지키던 의학적 교의와 반목하는 그의 주장은 그를 로마 가톨릭의 적으로 만들기에 충분했다. 성경에 적힌 바와는 달리 여자와 남자의 갈비뼈 수가 똑같다는, 관찰에 입각한 정확한 주장이 그 한 예였다.

베살리우스는 예루살렘으로 여행을 떠났다가 돌아오는 길에 의문스러운 죽음을 당했다. 일각에서는 베살리우스가 굳이 성지를 방문해야만 했던 이유가 무엇인지 의심을 품었고, 일설에서는 그가 스페인에서 우연히 어떤 귀족의 생체 해부를 시도했다가 도망쳤다고도 했다. 확실한 증거가 없었기 때문에, 베살리우스의 전기를 쓴 찰스 오맬리는 이 이야기를 무시했다.[29] 오맬리는 베살리우스가 파도바대학교의 해부학 교수직을 되찾기 위해 스페인 궁정에서 벗어날 핑계로 성지 순례를 선택했을 것이라고 주장했다. 성지 순례의 이유가 무엇이었든, 베살리우스는 지금의 그리스 영토인 자킨토스섬에서 사망했다. 그의 사망 원인은 아무도 정확히 알지 못했다. 현대의 전기작가들은 그가 승선했던 배의 열악한 상태, 난파 또는 전염병 등이 사망의 원인이었을 가능성을 제시했다.[30]

마테오 레알도 콜롬보(1516~1559)라는 베살리우스의 제자는 훗날 파도바대학교의 해부학 교수가 되었다. 하비보다 이전인 1559년에 쓴 《해부학적인 것에 관하여》의 심장과 동맥 관련 부분에서 그는 폐순환을 놀랍도록 정확하게 기술했다.

> 모든 이들이 두 개의 심실 사이 격벽에 우심실에서 좌심실로 혈액이 이동하는 경로가 열려 있다고 믿는다(…) 그러나 그러한 생각은 매우 큰 오류다. 혈액은 폐동맥을 통해 폐로 들어가고, 폐에서 묽어진 다음 공기와 함께 폐정맥을 통해 좌심실로 이동한다. 지금까지 아무도 이 과정을 목격하거나 문헌으로 설명해서 남기지 않았다. 모든 이들이 각별히 관찰해야 할 부분이다.[31]

심혈관계에서 중요한 업적을 남긴 페르시아의 박물학자, 스페인의 의사 그리고 벨기에와 이탈리아의 해부학자는 결국 아무도 기억해주

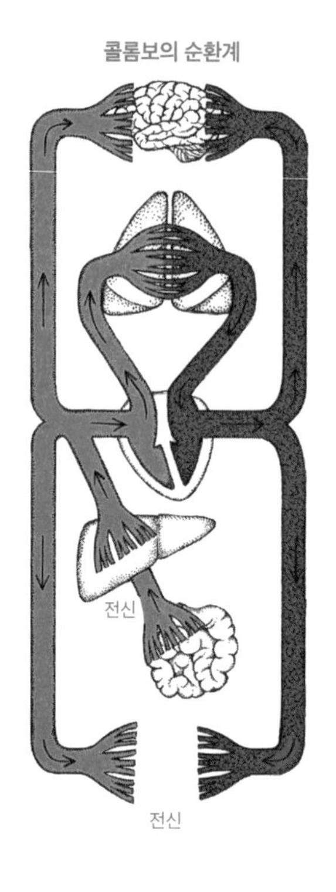

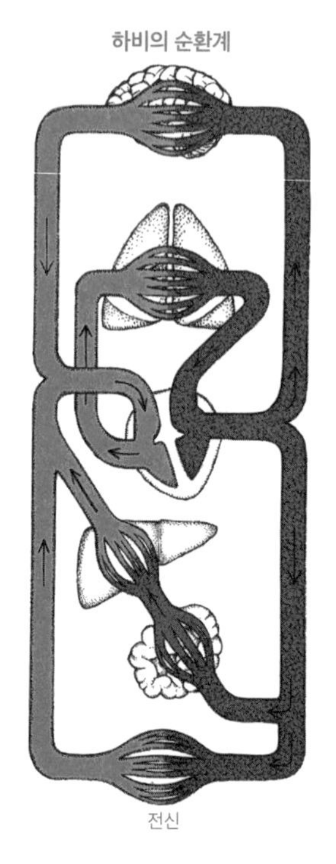

지 않았다. 이들은 혈액이 심장의 오른쪽에서 폐로 그리고 다시 폐에서 심장 왼쪽으로 흐른다는 사실을 비교적 정확하게 알아냈다. 게다가 1628년에 책을 출판한 윌리엄 하비에 비해 이븐 알나피스는 대략 389년, 세르베투스는 75년, 베살리우스와 콜롬보는 각각 73년과 69년이나 앞서서 이러한 주장을 내놓았다. 이를 고려하면 이들에 대한 후세의 대접은 무척이나 불공평하다.

그러나 하비의 연구가 현대 심장의학의 초석을 놓았다고까지는 할 수 없어도, 의학계에 심장의학 연구의 바탕을 깔아주었다는 점은 부인할 수 없다. 그의 과학적 관찰과 방법론은 심장과 순환계가 어떻게 작동하며 어떻게 연구해야 하는지에 대한 현대적인 개념을 제시함으로써 후학들에게 훌륭한 청사진을 마련해주었다.

물론 아직도 가야 할 길은 멀고 연구자들은 지금도 맥박과 혈압에 대해 탐구하고 심장음을 연구하는 데 필요한 장치들을 개선하는 중이다. 또 다른 사람들은 순환계와 호흡기계 사이의 가스교환을 비롯해 점점 더 많아지는 순환계 관련 결함과 질병을 연구하고 있다. 그러나 혈액의 본질과 혈액이 전신을 흐르는 경로가 밝혀지기 전에도, 17세기의 의사들은 환자의 몸에 붉은 액체를 더 넣어줌으로써 병을 고칠 수 있을지도 모른다는 생각을 하고 있었다.

피를 옮기는 법

포도주에서 링거까지

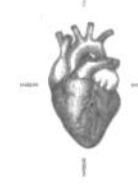

생명이 죽음으로 바뀌기 전에
몸 안의 거의 모든 피가 맥주로 바뀌었다.

— 리처드 로워, 《심장에 관한 논고》

1666년에 어떤 사람이, 만약 부부간에 잘 지내지 못할 경우 두 사람이
서로에게 수혈하여 피를 섞으면 잘 지내게 될 거라고 말했다.

— 사이러스 C. 스터지스, "수혈의 역사"

환자의 건강을 회복하는 데 방혈이 아니라 수혈이 필요하다고 제안한 사람은 독일의 의사이자 화학자 안드레아스 리바비우스(1540?~1616)가 처음이었던 것 같다.[1] 리바비우스는 1614년에 혈관에 튜브를 연결하여 수혈하는 방법을 설명했지만, 이 과정 자체가 본질적으로 매우 어렵기 때문에 실제로 시도하기는 어려울 것이라고 강조했다. 사실 그의 우려는 틀린 것이 아니었다.

21세기를 사는 독자들에게 수혈과 정맥주사[IV]를 처음 시도하던 시절의 이야기는 어이없고 황당하게 들릴 수도 있다. 어떻게 보면 공포 영화의 한 장면 같을지도 모른다. 하지만 당시는 순환계는 물론이고 순환계를 통해 흐르는 혈액의 성격조차 제대로 알려지기 전이었으며, 알려져 있던 것조차 틀린 것이 많았던 시절이었다.

15세기 교황은 정말로 젊은이의 피를 수혈받았을까

1492년 교황 인노첸시오 3세가 최초로 수혈을 받았다는 흉측한 소문은 문헌상의 기록으로도 구전으로도 이어져 왔다. 교황 인노첸시오 3세는 마녀와 마술사들을 종교재판에 회부해 극형을 내린 것으로 유명한데, 같은 맥락에서 1483년에 악명높은 토마스 데 토르케마다를 스페인 종교재판소의 최고재판관으로 임명하기도 했다.* 19세기에 작성된 문헌에,** 교황이 몇 년 동안이나 의식이 오락가락하는 채로 병상에 누워 있다가 1492년에 사망했다는 주장이 있다.[2] 극도로 잔인했던 교황의 행동을 생각하면 사필귀정이라고 생각하는 사람도 있을 듯하다. 이러한 문헌에 따르면, 한 유대인 의사가 새로운 치료술로 기

---

* 스페인 종교재판소 최고재판관으로서 그의 목표는 추방, 고문, 처형을 통해 이교도들, 특히 겉으로만 가톨릭으로 개종한 유대인과 무슬림 들을 스페인에서 완전히 몰아내는 것이었다.

** 1991년 A. 매슈 고틀리브가 검토한 바에 따르면.[3]

력이 쇠잔한 이 종교 지도자를 살려보겠다고 자원해서 나섰다고 한다. 이탈리아의 작가 파스쿠알레 빌라리는 이렇게 기록했다.

> 엎드려 있는 교황의 몸에서 뽑아낸 피가 자신의 피를 교황에게 바치려는 젊은이의 정맥으로 흘러들어갔다. 이 힘든 실험은 세 차례나 반복되었고, 그 결과로 세 명의 젊은이가 목숨을 잃었지만 교황에게는 아무런 효험이 없었다. 아마도 이들의 정맥에 공기가 섞여 들어간 탓이리라.[4]

1954년, 네덜란드의 의학 역사가 게리트 린데붐이 온갖 문헌을 발굴하고 분석했지만 실제로 교황에게 수혈이 실시되었다는 증거는 찾지 못했다고 밝혔다.[5] 린데붐은 이 이야기를 처음으로 기록한 사람에 대해, "역사와는 상관없이 순전히 자신의 상상력으로 만들어낸 가설"을 써놓은 것이라고 말했다.[6] 교황의 수혈 이야기에서는 "피의 의식"과 비슷한 냄새도 난다. 피의 의식은 유대인이 온갖 사악한 목적에 기독교인, 특히 나이 어린 기독교인의 피를 이용한다는 근거 없는 비방의 단골 소재 중 하나였다.

15세기에는 환자가 사람의 피를 마시면 효험이 있다는 믿음이 널리 퍼져 있었다는 점을 감안하면, 죽어가던 교황은 수혈을 받은 것이 아니라 어린 아이들의 피를 꿀꺽꿀꺽 마셨을 가능성이 더 높다. 물론 그조차도 피의 의식의 왜곡된 형태였을 가능성을 배제할 수는 없다.

혈관에 포도주를 주입하다

성공적이고 안전한 수혈은 20세기에 접어들 때까지 사람의 능력 밖의 일이었다. 그러나 의사들이 정맥을 통해 진짜 사람의 혈액을 포함한 여러 물질을 환자의 몸속에 주입하려는 시도는 끊이지 않았고, 또 그러한 시도를 막기 위해 여러 가지 수단이 강구되었다.

영국의 수학자이자 건축가였고 런던의 세인트 폴 대성당 설계로 유명한 크리스토퍼 렌(1632~1723) 역시 해부학과 생리학 실험에 큰 흥미를 갖고 있었다. 1656년에 한 편지에서 그는 이렇게 썼다.

> 최근에 내가 했던 가장 중요한 실험은 이런 것이네. 포도주와 에일을 다량의 피에 섞어 살아 있는 개의 정맥에 주사해보았어. 상당히 많은 양이었는데, 결국 개가 술에 잔뜩 취했지만 얼마 안 가서 오줌으로 다 배설해버리더군. (…) 내가 아편, 스캐모니* 외에도 여러 가지 것들을 가지고 이런 실험을 했던 이야기를 다 늘어놓으면 무척 긴 이야기가 될 걸세. 나는 한발 더 나아간 실험을 해볼 생각이야. 나는 이 실험이 매우 중요하다고 생각하는데, 아마 이 실험은 의학의 이론과 실제에 큰 빛을 던져줄 걸세.[7]

* 아시아산의 메꽃과의 식물 — 역자 주

포도주를 주입한다는 아이디어는 아마도 고대 로마의 의사 클라우디오스 갈레노스로부터 얻었을 것이다. 갈레노스는 포도주가 간에서 혈액을 만들어내는 데 도움을 준다고 생각했다. 크리스토퍼 말로의 1587년 작품인 연극 〈탬벌레인 대왕〉에도 이와 같은 관행이 묘사되어 있다.

> 텅 빈 정맥을 맑고 가벼운 포도주로 채우니
>
> 섞여든* 포도주는 붉은 피로 변하네.[8]

인간에게 양의 피를 수혈한 이유

알코올을 정맥에 주입하는 시술은 1660년대까지 계속되었지만, 의학계의 일부 인사들은 진짜 피를 사람의 몸에 주입하는 방법을 찾기 시작했다. 영국과 프랑스의 길고 깊은 반목 속에서, 두 나라의 의사들도 서로 자신들이 우월함을 주장하며 상대측 의사들의 수혈 연구 결과를 무시했다. 이러한 상황에서도 당대에 수혈을 시도한 두 사례를 찾아볼 수 있다. 1665년에 내과의사이자 외과의사였던 영국인 리처드 로워(1632~1691)가 두 마리의 개를 대상으로 최초의 직접 수

* 영국의 학자이자 시인, 교수였던 J. S. 커닝햄에 따르면, 여기서 "섞여든"은 "소화된"이라는 의미라고 한다.

혈 실험을 실시했다. 한 마리의 경동맥으로부터 다른 한 마리의 경정맥으로 혈액이 흘러 들어가게 한 것이다. 여러 차례에 걸친 실험의 결과, 수혈을 받은 개는 활기를 되찾았다. 1667년에는 프랑스의 내과의사 장밥티스트 드니(1635?~1704)가 비록 사람이 아닌 다른 동물의 피였지만, 최초로 인간에게 수혈을 실시했다.*

로워의 연구로부터 감명을 받은 드니는, 로워의 실험으로부터 2년 후 금속관과 거위 깃털의 깃촉으로 수혈 장치를 만들어 자신의 환자에게 양과 송아지로부터 뽑은 피를 수혈하기 시작했다. 그의 첫 수혈환자인 앙투안 모루아는 송아지의 피를 수혈받았다. 모루아는 "조울증 성향을 보이는 정신이상자"[9]였다고 한다.** 수혈할 혈액의 기증자로 양과 송아지가 선택된 이유는 이 동물들의 성정이 온순하다는 믿음 때문이었던 것 같다. 온순한 동물의 피를 수혈받으면, 병의 원인이 무엇이었든, 아내를 때리고 발가벗고 돌아다니거나 심지어 집에 불을 지르는 모루아의 기행을 잠재워주리라고 믿었던 것이다.

수혈을 하기 전에 드니는 먼저 모루아를 의자에 묶고, 그의 몸에서 나쁜 피를 방혈했다. 나쁜 피를 제거해야 새로운 피가 들어갈 자리가 생긴다고 생각했던 것 같다. 피를 충분히 빼낸 후, 모루아는 팔의 정맥

---

* 의학박물관협회 연례회의에 제출된 1941년판 보고서에 동물 대 인간 수혈의 역사에 관한 사이러스 스터지스의 논문이 실렸다. 스터지스는 인간에게 수혈된 피가 송아지의 피였다고 주장했지만, 다른 문헌에는 양의 피였다고 밝혀져 있다.

** 드니의 첫 수혈 환자는 성명 미상의 15세 환자였던 것 같다. 이 환자는 모루아보다 앞서서 양의 피를 수혈받았다.[10]

에 꽂힌 금속관을 통해 6온스(약 180밀리리터) 가량의 송아지 피를 수혈받았다. 모루아는 팔에 불이 붙은 듯이 뜨겁다고 불평했지만, 그 외의 다른 심각한 부작용은 나타나지 않았다. 한동안 꾸벅꾸벅 졸다가 정신을 차린 환자는 한결 차분해 보였다. 지켜본 많은 사람들이 모루아의 평소 행동보다 훨씬 온순해졌다고 판단했다.

그러나 모루아 부인의 요청으로 실행된 두 번째 수혈의 결과는 불행히도 좋지 못했다. 수혈을 받는 동안 환자는 땀을 비 오듯이 흘리기 시작했고, 여러 번 구토하면서 점심으로 먹은 음식물까지 (베이컨과 지방 성분이 있었다고 한다) 게워냈다. 그러면서 허리의 극심한 통증과 팔과 팔뚝이 타들어가는 것 같다고 호소했다. 잠시 후, 환자는 오한을 느끼며 열이 치솟았고, 맥박이 불규칙하게 뛰더니 코피를 왕창 쏟았다. 완전히 탈진 상태에 빠진 환자는 이내 잠이 들었다가 다음날 아침에서야 잠에서 깼다. 깨어났을 때는 훨씬 상태가 안정된 듯이 보였고 여전히 졸음을 느끼고 있었다. 소변을 보고 싶다고 말한 모루아는 "마치 숯검댕이를 섞은 듯 시커먼 소변을 한 양동이나"[11] 보았다.

21세기의 시점에서 되돌아보면, 앙투안 모루아는 자신의 혈액형과 맞지 않는 혈액에 대한 자기 몸의 반응으로 고통을 받았던 것 같다. 허리 통증과 검은색 소변은 면역계가 수혈받은 혈액을 용혈이라는 과정을 통해 파괴하면서 그 혈액 속의 적혈구를 걸러내느라 신장이 고생했기 때문이다.

그때 모루아에게서 혈액을 뽑아낸 처치는 17세기 의학 지식에 따르면 "아스피린 두 알 두시고 내일 아침 다시 오세요." 하는 것과 똑같은 갈레노스식 만병통치 처방이었다. 그 후에 송아지의 피를 수혈받고 난 뒤 회복된 것은 의학적 효과였다기 보다는 순전히 운이 좋았던 덕분이었다. 물론 드니는 이것을 자신의 수혈 치료의 성공으로 받아들였고, 즉시 다른 환자를 같은 방법으로 치료하기 시작했다.

한편 영국에서는 리처드 로워가 런던 왕립협회에서 자기 나름의 수혈 시연 이벤트를 열었다. 로워는 양의 피를 사람의 몸속에 주입하기 위해 아서 코가라는 남성을 고용하고 20실링을 지불했다.[12] 영국의 국회의원이자 일기 작가인 새뮤얼 피프스는 이 남자를 "머리에 약간의 부상을 입은 사람"[13]이라고 설명했다. 로워는 양의 경동맥과 코가의 팔에 있는 정맥(정확하게 어떤 정맥이었는지는 구체적으로 기록되어 있지 않다)을 절개하고 은으로 만든 관을 양쪽 혈관에 삽입한 뒤 깃털의 깃촉으로 두 관을 연결하였다. 로워는 코가에게 수혈된 피가 250~300밀리미터 정도라고 기록했다. 잠시 후, 코가는 "매우 상태가 좋았으며, 직접 자신의 상태에 대해 말했는데, 수혈을 받고 좋아졌다고 생각하는 점을 자세하게 이야기했다."[14]

그러나 그로부터 몇 달 후 프랑스에서 수혈을 받았던 앙투안 모루아가 죽자, 수혈에 대한 뜨거웠던 열의는 영국 해협을 사이에 둔 두 나라 모두에서 싸늘하게 식어버렸다. 모루아의 아내에 따르면, 모루아는 정신병적 행동이 다시 돌아오자 다시 한번 수혈받고 싶어 했다. 그러나 이번에는 모루아의 아내가 직접 수혈을 실행에 옮기면서, 평소 남편의 식사에 영양보충제로 첨가하던 비소를 주입했다. 모루아 부부가 드니를 찾아가 세 번째 수혈을 요구했을 때는 이 이야기를 하지 않았다. 드니는 모루아의 상태가 전보다 나빠 보인다며 수혈을 해주지 않았다. 며칠 후, 모루아가 결국 사망하자 모루아의 아내는 드니를 과실치사로 고소했고, 결국 드니는 체포되기에 이르렀다. 드니는 무죄로 풀려났으나 수혈을 받던 또 다른 환자들이 사망했다는 기사가 터지자 수혈에 대한 비난 여론이 들끓었고, 사람을 대상으로 한 수혈 치료는 완전히 중단되었다.

우유 수혈로 콜레라를 치료할 수 있을까

1668년, 프랑스는 샤틀레 칙령으로 수혈 치료를 금지했고 뒤이어 영국도 같은 조치를 내렸다. 이탈리아에서도 수혈과 관련된 사망 사건이 잇따르자, 로마의 판사들도 수혈을 금지하는 판결을 내렸다. 그로부터 거의 150년간 수혈에 대해서는 모두가 침묵을 지켰다.

1818년, 출산 직후 과다출혈로 죽어가는 산모 앞에서 충격을 받은 영국의 산부인과 의사 제임스 블런델(1790~1878)이 최초로 사람 대 사람 수혈로 환자를 살려내는 데 성공했다. 블런델은 환자의 남편으로부터 채혈한 혈액 약 110그램을 산모의 팔에 있는 얕은 정맥을 통해 주사기로 주입했다. 블런델에게 수혈 치료를 받은 환자 중 대략 절반이 치료에 성공했다. 하지만 철저하게 소독되지 않은 수혈 도구, 혈액형에 대한 무지 등으로 블런델의 수혈도 종종 실패할 수밖에 없었다. 선의에서 시작된 블런델의 치료도 곧 금지당하고 말았다.

19세기에도 수혈의 결과가 대부분 좋지 않았던 탓에 수혈이라면 모두가 고개를 저었지만, 동물이나 사람의 혈관에 다소 놀라운 물질이 주입되는 일은 주기적으로 발생했다. 1854년에 캐나다에 콜레라가 창궐했을 때는 환자에게 정맥주사로 우유를 주입했다. 이런 방법을 고안해낸 의사들은 백혈구가 형성과정 중에 있는 적혈구라는 잘못된 믿음을 갖고 있었다. 초기의 연구 자료를 인용하면서, 그들은 우유 속의 흰색 혈구(사실은 기름과 지방 미립자다)가 나중에는 적혈구로 변환된다고 확신했다.[15]

사실 대부분의 적혈구는 대퇴골이나 상완골 같이 길이가 긴 뼈에서 발견되는 적색골수 속 줄기세포에서 생성된다. 우리 몸의 적혈구는 수명이 대략 120일이고, 수명이 다한 적혈구는 비장에서 새로운 적혈구로 재생되는 방식으로 초당 200만 개의 적혈구가 생겨난다.

우유 수혈은 1880년대 말에 영국의 외과의사 오스틴 멜던에 의해 처음 시작되었다. 1881년, 《영국의학저널》에 실린 멜던의 짧은 논문을 보면, 그는 결핵, 콜레라, 장티푸스, 악성빈혈 등의 질병을 치료할 목적으로 스무 명의 환자에게 우유를 수혈했다.[16] 수혈 뒤에 몇몇 환자들은 "매우 심각한 증상"을 겪거나 심지어 사망하기까지 했는데, 그는 수혈한 우유가 상했기 때문이라고 여겼다. 멜던은 이런 사고를 막기 위해 염소젖 사용을 권장했다. "염소는 소보다 환자에게 가까이 끌어오기가 훨씬 쉬우니, 젖을 짜서 주사하기까지 소요되는 시간을 최대한 줄일 수 있다"[17]는 것이 그 이유였다.

말할 것도 없이, 오늘날의 기준으로 보면 이런 치료 방법들은 황당하기 이를 데 없다. 그러나 그 당시는 가장 유명하고 신뢰할 만하다는 평판을 듣던 제약회사조차도 어린아이들의 감기 치료약으로 헤로인을 추천하고 잡화점 진열대에 코카인이 놓여 있던 시절이었다. 무엇이 옳고 무엇이 위험한지 정확한 증거가 없는 상황에서, 거의 모든 것이 새로운 치료법으로 떠올랐다. 멜던은 염소젖 수혈을 몇 차례 시도해본 후, 자신의 동료 의사들도 이 치료법으로 "수술 후에 흔히 따라오는 우울증을 예방할 수 있었다"[18]고 썼다. 염소젖을 수혈하기 위해, 주사하기 전에 염소털을 꼼꼼히 걸러내랴 병상의 환자들이 염소젖을 마셔버리지 못하도록 막아내랴 고생했을 의료진이 상상된다.

멜던은 "나는 염소젖 수혈이 혈액 수혈보다 훨씬 효과적이고 안전하다고 생각한다"[19]라고 썼다.

현대적 수혈이 시작되다

20세기에 들어서면서 정맥주사용으로 생리식염수가 개발되자[20] 환자에게 염소젖을 수혈하는 치료법도 사라졌다. 생리식염수는 지금도 정맥주사에 가장 흔히 쓰이는데, 멸균정제수에 염화나트륨 9그램을 녹여 혈장과 비슷한 농도인 0.9퍼센트 식염수로 만든 것이다. 이 용액은 1832년 콜레라가 창궐했을 때 처음 쓰였다. 영국의 의사 토머스 라타는 당시 최고 권위의 의학전문지 《랜싯》 최신호에 실린 가설을 읽고 이 방법을 도입했다. 그 논문을 쓴 사람은 갓 의사가 된 아일랜드 출신의 윌리엄 브룩 오쇼니시였는데, 콜레라 환자들이 대부분 탈수증(계속되는 설사로 다량의 체액과 염분이 빠져나간다)으로 사망하므로, 만약 혈액의 염분 농도와 비슷한 용액으로 손실된 체내 수분을 보충해주면 환자를 살릴 수 있다고 썼다. 라타의 수분보충요법은 굉장한 성공을 거두었지만, 당시의 표준적인 치료법으로 간주되었던 방혈, 거머리 치료, 관장과 구토제 등, 다량의 체액 소실을 유발하는 치료법을 밀어낼 만큼의 믿음을 얻지는 못했다.[21]

1880년대 초, 사람 혈액의 화학적 성질에 대해 조금 더 정확한 정보가 쌓이자 영국의 생리학자 시드니 링거는 식염수에 칼륨을 첨가한 새로운 염화나트륨 용액을 개발했다. 개발한 사람의 이름을 따 링거 용액이라 불리게 된 이 유명한 액체는 오늘날에도 널리 쓰이고 있다.

1901년, 오스트리아의 병리학자 카를 란트슈타이너(1868~1943)의 ABO식 혈액형 발견으로 수혈에 혁명이 일어났다.* 다른 세포들처럼

* 란트슈타이너의 연구실에서 일하던 아드리아노 스투를리와 알프레드 폰데카스텔로가 1년 후에 네 번째 혈액형인 AB형을 발견했다. 1930년, 란트슈타이너는 노벨 생리의학상을 수상했다.

적혈구도 세포막에 항원이라 불리는 특정한 표면 단백질이 붙어 있는데, 이 항원이 A형과 B형의 두 그룹으로 나뉜다. 공여자 혈액의 적혈구가 수혈자 혈액의 표면 단백질과 맞지 않으면, 수혈자의 면역계가 공여 혈액을 공격한다. 이렇게 되면 앞에서 언급한 적 있었던 용혈(쉽게 말해 "혈액 분쇄")이 일어난다. 부적합 수혈을 하면 신장을 중심으로 한 비뇨기계에 부담이 될 뿐만 아니라, 적혈구가 뭉쳐서 응집되는 위험한 상황이 발생한다. 적혈구가 응집되면 가느다란 혈관이 막혀 뇌졸중이나 기관의 기능 손상 등 의학적으로 심각한 문제가 생긴다. 17세기에 송아지의 피를 수혈받았던 사람들이 극심한 통증을 겪었던 것처럼, 부적합 수혈을 받은 환자가 신장 통증을 경험하는 것도 이 때문이다.

오늘날에는 혈액 응고나 공여 혈액의 보관과 관련된 문제는 해결되었고, 붉은털원숭이Rhesus monkeys에게서 처음 발견된 유래된 레수스 인자Rhesus(Rh) factor와 Rh 혈액형에 대해서도 잘 알려져 있다. 대부분의 사람들은 적혈구에 Rh항원을 갖고 있지만(Rh+), 어떤 사람들은 갖고 있지 않다(Rh-). 특히 Rh- 혈액형을 가진 엄마가 임신한 태아가 Rh+ 혈액형을 가졌을 경우에 문제가 발생한다. 첫 아기를 가졌을 때 체내에 Rh+ 항체가 서서히 쌓인 엄마가 두 번째 Rh+ 태아를 임신하면 엄마의 면역계가 이 아기의 혈액을 향해 총공격에 나선다. 다행스럽게도 이제는 산전 모니터링과 치료법으로 이런 상황을 예방할 수 있다.

또 하나, 요즈음에는 수혈하기 전에 병원균과 독성 물질에 대해 교차시험과 스크리닝 단계를 거치기 때문에, 혈액 적합성을 확보한 상태에서 각종 수술이나 부상 치료, 혈액 관련 질환 치료 등을 안전하게 진행한다.

4체액설이 의학의 기둥 역할을 하고, 용감했지만 무모했던 의사들이 외양간 수혈을 시도하던 시절로부터 많은 시간이 흘렀다. 의사들은 혈액의 순환 경로, 기능 그리고 혈액을 대체할 물질 등을 두고 수백 년을 고민하면서 심장 질환을 이해하고 치료법을 알아내기 위해 분투해왔다. 다음에 이어질, 거의 반 세기에 가깝게 이어진 찰스 다윈의 고통과 그로 인한 죽음은 심장을 탐구하는 우리의 여정에 중요한 이정표가 되어줄 것이다.

심장에 기생하는 벌레

누가 찰스 다윈을 죽였나

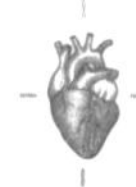

사람들이 말하는 저 달리는 벌레를 아십니까?
저는 잘 알고 있고, 벌써 물려봤습니다.

— 사디크 칸

사랑하는 벌레야, 내 심장은 내버려두렴.

—리처드 모리스와 실비아 모이

비록 본인이 만들어낸 용어는 아니었지만, 찰스 다윈은 "적자생존"이라는 말과 떼려야 뗄 수 없는 인물이 되어버렸다.* 그러나 5년의 항해를 끝내고 비글호에서 내린 스물일곱 살의 찰스 다윈은 "적자", 즉 적응한 자가 아니었다. 그 후로 46년 동안, 다윈은 일일이 열거할 수

* "적자생존"이라는 말을 처음으로 쓴 사람은 철학자이자 생물학자인 허버트 스펜서였다. 그는 찰스 다윈의 《종의 기원》을 읽고 1864년에 출판한 저작 《생물학의 원리》에서 처음으로 이 용어를 사용했다.[1]

없을 정도로 많은 의학적 증상으로 고통을 받으며 살았다. 몇 가지만 적어보아도 심계항진, 흉통, 현기증, 피로, 습진, 근무력증 등이 있었고, 이 외에도 약한 시력, 이명, 수면장애, 오심, 구토, 종기 그리고 만성고창을 겪었다.

1842년, 다윈은 점점 불어나는 가족들을 이끌고 자신이 "연기 자욱한 더러운"[2] 도시라고 불평했던 런던으로부터 남동쪽으로 23킬로미터쯤 떨어진 조용한 전원 마을로 이사했다.* 다운 하우스Down House는 공간도 훨씬 넓었을 뿐만 아니라(다윈의 사촌이자 아내인 엠마는 총 열 명의 자녀를 낳았다) 대중의 눈으로부터 거의 완전히 벗어날 기회를 주었다. 다윈은 자서전에서 이 시기를 이렇게 설명했다.

> 우리도 가끔은 사교계에 나갔고 친구도 사귀었다. 그러나 사교활동으로 흥분된 시간을 보내고 나면 거의 예외 없이 심하게 오한이 들거나 격렬한 구토가 반복되는 등 건강상의 문제로 심히 괴로웠다. 그래서 몇 년 동안은 아예 디너파티에 얼씬도 할 수 없었다. 사교적인 모임은 나의 기분을 한껏 고취시켜 주던 이벤트였으므로, 디너파티에도 갈 수 없는 생활은 나에게 박탈감을 느끼게 했다. 같은 이유로 내 집으로 초대할 수 있는 사람도 극소수의 과학계 지인들뿐이었다.[3]

* 다윈의 주치의는 그에게 "거의 모든 런던 시민의 중요한 장기를 좀먹고 안색을 창백하게 만들어놓는 파괴적이고 만성적인 질병인 런던 악액질Cachexia Londinensis을 일으키는" 런던의 공기에서 탈출해 시골로 이사할 것을 권했다.[4]

다윈은 뒤따라올 스트레스 때문에 "흥분"을 피하고, 심지어는 게오르크 프리드리히 헨델의 메시아 연주회조차 갈 수 없었다. 이런 식으로 아주 가끔씩 통증의 정도와 빈도를 낮출 수 있었지만, 그 뒤에는 다시 그를 "기진맥진"하게 하는 피로가 찾아왔다. 그러나 수십 년간 그를 괴롭혔던 병의 원인은 지금도 정확히 규명되지 않은 상태다. 많은 역사학자들은 찰스 다윈이 심기증(병이 걸릴까 봐 두려워하는 데서 그치지 않고 사실은 아프지 않은데도 자신이 아프거나 병에 걸렸다고 믿는 증상)이었으리라고 추측한다.

병을 치료하기 위한 찰스 다윈의 19세기식 노력

건강에 강박적으로 집착했던 그는 요즈음 같으면 돌팔이 치료술이라고 거들떠보지도 않을 법한 치료술을 비롯해 할 수 있는 모든 치료술을 동원했던 것으로 보인다. 그가 받았던 치료 중에는 충격 벨트로 복부에 전기자극을 주는 직류전기요법galvanization과 전기 램프 아래서 땀을 흘리다가 찬물로 적신 수건으로 온몸을 열심히 문지르는 "걸리 박사의 수치료법"도 있었다.

수치료라 불리는 이 특이한 치료법은 에든버러의과대학교 출신 제임스 맨비 걸리가 개발한 방법으로, 질병은 위장이나 심장 같은 장기에 혈액이 제대로 공급되지 않아 발생한다는 당시의 대중적인 믿음에 근거한 것이었다. 간단히 말해, 걸리는 몸을 냉수로 마찰하면 순환계가 병증을 중요 장기로부터 몰아내 피부 같이 덜 중요한 부위로 보내고, 그러면 피부에서 그 병증을 제거할 수 있다고 주장했다.[5] 수치료는 다윈이 가장 선호하는 치료법이었으며, 어느 정도 도움이 되기도 했다. 하지만 다소 엉뚱했던 수치료로 효험을 볼 수 있었던 이유는 가벼운 운동치료와 합리적인 식단 관리를 병행한 덕분이었다. 다윈은 이에 대해 다음과 같은 기록을 남겼다. "나는 설탕, 버터, 향신료, 차, 베이컨, 그 외에도 좋은 것은 아무것도 못 먹는다."[6]

걸리는 또한 질병과 싸우기 위해 약을 쓰는 일을 결사 반대했다. 대신 의학서적을 탐독하면서 동종요법에 의존했다. 동종요법은 1790년대에 독일의 의사 사무엘 하네만이 "같은 것이 같은 것을 치유한다"는 원칙에 따라 개발한 대체의학이었다. 특정 질병의 증상을 일으킬 수 있는 천연물질이 있다면, 오히려 그 물질을 사용함으로써 그 병을 앓고 있는 사람을 치유할 수 있다는 것이 이 치료법의 기본적인 사상이었다.

다윈은 다양한 화합물을 처방받거나 스스로 처방해 투약 및 복용했다. 그 화합물이란 암모니아나 비소, 비터에일뿐만 아니라 현대 어린이용 소화제에 들어 있는 활성 성분인 비스무트, 수은이 함유된 변비약 및 원예용 살균제인 칼모넬, 마약성 진통제인 코데인, 물을 맑게 하는 데 쓰이는 산화제인 "콘디의 오존수", 독성이 큰 시안화수소산, 철에 슨 녹인 산화철,[7] 아편 팅크, 미네랄 산, 알칼리성 제산제 그리고 모르핀까지 무척 다양했다. 하지만 이중 어떤 약도 다윈의 상태를 호전시키는 데 큰 효과가 없었을 뿐만 아니라, 오히려 이런 돌팔이 처방이 그의 건강을 더 악화시켰다는 말도 있다.

찰스 다윈을 죽음에 이르게 한 협심증

수십 년 동안을 만성불안증(특히 심장병에 대한 불안과 죽음이 다가오고 있다는 두려움)과 신체적 고통에 시달리며, 열 아이 중 셋을 어린 나이에 잃는 등 개인적 비극을 겪으면서도, 찰스 다윈은 생물학적 진화의 메커니즘을 연구한 기념비적인 작품을 비롯하여 열아홉 권의 저서를 남겼다. 《종의 기원》은 그때나 지금이나 모든 학술서적에 엄청난 영향을 끼친 획기적이고도 전환점이 되는 책이었다. 그렇다면 찰스 다윈은 왜 생의 마지막 10년을 식물의 꽃가루받이, 난초의 수분, 덩굴식물의 움직임과 성장, 지렁이의 활동과 채소곰팡이의 생성 등을 연구하며 보냈을까? 이러한 연구는 물론 혁신적이고 과학적으로 중요한 일이다. 그러나 증상을 악화시키는 스트레스를 피하려는 다윈의 강박에 가까운 욕망을 고려하면, 이 역시 과도하게 관심이 집중될 주제를 피하고자 하는 노력의 일환이었을지도 모른다. 이러한 과학적인 연구(냉수 마찰은 빼고)는 스트레스를 유발하는 여러 행사에 불참할 괜찮은 핑계가 되어주었다.*

1881년, 찰스 다윈은 여러 번 전흉부 통증으로 쓰러졌다. 전흉부 통증은 심장 바로 앞부분의 신경으로부터 일어나는 통증을 말한다. 다윈을 돌보던 의사들은 그의 심장이 "심근 노화의 증상을 보이는 매우 위중한 상태"라는 진단을 내렸다.[8]

다윈이 쓴 여러 편지를 보면 스스로 심각한 심장질환을 앓고 있음을 인지하고 있었음을 알 수 있다. 그는 식물학자이자 오랜 친구였던 조셉 돌턴 후커에게 보낸 편지에 이렇게 썼다. "빈둥거리며 지낸다는 건 너무나 비참하군. (…) 단 한 시간도 편할 수가 없어. (…) 그러니 다운 묘지가 지상에서 가장 행복한 곳일 거라고 기대하는 수밖에 없겠네."[9]

그 후 4개월 동안, 다윈은 비슷한 흉부 통증을 여러 차례 겪었고, 때로는 오심을 동반하거나 정신을 잃고 쓰러지기도 했다. 협심증 진단을 받았는데, 협심증을 뜻하는 라틴어 "앙기나 펙토리스angina pectoris"는 숨이 막히거나 심장이 조이는 듯한 통증을 말한다.

협심증은 심장에 혈액을 공급하는 관상동맥이 동맥경화판으로 막혔을 때 일어나는 일반적인 증상이다. 관상동맥에 혈관 경련이 일어나거나, 약물 또는 흡연, 추위, 심지어는 극심한 정서적 스트레스에 노출되면서 이 혈관이 갑자기 일시적으로 수축할 때도 협심증이 일

* 1859년에 《종의 기원》이 출판된 후, 다윈은 이 책에 대한 비판에 맞서는 일을 다른 사람들, 이를테면 저명한 생물학자였던 토머스 H. 헉슬리에게 맡겼다. "다윈의 불독"이라고 불렸던 헉슬리는 다윈을 "저주받을 이단"이라 매도하는 측에 맞서 "발톱과 부리로" 싸우겠다고 맹세했다.[10]

어날 수 있다.

그러나 원인이 무엇이든, 혈관이 수축하면 심장으로 가던 혈액 공급이 감소하고, 결과적으로 산소와 영양 공급도 감소한다. 이를 허혈 증상이라고 하는데, 이렇게 되면 심장의 통증수용기가 자극을 받아 플라크나 혈전이 혈관을 막을 수도 있다는 경고를 심장에 보낸다. 그러면 우리가 흔히 심장마비라고 일컫는 심근경색이 일어난다.

협심증도 심장마비와 비슷하게 턱, 목, 등, 어깨 또는 왼팔에서부터 통증이 느껴지는 경우가 많다. 이러한 "연관 통증"의 메커니즘에 대해 여러 가지 주장이 있지만, 요즘의 연구자들은 심장의 통증수용기에서 뇌로 정보를 운반하는 신경 경로와 턱이나 목 부위에서 오는 신경 경로가 매우 가까이 있거나 심지어는 서로 융합되어 있기 때문이라고 여긴다. 이 때문에 뇌는 그 통증이 심장과는 상관없는 곳에서 시작되었다고 속는 것이다.

협심증 증상은 보통 극심한 운동을 하던 도중이나 극심한 감정소모를 겪을 때 찾아온다. 심박수가 급격하게 빨라지는 만큼 심장근육에 필요한 산소와 양분은 더 많아지지만 그 요구가 충족되지 않는다. 안정적인 경우라면 신체 활동이 멎거나 스트레스 요인이 사라지면 몇 분 후 협심증 증상도 가라앉는다.

다윈의 시대는 심장의학이 제 궤도에 접어들기 훨씬 전이었다. 1880년대 의사들은 협심증의 원인이 첫째로는 심장의 상태가 질병에 걸리거나 노화하기 쉬우며, 둘째로 심장이라는 장기가 정서적, 생리적 요소와 강하게 연계되어 있기 때문이라고 보았다. 이는 틀린 부분도 있고 맞는 부분도 있지만, 어쨌거나 당시에는 이러한 견해가 지배적이었다. 그러므로 다윈을 치료하던 의사들은 이러한 논리를 바탕으로 환자에게 충분한 휴식과 스트레스 없는 생활을 처방했다.

점점 기능이 저하되는 몸 안의 펌프를 다윈이 실제로 어떻게 치료했는지에 대해서는 여러 주장이 있다. 하지만 당시의 상황을 바탕으로 그가 애용했을 치료약을 상상해보자면 마약성 진통제 모르핀과 경련진정제 아질산아밀amyl nitrite를 들 수 있다.

아질산아밀(디젤연료에 들어가는 첨가제인 질산아밀amyl nitrate과 혼동해서는 안 된다)이라는 이름을 어디선가 들어본 것 같다면, 아마도 이 물질이 오늘날에도 심장질환과 협심증 치료제로 쓰이기 때문일 것이다. 또한 이 물질은 오락성 마약에도 흔히 쓰인다. 오락용 마약으로서의 아질산아밀은 대개 비강으로 흡입하는데, 체내에 들어가면 혈관을 확장시킨다. 즉, 혈관 내부의 공간이 커진다. 따라서 혈류를 증가시키고 혈관 경련을 역전시킨다. 흥미로운 사실은, 혈관 확장 뒤에 짧은 도취 상태가 따라온다는 점이다. 보통 캡슐에 들어 있는 아질산아밀은 주로 "똑딱이popper"라고 불리며, 코카인 같은 마약과 함께 흡입하면 향정신성 효과가 더 오래 지속된다. 아질산아밀은 또한 항문 괄약근의 불수의 평활근을 이완시킨다. 어떤 사람들에게는 분위기를 확 깨는 고약한 부작용일 수도 있겠다.

아질산아밀은 한동안 협심증의 일차적인 치료제로 여겨졌으나,

1879년에 영국의 의사 윌리엄 머렐이 또 다른 화합물을 협심증 치료제로 발표하면서 상황이 바뀌었다. 이 또 다른 화합물은 놀라운 의약외적 효과로 인해 당시에 엄청난 유명세를 누렸으며 동시에 오명을 뒤집어쓰기도 했던 물질로, 바로 니트로글리세린이었다. 머렐은 니트로글리세린 한두 방울을 섞은 1퍼센트 용액이 협심증 치료에 아질산아밀보다 훨씬 효과적이라고 주장했다. 삼질산글리세린glyceryl trinitrate 이라고도 불리던 니트로글리세린은 아질산아밀과 똑같이 관상동맥을 확장시켜서 산소가 부족한 심장에 혈액 공급을 촉진한다고 여겨졌다.[11] 그러나 이 화합물은 사실 심장에 채워지는 혈액의 양을 감소시키는 작용을 하는데, 이 물질이 일차적 치료의 수단으로 인정받고 난 후에야 그 사실이 알려졌다. 펌프질해야 할 혈액의 양이 줄어들면, 심장도 산소를 덜 필요로 하므로 무리해서 일할 필요가 없어진다. 당시의 의사들은 이러한 작용 메커니즘을 구체적으로 이해하지 못하고 있었지만, 머렐과 동료들은 인체가 니트로글리세린을 강력한 혈관확장제인 산화질소로 분해하므로, 결국은 니트로글리세린이 혈관을 확장시킨다는 사실을 제대로 알고 있었다.

니트로글리세린은 1846년에 이탈리아의 화학자 아스카니오 소브레로에 의해 최초로 합성되었다. 그러나 정작 이 화합물로 유명해진 사람은 스웨덴의 알프레드 노벨이었다. 니트로글리세린은 폭약으로도 널리 쓰였는데, 노벨은 동생이 가족 소유의 무기공장에서 폭발사고로 사망하자 이 화합물을 안전하게 쓸 수 있는 방법을 찾기 시작했다. 노벨은 니트로글리세린에 안정제와 흡수제를 첨가하여 다이너마이트라 이름 붙인 물질을 생산해냈다. 과학자들은 폭발물을 연상시켜서 약사들과 환자들을 불안하게 만드는 니트로글리세린이라는 이름 대신, 약품으로 쓰이는 니트로글리세린에 트리니트린trinitrin이라는 새로운 이름을 지어 붙였다. 아이러니하게도, 다이너마이트 특허로 엄청난 부를 쌓았던 알프레드 노벨도 1896년에 사망할 때까지 심장질환을 치료하기 위해 트리니트린을 처방받았다.[12]

아질산아밀과 마찬가지로 니트로글리세린도 여전히 치료제로 처방되고 있다. 요즘에는 경피흡수 패치제와 정맥주사로 투여되며, 가장 흔히 쓰이는 형태는 설하정이다. 설하정은 활성 성분이 직접, 빠르게 흡수되도록 혀 아래나 잇몸과 뺨 사이에 넣어 복용하는 알약이다. 협심증 증상이 처음 느껴질 때 촉촉하게 젖어 있으면서 모세혈관이 밀집된 혀 아래나 잇몸과 뺨 사이에 재빨리 이 알약을 넣어주면 약 성분이 신속하게 순환계로 흘러 들어간다. 경구 복용하면 약이 깨져서 효과가 떨어지거나, 소화관을 통해 내려가는 동안 활성 성분이 감소하거나, 간에 의해 비활성 대사산물로 변질될 우려가 있는 약물일 경우 설하정으로 복용하면 더 안전하고 효과적이다. 설하정으로 복용하는 또 다른 약으로는 항고혈압제인 니페디핀이 있다.[13] 모르핀 같은 진통제를 삼킬 수조차 없는 호스피스 병동 환자나 위궤양 또는 오심 때문에 경구 복용이 힘든 환자에게도 종종 설하정을 처방한다.

1882년 4월 19일, 찰스 다윈은 다른 때보다 늦게까지 잠자리에 들지 않고 서른네 살이던 딸 엘리자베스와 이야기를 나누었다. 자정 직전 갑자기 통증이 찾아왔으나 아내와 딸이 브랜디에 아질산아밀을 타서 마시게 하자 어느 정도 통증이 가라앉았다. 그러나 다윈은 다음 날까지도 오심과 극심한 통증으로 고통받다가, 오후 3시 25분경 정신을 잃었다. 다윈의 의사들은 그의 마지막 증상을 "협심증에 의한 졸도",[14] 즉 의식 소실을 동반한 불안정 협심증으로 진단했다.* 1882년 4월 19일 오후 4시 직전, 찰스 다윈은 향년 73세에 심부전으로 사망했다.

다윈이 사망한 이후 140년의 세월 동안 여러 연구자들이 이 위대한 과학자의 죽음의 원인을 가려내기 위해 노력했다. 그들이 진단 내린 병명에는 불안장애의 일종인 광장공포증, 브루셀라증이라 불리는 박테리아 감염증, 만성 비소중독, 만성 불안증후군, 심각한 수준의 만성 신경쇠약,** 만성 장 질환인 크론병, 주기성 구토 증후군, 우울증, 극도의 심기증, 위궤양, 통풍, 유당 불내증, 내이의 장애로 발생하는 메니에르병, 공황장애, 미토콘드리아성 뇌근육병증, 젖산산증, 뇌졸중양증상, 모계유전의 신경근계 이상, 정신신체증 피부질환 그리고 동성애 억제 등이 있다.

1959년, 다윈이 내놓은 가장 유명한 작품의 출판 100주년 기념식

---

* 심신이 편안한 상태에서 통증이 시작되어 정도와 빈도가 점점 심해지는 협심증을 "불안정 협심증"이라고 한다.

** 신경쇠약은 빅토리아 시대 사람들이 심각한 신체적, 정신적 피로감을 호소하는 환자에게 병의 원인도 정확히 밝히지 못한 채 잘못 지어 붙인 병명이다.

에서 열대의학 전문가인 이스라엘의 과학자 사울 애들러는 다윈을 괴롭혔던 건강 문제의 뿌리는 심리적인 데 있지 않다는 결론을 내렸다. 그는 그 질병들이 우리가 생각하는 것보다 훨씬 오래전에, 다운 하우스로부터 수천 마일 떨어진 곳에서 시작된 것이라고 믿었다. 그에게 명성을 안겨주었던 바로 그 항해가 시작점이었다.

심장의 근육을 파괴하는 병

1908년, 브라질의 의사 카를로스 샤가스가 브라질중앙철도의 요청으로 라산시라는 마을을 찾아갔다. 미나스제라이스주 상프란시스쿠 강변에 위치한 이 궁핍하고 초라한 마을은 잦은 가뭄과 그로 인해 바싹 메말라 버린 땅으로 유명했다. 라산시는 새로 건설된 철도의 종착지였기에 철도 노동자들이 많이 살고 있었는데, 대부분은 곤궁하고 불결한 환경에서 생활하고 있었다. 샤가스가 그곳까지 불려간 이유는 많은 철도 노동자들이 말라리아로 보이는 병에 걸려 쓰러지거나 죽어가고 있었기 때문이었다.

말라리아에 대해서는 많은 문헌이 있지만, 모기를 매개로 하는 이 전염병이 몰고 온 처참한 비극은 "열대지방의 재앙"이라는 말로도 다 표현할 수 없다. 그보다 몇 년 전에 프랑스가 파나마 운하를 건설하던 시기에 말라리아와 황열병에 걸려 목숨을 잃은 노동자가 무려 2만

2,000명이었다.*

말라리아는 감염되지 않은 학질모기 암컷이 말라리아에 감염된 사람을 물어, 그 사람의 혈액 속에 들어 있던 원생동물 기생충인 말라리아 원충을 혈액과 함께 빨아먹으면서 전파된다. 이 모기가 다른 사람을 물면 그때 이 기생충이 전염된다. 인체에 침입한 이 기생충은 순환계를 파고들어 간까지 침투하는데, 거기서 증식하며 1년까지 휴면한다. 이 원생동물은 간에서 나와 적혈구를 감염시키고, 거기서 새로운 단계의 번식에 들어간다. 바로 이 혈액 단계에서 고열과 오한, 두통과 오심, 구토 그리고 전신 근육통이 일어난다.

말라리아 전문가였던 샤가스는 간단한 진료실을 설치했고, 자신이 보고 있는 증상이 말라리아가 아님을 금방 알아차렸다. 그가 관찰한 질병은 아프리카에서 체체파리에 의해 전염되는 치명적인 질병인 수면병에 훨씬 더 가까웠다. 샤가스가 만난 초췌한 브라질 노동자들은 모두 고열, 두통, 창백한 안색, 호흡곤란, 복부 통증과 근육통 등 급성 증상을 보였으며 눈꺼풀이 퉁퉁 붓고 보라색을 띠고 있었다. 대부분은 오래 지나지 않아 회복했지만, 대략 30퍼센트 정도의 환자들은 훨씬 더 심각한 만성증상으로 발전했다.[16] 기도와 결장 확장 같은 소화관 질병, 뇌졸중 같은 신경학적인 증상, 부정맥, 심근병증(심장근육 질

* 세계보건기구WHO에 따르면, 2018년에 말라리아로 사망한 환자의 수는 40만 5,000명에 달하며 그중 67퍼센트가 5세 미만 어린이였다. 2018년 말라리아로 인한 사망자의 93퍼센트가 아프리카에서 발생했다.[15]

환), 심장근육이 신체가 필요로 하는 만큼의 산소를 충분히 펌프질해 주지 못해 발생하는 만성증상인 울혈성 심부전 같은 심장 관련 질병까지 다양했다.

샤가스는 이 모든 증상과 질병의 원인이 트리아토마 인페스탄스 *Triatoma infestans*, 포르투갈어로 이발사라는 뜻인 "오 바르베이루o barbeiro"라 불리는 흡혈 곤충이라는 결론을 내렸다. 이 곤충을 이발사라 부르는 이유는 사람의 얼굴에 상처를 내고 피를 빨아먹는 습성 때문이었다. 모기도 그렇지만, 트리아토마와 그 친척도 이빨로 피부를 깨물지 않는다. 대신 피하주사기의 바늘처럼 생긴 한 쌍의 침으로 피부를 뚫고 그 밑을 지나가는 혈관을 찌른다. 그다음 항응고제(항응혈제)가 들어 있는 타액을 혈액 속에 주사한다. 그리고 빨대를 꽂고 음료를 빨아마시듯 피의 성찬을 즐긴다.

샤가스는 이렇게 썼다. "이 곤충의 정주성定住性과 사람의 주거지에 몰려 사는 습성을 알고 있었으므로, 우리는 '이발사'의 생물학적 특성을 비롯해 이 곤충이 사람에게 기생충을 옮기는 경로를 정확하게 파악할 수 있는 기회라 여기고 라산시에 더 머물기로 결정했다."[17]

샤가스는 자신이 찾던 기생충을 곧 발견했다. 이발사의 후장에서 생애주기의 일정 부분을 머무르는 원생동물이었다. 처음에는 샤가스도 트리아토마가 사람을 "물 때" 병원체가 전염된다고 믿었다. 그러나 확인된 감염경로는 그보다 좀 더 역겨웠다.

트리아토마는 피를 더 많이 빨아먹기 위해, 사람의 피를 빨아먹으

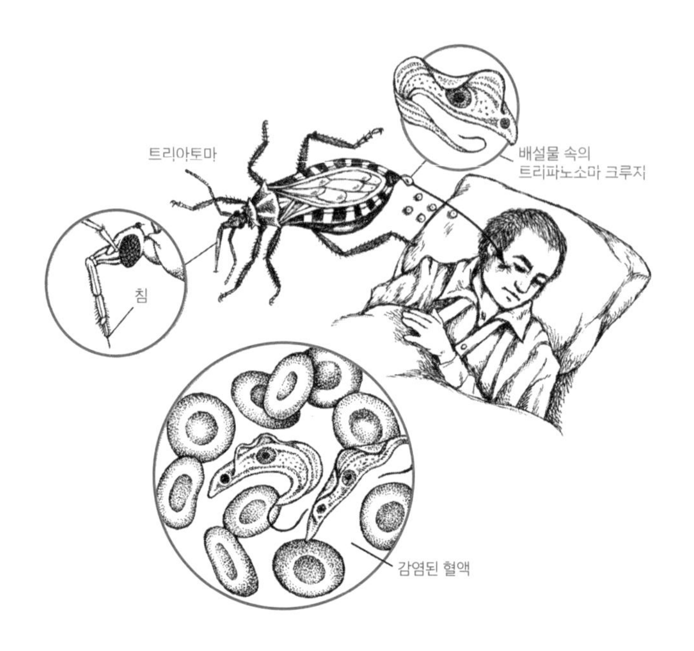

면서 한편으로는 앞서서 먹은 성찬의 찌꺼기를 액체 상태로 배설한다. 흡혈박쥐로 잘 알려진 데스모두스 로툰두스*Desmodus rotundus*도 입으로는 점잖게 피를 빨면서 동시에 뒤로는 지저분하게 배설을 하는, 트리아토마와 비슷한 체중 감량 전략을 쓴다. 이 흡혈박쥐가 식사하는 동안 팔팔한 힘을 가진 박쥐의 신장은 앞서서 먹은 피의 찌꺼기들을 소변 형태로 재빨리 배출한다. 흡혈박쥐는 매일 밤 자기 체중의 50퍼센트에 이르는 엄청난 양의 새로운 피를 마셔야 하므로, 몸이 지나치게 무거워지면 비행 도약을 하는 데 방해가 되기 때문이다.

다시 이발사의 배설물로 돌아와서, 트리아토마의 배설물 속 기생충은 피부 표면에 머무르다가, 곧 숙주가 될 사람이 물린 곳 주변을 문지르면 이발사가 피를 빨면서 낸 침 구멍이나 그 근처의 점막을 통해 사람의 몸속으로 침투한다. 주로 눈과 입 주위의 점막이 그 통로가 된다. 샤가스의 환자들이 눈두덩이가 부은 채로 찾아왔던 것은 그들이 눈 주변을 문지르다가 이발사의 배설물이 눈에 들어갔기 때문이었다. 사람이든 동물이든 트리아토마의 배설물에 오염된 음식을 먹거나 마시면 입을 통해서도 감염될 수 있다. 또한 출산 시에 산모에게서 태아에게로 감염될 수도 있다.

샤가스는 트리파노소마 감염병을 발견하는 데 기여한 오스왈도 크루즈의 이름을 따 이 원생동물을 트리파노소마 크루지*Trypanosoma cruzi*라고 명명했다. 이어진 연구로 이 원생동물 T. 크루지가 점막의 모세혈관을 통해 결국에는 심장으로 혈액을 운반하는 혈관 내피까지 침투할 수 있음이 밝혀졌다. 이 침입자는 그곳에서 심장근육세포까지 접근할 수 있게 된다.

이 작은 기생충의 전격적인 공격으로 인해 T. 크루지 감염 환자 중 대략 20퍼센트가 심장과 맥관 구조의 기능에 돌이킬 수 없는 손상을 입는다.* 설상가상으로, 다른 트리파노소마와는 달리, T. 크루지는 정상적인 세포에 침입해 거기서 증식하는 세포내기생충이다.[18] 따라서 혈액에서만 머무르는 다른 기생충과는 달리 항생제로 치료하기가 매우 어렵다. 최근 연구에서 만성적인 후유증에 시달리는 환자의 혈액

* 트리파노소마는 간, 폐, 비장, 뇌, 심지어는 골수에까지 침입할 수 있다.

에서는 T. 크루지가 발견되지 않아도, 종종 환자의 심장근육조직 깊은 곳에 숨어 있다는 사실이 밝혀졌다. 처음 감염된 후 수십 년이 지나는 동안 이 기생충은 심장근육조직을 서서히 파괴하면서 지금은 샤가스병이라 부르는 질병을 일으켜 결국 인간 숙주를 죽음에 이르게 하는데, 사망자를 죽인 기생충은 사후에야 발견된다.[19]

샤가스와 그를 따르던 연구진들은 또한 이 원생동물의 곤충 숙주들은 신열대구新熱帶區에 분포하는 침노린재과 곤충이라는 사실을 밝혀냈다. 침노린재과에 속하는 곤충은 100종 이상에 달한다. 그중 일부는 매복형 포식자로 살지만, 또 다른 종은 둥지를 틀고 사는 설치류나 잠든 포유류의 피를 빨아먹고 산다. 악명 높은 빈대를 비롯해 침노린재과에 속하지 않는 일부 종도 인간과 어울려 살면서 사람이 잠든 동안 공격에 나선다. 그러나 질병을 옮긴다고 알려진 빈대는 없는 반면에, 이발사 벌레라 불리는 트리아토마 인페스탄스와 중앙아메리카에 서식하는 그들의 사촌 로드니우스 프롤릭수스Rhodnius prolixus는 트리파노소마로 가득한 배설물을 사람에게 뿌려 놓는다. 로드니우스 프롤릭수스의 배설물 세례에 당하는 인간 숙주 집단은 다국적이다. 초가지붕과 어도비 벽돌로 지은 집이 이 벌레들의 주요 서식지이므로, 이들에게 감염되는 사람들은 대개 가난하게 사는 사람들이다.* 배설물에 감염된 음식과 식수를 통한 경구감염도 심각한 문제다.

* 샤가스병의 두 번째로 중요한 매개체인 로드니우스 프롤릭수스는 남아프리카의 북부 지역에서도 발견된다.

찰스 다윈의 죽음을 둘러싼 연구

페루에서는 이 벌레를 치리만차, 베네수엘라에서는 치포, 중앙아메리카에서는 친체 피쿠다라고 부른다. 1835년에 찰스 다윈이 방문했던 아르헨티나쪽 안데스산맥에는 그때나 지금이나 빈추카라고 부르는 흡혈충이 있는데, 다윈은 이를 잘못 알고 노트에 "벤추카"라고 적어놓았다.

여기서 우리는 사울 애들러의 1959년 연구를 돌아보게 된다. 이스라엘 출신의 저명한 기생충학자였던 애들러는 다윈의 만성적인 질환과 죽음의 원인이 샤가스병이라는 의견을 내놓았다. 애들러는 "그의 증상의 원인이 샤가스병이라고 가정하면 심인성 이론뿐만 아니라 샤가스병의 전체적인 틀에도 잘 들어맞는다"[20]라고 썼다.*

애들러의 가설의 핵심은 다윈이 1835년 아르헨티나에 갔을 때 벤추카에게 물렸다고 직접 기록했다는 사실이다. 아마 이때 벤추카의 배설물이 묻었을 것이다.

> 아르헨티나의 대초원에서 어느 날 밤에 벤추카라는, 실제로는 그런 이름이 아까운 벌레의 공격을 받은 적이 있었다. 날개는 없고 몸은 말랑말랑하면서 몸길이가 1인치 정도 되는 이 벌레가 내 몸 위로 슬

* 심인성 질병이란 정신적 또는 정서적 스트레스 원인으로부터 발생했다고 생각되는 질병을 말한다.

> 금슬금 기어오를 때는 정말 징그럽고 소름이 끼친다. 사람의 피를 빨기 전에는 몸이 홀쭉하지만 피를 빨아먹고 나면 몸이 통통하게 부풀어 오르며, 이 상태에서는 짓이겨 죽이기도 쉽다. 이 벌레는 칠레와 페루의 북부에서도 발견되는데, 내가 이키퀴에서 잡았던 벌레는 홀쭉했다. 벌레를 테이블 위에 올려놓고 사람들이 둘러섰다. 손가락을 내밀자 이 흡혈충은 침을 뒤로 살짝 물렸다가 피부를 찔러 피를 빨기 시작했다. 10분도 채 되지 않아 벌레의 몸 크기가 완전히 변하는 것을 보자니 매우 신기했다. 벌레가 피를 빠는 동안 아프지는 않았다. 이렇게 한 번 배불리 피를 빨아먹으면 최대 4개월까지 견딜 수 있지만, 보름 후면 다시 피를 빨아먹을 수 있다.[21]

애들러의 가설에 대한 학계의 초기 반응은 혼란스러웠다. 두 편의 의학 논문은 다윈의 사인이 "샤가스병과 노이로제, 두 가지 모두"라고 주장했다.[22] 그중 한 편은 1967년에 노벨상을 받은 생물학자 피터 메더워가 쓴 것이었다.

그러나 다른 사람들은 확신을 갖지 못했다. 1977년, 랠프 콜프 주니어는 다윈을 괴롭혔던 질환은 순전히 스트레스와 관련된 문제라고 주장하는 책을 냈다.[23] 2008년에 개정판을 내면서는 샤가스병 가설을 반박했다. "애들러의 샤가스병 가설은 많은 이들로부터 환영받거나 거부당하거나, 다시 인정을 받았다가 논쟁을 불러일으켰다."[24]

샤가스병 가설을 인정하지 않는 사람들은 다윈이 비글호 항해에 나서기 전부터 "심장의 떨림과 통증이 있었다"[25]라고 쓴 적이 있으며, 이는 그에게 이미 심장질환이 있었음을 의미한다고 주장했다. 또한 그가 샤가스병 감염의 초기 증상 중 하나인 고열에 대한 기록을 남기지 않았다는 점에도 주목한다.[26] 고열은 잠복기로 들어가기 전에 거의 항상 나타나는 급성 단계이기 때문이다. 마찬가지로, 비글호 항해에 대한 해군성의 기록에도 비글호 승무원 중 누구도 샤가스병의 증상을 보였다는 기록이 없다. 그러나 샤가스병의 증상이 자세히 밝혀진 것은 1909년이었으므로, 해군성 기록에 샤가스병 관련 증상이 적혀 있지 않은 것도 이상한 일은 아니다.

2011년, 다윈의 건강과 죽음은 메릴랜드의과대학교에서 열렸던 역사적 임상병리학회에서 고찰해야 할 주제로 선정되었다. 이 학회는 그동안 오래전에 병사한 유명 인사들, 이를테면 알렉산더 대왕, 크리스토퍼 콜럼버스, 에드거 앨런 포, 루드비히 판베토벤 등의 죽음을 다루었다. 참가자들은 다윈의 질병과 관련된 길고 긴 진단 목록을 이미 갖고 있었지만, 토론에 들어가기 전에 이 학회의 주최자 중 한 사람인 위장병학자 시드니 코헨은 다윈 관련 주제에 대한 언론의 지나친 관심과 기대를 완화시키기 위해 다음과 같은 성명을 발표했다. "이번 토론은 순전히 증상을 기반으로 한 평가이며, 평생토록 고통받았던 한 개인[다윈]의 인생 여정에 대한 분석입니다."[27]

코헨과 그의 동료들은 최종적으로 "샤가스병은 말년에 다윈에게 고통을 주었으며 끝내 죽음에 이르게 했던 심장질환, 심부전 또는 '심장 노화'(다윈의 시절에 심장질환을 일컫던 병명)를 설명해준다"고 결론을 내렸다. 이들은 또한 1840년부터 건강이 안 좋아지기 시작했다는 다윈 본인의 기록으로 보아, 1836년 비글호 항해가 끝나고 수년 간의 잠복기를 거친 뒤 증상이 나타났다고 보았다. 이러한 잠복기는 T. 크루지에 처음 노출된 후에 있을 수 있는 일이었다.

만약 T. 크루지에 노출되었다면, 이 원생동물은 가장 먼저 다윈의 순환계에 침입했다가 그다음에는 위장과 장, 방광으로 차례차례 침입했을 것이다. 이러한 장기와 관련된 신경을 손상시켜서 그 결과 과도한 구토, 복부팽만, 트림 등으로 나타나는 소화기 장애를 일으켰을 것이다. 실제로 다윈은 이런 증상을 보였다.* 마지막으로, 샤가스병의 또 한 가지 후유증인 만성적인 심부전은 이 위대한 과학자를 평생토록 조금씩 죽여가고 있었을 것이다.

다윈의 죽음에 대한 미스터리를 완전히 해결하기 위해, 현대적인 중합효소연쇄반응polymerase chain reaction; PCR 기술로 다윈의 유해에서 T. 크루지의 존재를 판별하자는 제안이 나왔다. 칠레와 페루에서 발굴된 9,000년 전 미이라로부터 얻은 샘플의 PCR 검사로 샤가스병이 그 당시 이미 남아메리카의 인간 사회에 널리 퍼져 있었음을 증명한 바 있었다.[28] 그러나 아무리 과학적인 목적을 가진 연구라 해도 한 사람의 존엄성을 해칠 수 있는 것이기에, 찰스 다윈의 유해가 잠들어 있는 웨

* 코헨은 또한, 만약 샤가스병이 아니라면 주기적인 구토증후군과 위궤양은 다윈이 장기적인 소화기 장애를 겪었음을 말해준다고 주장했다.

스트민스터 사원 측의 거부로 이 제안은 성사되지 못했다.

결과적으로 과학자들이 할 수 있는 최선의 방법은 추측이다. 샤가스병이 다윈의 증상 패턴과 일치하기는 하지만, 그의 고통과 죽음이 이 병의 결과인지 다른 병과의 조합인지 아니면 전혀 다른 질병인지 확신할 수는 없다. "다윈의 일생에서 나타나는 병력은 하나의 질병 또는 장애와 딱 맞아떨어지지 않는다. (…) 나는 다윈이 일생 여러 병을 앓고 있었다고 생각한다."[29] 코헨은 이렇게 결론을 내렸다.

심장을 공격하는 벌레

샤가스병이 다윈이 보였던 증상과 죽음에 직접적인 상관이 있느냐의 여부를 떠나서, 그가 만약 살아 있었다면 문제의 이발사 벌레가 서식하는 지리적 영역이 점점 확대되고 있다는 사실에는 분명 큰 관심을 보였을 것이다. 기후가 온난해지면서 트리아토마 인페스탄스의 서식 영역은 북쪽으로 확장되고 있다. 또한 노린재과에서 사람을 먹이로 삼지 않던 일부 종도 이제 식단에 변화를 보이고 있다. 아마도 그 벌레들이 평화롭게 살던 자연에 인간이 침범해 들어갔기 때문일 것이다. 세계보건기구는 현재 600만 명에서 700만 명이 감염된 상태로 보고 있으며, 감염자의 대부분은 라틴아메리카의 주민이다.[30] 미국질병예방통제센터CDC는 미국에도 30만 명 이상의 샤가스병 환자가 있

을 것으로 보고 있다.[31]

샤가스병 전문가인 뉴올리언즈 로욜라대학교의 퍼트리샤 돈 교수는, 현재의 비관적인 상황에서도 라틴아메리카에서의 신규 감염자 수는 사실 줄어들고 있다는 점이 그나마 긍정적인 면이라고 지적한다. 이는 아마도 구충제 살포 정책 덕분일 것이다. 또한 돈 교수는 북아메리카에 서식하는 트리아토마 종의 벌레들을 검사한 결과 그중 50퍼센트가 T. 크루지 기생충에 감염되어 있었지만, 이들에게 물려서 샤가스병에 감염될 확률은 상대적으로 낮다고 말했다. 남쪽에 서식하는 친척에 비해 북아메리카에 서식하는 종은 먹으면서 배설하지는 않기 때문이다. 이렇게 점잖은 테이블 매너 덕분에, 이들 벌레에게 물린 2,000명 중에서 겨우 한 명 정도가 샤가스병에 감염된다고 돈 교수는 추산한다. 결과적으로 미국에서 샤가스병을 앓고 있는 사람들의 대다수는 미국에서 감염된 것이 아니라 라틴아메리카에서 이발사 벌레에게 물린 후 고국으로 돌아와 증상이 나타난 것이다.

그렇다고 북아메리카 이발사 벌레들을 얕잡아볼 수만은 없다. 이 벌레들이 T. 크루지를 감염시키지는 않지만, 트리아토마는 아나필락시스의 주요 원인이다. 아나필락시스는 심한 천식 또는 땅콩 알레르기와 비슷하고, 최악의 경우 생명을 위독하게 할 수도 있는 심각한 알레르기 반응이다. 게다가 돈 교수에 의하면 또한 만성 샤가스병의 구충제 치료에 대한 패러다임의 변화가 여전히 논쟁의 불씨를 안고 있다고 한다.[32] 일반적인 기생충은 혈액에서만 머무르지만 샤가스병을 일으키는 T. 크루지는 세포에 기생하기 때문에, 구충제 치료 방법에도 변화가 필요했다. 이전에는 질환의 원인을 환자의 과잉 면역반응에 두었지만, 샤가스병을 치료할 때는 않고 모든 만성질환자의 몸에 T. 크루지 기생충이 남아 있다는 가정에 의존한다.

마지막으로, 미국에서 T. 크루지의 숙주가 된 사람은 드물지만, 미국의 반려견들은 사후에 T. 크루지 감염으로 밝혀지는 경우가 많다. 이들은 T. 크루지에 감염된 곤충을 먹었거나 그 배설물과 접촉했을 것이다. 텍사스 A&M 수의과대학교의 새러 하머 교수가 텍사스와 멕시코 국경에 투입된 미국 정부 소속 탐지견을 연구한 결과, 연구 대상 탐지견의 7.4퍼센트가 샤가스병 양성 판정을 받았다.[33] 하머 교수와 동료들이 텍사스주 내 일곱 곳의 생태지역에 있는 유기견보호소의 유기견들을 대상으로 비슷한 조사를 했더니, 조사 대상 유기견의 8.8퍼센트가 양성인 것으로 판정되었다.

개가 걸릴 수 있는 가장 악명 높은 혈액 매개 질병은 두말할 것도 없이 개사상충병이다. 회충의 일종인 심장사상충이 원인인 이 병은 개 외에도 고양이, 코요테, 여우, 흰족제비, 곰, 강치, 심지어는 사람도 걸릴 수 있다. 유일한 감염 경로는 이 회충에 감염된 모기에게 물리는 것이다. 감염된 채로 시간이 흐르면, 길이 30센티미터 정도의 실 같은 회충이 덩어리를 이루며 오른쪽 심장과 그쪽으로 연결된 큰 혈관을 가득 채워서 심장이 마치 파스타면이 가득 찬 주머니 같은 모양이 된다. 감염된 후에 치료하려면 회충을 죽이는 약을 써야 하므로, 한 달에

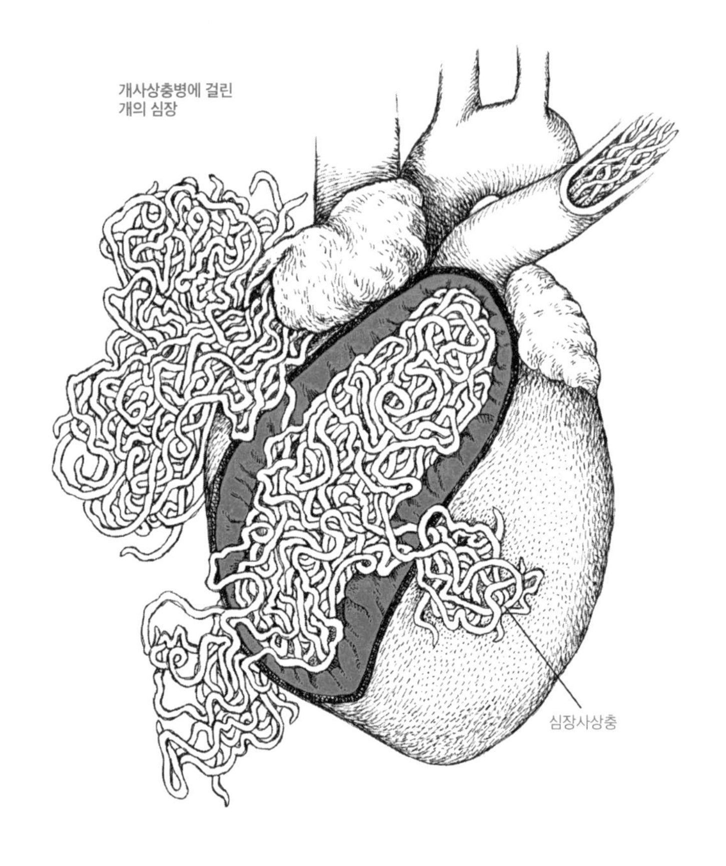

한 번씩 약을 먹이거나 격년으로 예방주사를 접종시키는 것이 감염 후 치료하는 것보다 비용이나 노력 면에 있어서 훨씬 낫다. 약으로 치료를 한 경우에는 죽은 기생충이 금방 분해되기 시작하므로, 두어 달 동안은 반려견의 운동을 피해야 한다. 그렇지 않으면 조각난 기생충이 폐혈관을 막아 반려견을 죽게 만들 수도 있다.

T. 크루지의 매개체인 노린재과 벌레들과 샤가스병의 이야기는 21

세기에도 여전히 현재진행형이다. 그러나 "진화의 아버지"를 평생 괴롭히고 결국은 죽음에 이르게 했을지도 모르는 이 벌레들도 스스로 진화하고 있다는 것은 분명하다. 이들도 자신들의 서식지를 파괴한 자들을 먹이로 삼음으로써 그 환경에 적응하고 있다.

지금까지 우리는 샤가스병의 대량 확산을 잘 피해왔다. 그러나 미래에는 기후변화, 이들의 서식지에 대한 인간의 침범에 맞추어 벌레들의 행동에도 변화가 올 것이고 이는 결국 재앙을 부를 것이다. 심지어 인간이 침범한 서식지는 대부분 빈곤층의 생활 터전이 된다. 찰스 다윈이 샤가스병으로 고생을 했든 그렇지 않든, 그가 살아 있었다면 이발사 벌레의 진화에 호기심과 동시에 두려움을 느꼈을 것이다.

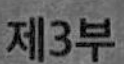

제3부

우리의 심장을 더 낫게 만들 수 있다면

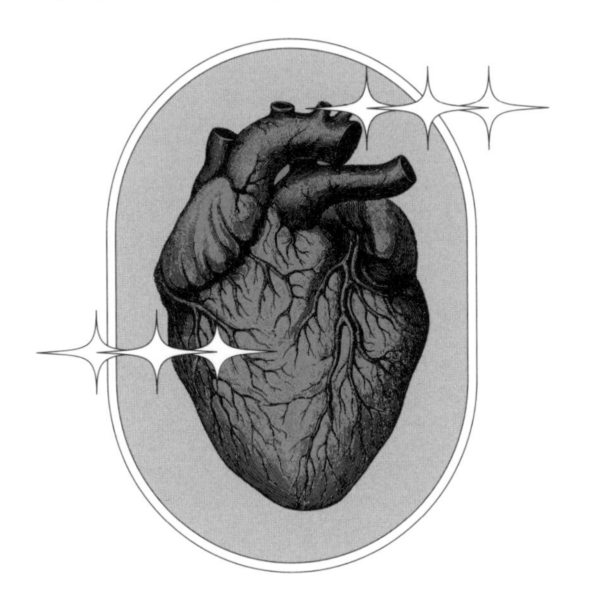

PUMP | A Natural History of the Heart

막대기에서 청진기까지

심장의 소리를 듣는 법

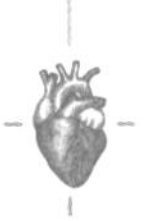

그는 그녀의 몸에서 나는 분주한 생명의 소리를 들으려 했다.
그러나 생명의 소리는 들려오지 않았다. 그는 그녀가 죽었다는 사실을 깨달았다.

– 에버니저 존스

1816년 9월의 어느 선선한 아침, 서른다섯 살의 의사 르네 테오필 이아신트 라에네크는 파리의 루브르궁을 지나다가 어린아이 둘이 긴 나무막대기 하나를 가지고 노는 모습을 보았다. 한 아이는 막대기 한쪽 끝에 귀를 대고 있었고, 한 아이는 반대쪽 끝을 핀으로 긁고 있었다.[1] 라에네크는 잠시 멈춰 두 아이의 노는 모습을 지켜보았다. 아이들의 천진난만한 모습이 의사라는 직업의 가혹한 현실로부터 잠시나마 벗어나게 해주는 것 같았다. 당시는 소모증이 파리 전체를 사납게 할퀴고 있던 시기였다. 라에네크도 어머니와 형 그리고 두 명의 스승을 소모증으로 잃었다.

환자가 천천히 기력을 잃고 안에서부터 스러져가는 듯이 보인다고 해서 "소모증"이라고 불리게 된 이 병은, 폐암과 기관지염을 비롯한 몇 가지의 호흡기계 질환의 통칭이기도 했다. '소모증'이라는 명칭에 가장 잘 어울렸던 질병은 환자의 뼈에 울퉁불퉁한 병변*을 남기는 특징을 가지고 있었다. 고대 이집트의 미라에서도 이 병변을 볼 수 있으며, 따라서 고대 이집트인들 역시 이 병을 알고 있었다. 고대 그리스에서는 이 질병을 폐결핵φθίσις, phthsis이라고 불렀으며, 고대 로마인은 소모증tabes이라고 불렀다.

고대의 의사들처럼, 라에네크와 그의 동료들, 파리 시민들도 자신들이 어떤 병을 상대하고 있는 것인지 알지 못했다. 당시의 사람들은 소모증의 원인을 나쁜 공기, 즉 독기miasma와 유전이라고 생각했다. 그들이 아는 것은 소모증이 환자의 에너지를 천천히 소모시키면서 안색을 창백하게 만들고 나날이 체중을 감소시킨다는 사실뿐이었다.

파리를 휩쓴 유행병, 결핵

라에네크가 의사로 활동하던 시기에는 소모증의 증상을 아주 로맨

* 병변이란 질병이나 외상으로 생긴 조직의 손상을 말한다.

틱하게 보는 경향이 있었는데, 그러한 경향은 1990년대 중반에 "헤로인 시크heroin chic"* 스타일로 되살아나기도 했다. 유럽과 그 식민지에서는 창백한 피부와 개미처럼 얇은 허리가 19세기 여성미의 기준이 되었고, 이를 위해 빳빳한 코르셋으로 허리를 꽉 조이기도 했다. 화가, 작가 그리고 시인들은 앞다투어 이 치명적인 질병을 미화하고 칭송하기에 이르렀다. 미국의 수필작가 랠프 왈도 에머슨은 소모증에 걸린 자신의 약혼녀가 "오래 살기에는 너무나 사랑스러웠다"[2]라고 썼고, 영국의 시인이자 조경전문가였던 윌리엄 센스톤은 "시와 소모증은 가장 돋보이는 질병"[3]이라고 말했다. 그러나 오페라 〈라 보엠〉이나 〈라 트라비아타〉에 등장하는 개미허리 여주인공들과는 달리, 소모증에 걸린 사람들의 고통은 로맨틱과는 거리가 멀어도 한참 멀었다. 이 병은 유럽의 여러 대도시를 산산조각으로 부수어놓았다. 수천 명의 희생자들이 밤새 진땀을 흘리며 온몸을 떨고 격한 구토에 시달렸으며, 도저히 참을 수도 막을 수도 없는 기침 때문에 잠시도 몸이 편하지 않았다.

소모증의 증상 중 하나가 폐와 림프절에 생기는 결절tubercle이었다. 라틴어로 투베클레tubecle는 "작은 언덕"이라는 뜻으로, 1839년 독일의 의사 요한 루카스 쇤라인이 이 병에 "소모증" 대신 결핵tuberculosis; TB이라는 현대적인 이름을 처음으로 붙여주었다. 이 병이 전혀 로맨틱

* 얇고 창백한 피부, 짙은 다크서클이 특징이었던 모델 케이트 모스는 이 스타일을 대표하는 포스터 차일드였다. 이 스타일이 대중문화의 일시적 현상으로 지나가 다행이다.

하게 들리지 않는 "결핵"이라는 이름으로 널리 알려지기 50년 전이었다. 결핵이라는 새로운 이름으로 명명된 뒤, 쇤라인과 마찬가지로 역시 독일의 의사였던 로베르트 코흐가 1882년에 폐와 림프절에 결절이 생기는 원인이 박테리아 때문이라는 사실을 발견하고, 이 박테리아를 결핵균*Mycobacterium tuberculosis*이라고 명명했다.

이러한 새로운 사실이 알려지자 여성의 패션에도 대대적인 변화가 일어났다. 길고 치렁치렁하게 끌리던 치마는 집 안까지 박테리아를 몰고 들어온다는 이유로 더 이상 입지 않았으며, 코르셋은 혈행을 막는다는 이유로 판매량이 급감했다. 복잡한 속옷 역시 결핵의 증상을 더욱 악화시킨다고 여기기 시작했다. 남성들의 스타일도 영향을 받았다. 구레나룻이든 턱수염이든 염소수염이든 병균이 꼬인다고 생각해서 인기가 시들해졌다.[4]

1800년대 말, 결핵환자들에게 따스하고 밝은 햇살과 맑은 공기, 그리고 적당히 높은 고지대가 좋다고 알려지자 휴양지가 선풍적인 인기를 끌었고 알프스로 대표되는 유럽의 여러 산악지대에서 앞다투어 휴양시절이 문을 열었다. 1885년, 뉴욕주 북부 지방 새러낵 호수에 미국 최초의 휴양지가 생겼고, 뒤를 이어 덴버에도 비슷한 시설이 문을 열었다.

1943년에 이르러서야 미생물학자 셀먼 왁스먼이 결핵의 확실한 치료제를 만들어냈다. 왁스먼은 다른 박테리아로부터 스트렙토마이신streptomycin이라는 물질을 분리해내고, 이 물질이 결핵균을 죽일 수 있음을 확인했다. 1949년 말에 처음으로 결핵환자가 이 항생제로 치료를 받았다. 이후에도 새로운 약물이 개발되었고, 1990년대에 이르자 결핵은 완전히 퇴치된 것처럼 보였다.

그러나 아쉽게도 사실은 그렇지 않았다. 그 이유는 여러 곳에서 찾을 수 있다. 세계 곳곳에서 결핵 치료제를 배포하기 위해 기금이 조성되었으나, 결핵에 감염된 사람들은 완쾌될 때까지 꾸준히 치료제를 복용하지 않았다. 그리고 저렴하게 생산된 항생제는 결핵 치료에 필요한 만큼의 성분을 포함하고 있지 않았다. 결과적으로 돌연변이 결핵균이 등장했고, 이 변종에는 그전까지 효과가 좋았던 항생제가 듣지 않았다. 세계보건기구의 자료에 따르면, 여러 약물에 내성을 가진 다제내성 결핵Multidrug-resistant tuberculosis; MDR-TB이 다시금 세계 전역에 퍼지면서, 2019년에는 결핵으로 숨진 환자가 140만 명에 이르렀다.

사람들이 1800년대 후반에 믿었던 것처럼 치렁치렁한 치마나 수염을 통해 전염되지는 않지만, 결핵의 전염력은 매우 강하다. 결핵균은 기침, 재채기 또는 침을 뱉는 행위 등을 통해 공기 중으로 감염된다. 일단 사람의 몸 안으로 들어가면 가장 먼저 폐를 공격하지만, 신장이나 비장, 뇌, 심지어는 심장까지도 공격할 수 있다. 결핵균의 공격을 받은 심장은 염증이 생기면서 바깥쪽 심막이 두꺼워지고 심막 안에 체액이 쌓인다. 심장이 결핵균에 감염되어 발생하는 결핵성 심낭염tuberculous endocarditis; TBE은 1892년에 최초로 진단되었다.[5] 결핵성 심낭염은 오늘날에도 치명률이 높다. 이 병은 진단이 늦게 내려지고, 때로는 심장판막 교체 수술이나 개심수술 도중에 우연히 발견되기도 한다. 심하면 부검을 해야만 알 수 있는 경우도 있다.

결핵을 진단하기 위해 청진기가 발명되다

1816년에는 결핵 판정을 내릴 때 두 가지 진단 방법이 있었다. 두 가지 방법 모두 몸에서 내는 소리를 듣는 청진에 의존한다. 청진auscultation은 라틴어로 "듣는다"는 뜻을 가진 아우스쿨타레auscultare에서 온 말인데, 그 첫 번째 방법은 타진으로, 의사는 중지 또는 작은 망치로 환자의 가슴(또는 복부)을 두드려서 울리는 소리를 듣고 진단한다. 이 방법을 개발한 사람은 오스트리아에서 여인숙 주인 부부의 아들로 태어난 의사 레오폴트 아우엔브루거였다. 아우엔브루거는 아버지가 와인통을 두들겨 그 소리를 듣고 와인이 얼마나 남아 있는지 판별하는 모습을 보고, 그 방법을 응용해 환자의 가슴을 두드려 그 소리를 통해 가슴에 체액이 얼마나 차 있는지 판단했다. 와인이 가득 찬 통을 두드리면 둔탁한 소리가 나듯이, 가슴에 체액이 가득 찬 환자에게서도 낮고 둔탁한 소리가 났다.[6] 가슴에서 이런 소리가 나는 환자는 십중팔구 소모증으로 고통받고 있었다. 아우엔브루거는 1750년대에 스페인의 군 병원에서 일하며 가슴을 타진해 소모증 환자를 판별하는 방법을 갈고 닦았다. 그는 소모증으로 의심되는 환자가 사망하면 부검을 통해 심장과 폐를 둘러싸고 있는 흉강에 결핵과 관련된 체액이 차 있는지를 확인했다.

19세기 의사들이 소리를 이용했던 두 번째 진단법은 "직접 청진법"으로, 의사가 환자의 가슴에 직접 귀를 대고 폐와 심장에서 나는 소리를 듣는 방식이었다. 그러나 이 방식에는 여러모로 문제가 많았다. 많은 환자가 목욕을 제대로 하지 않거나, 몸에 이를 비롯해 여러 해충이 들끓었다. 그뿐만 아니라 심장에서 나는 소리를 깨끗하게 들을 수 없을 정도로 비만인 환자도 많았고, 특히나 남성 의사가 여성 환자의 가슴에 귀를 갖다 대는 행위는 심각한 문제의 소지가 될 수 있었다.

통통하게 살이 찐 여성 환자를 마주한 당황스러운 상황에서, 라에네크는 위에서 언급했던 두 어린아이의 놀이를 떠올렸다.

> 잘 알려져 있던 음향학적 현상이 떠올랐다. 나무막대의 한쪽 끝을 귀에 대고 다른 쪽 끝을 핀으로 긁으면 그 소리가 선명하게 들린다. 이러한 물리적 특성을 잘 이용하면 내가 처한 곤란한 상황을 극복할 수 있을 것 같았다. 나는 종이 한 장을 단단하게 말아서 한쪽 끝을 환자의 전흉부(가슴부위)에 대고 반대쪽 끝에 귀를 갖다 대보았다. 내 귀를 직접 환자의 가슴에 대고 들었을 때보다 훨씬 선명하게 들리는 심장 소리에 나도 깜짝 놀랄 정도였다. 나는 그 방법이 의학 연구에 없어서는 안 될 방법이 되리라는 것을 금방 깨달았다. 심장박동 소리를 들을 때뿐만 아니라 흉강에서 소리를 내는 모든 움직임을 감지할 수 있었다.[7]

라에네크는 청진기를 발명하고, 그 후로 평생토록 청진기의 디자인을 개선하는 데 몰두했다. 청진기stethoscope라는 이름은 "가슴"을 뜻하는 그리스어 스테토스στῆθος와 "탐색하다"라는 뜻의 그리스어 스코페인σκοπεῖν을 합성한 것이었다. 그는 당시 난청환자들이 사용하던 트럼펫 모양의 보청기와 거의 흡사한 형태의 청진기를 만들었다. 또한 청진기에서 들리는 소리로 늑막염, 폐기종, 폐렴 그리고 결핵을 구분하는 방법도 터득했다. 청진기의 발명으로 라에네크는 의사가 맥박수처럼 일반화된 "정상 수치"와 비교할 수 있는 또 하나의 측정치를 제공했다. 결국 청진기는 의사가 검은 가죽가방에 넣고 다니는 중요한 진단 도구가 되었다.

청진기는 파리에서도 붐을 일으켰다. 청진기를 소유할 여유가 있는 사람들은 물론이고, 자신의 주치의가 청진기를 사용한다는 사실까지 자랑할 만한 일이었다. 19세기 역사 전문가인 크리스티 블레어는 이러한 경향이 "의학뿐만 아니라 대중문화에서도 심장 수술과 맥박, 순환계 등에 대해 관심을 갖게 했다"[8]라고 썼다.

라에네크는 1824년에 결혼했는데, 얼마 후부터 심신이 쇠약해지고 기침이 심해지면서 숨이 가빠지는 증상을 겪기 시작했다. 파리를 떠나 기후가 더 온난한 브르타뉴로 요양을 가자 약간의 차도가 있었지만, 그의 건강은 곧 다시 나빠졌다. 아마 받아들이기 힘들었겠지만, 그는 그 증상이 무엇을 의미하는지 이미 알고 있었을 것이다. 라에네크는 조카에게 청진기를 주고, 자신의 가슴에서 어떤 소리가 들리는

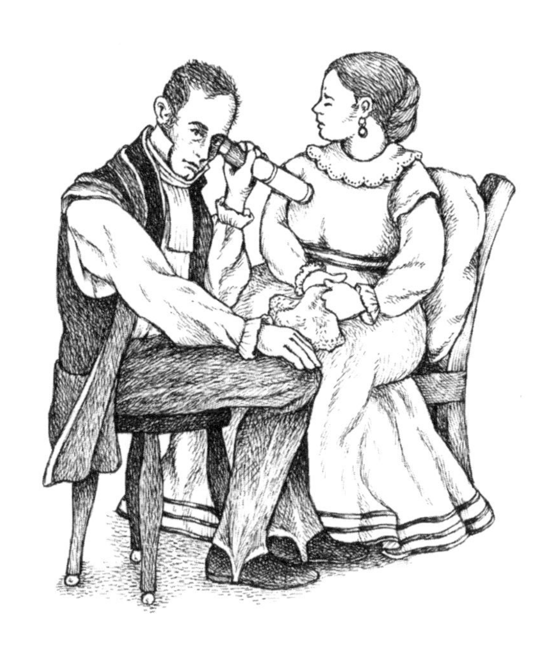

지 설명해달라고 부탁했다. 진단 결과는 절망적이었다. 자신의 발명품을 통해 수많은 의사와 환자의 확진을 도울 수 있었던 바로 그 병, "소모증"이었다. 르네 라에네크는 1826년 8월 13일에 결핵으로 세상을 떠났다. 향년 45세였다.

오늘날에도 결핵은 여전히 심각한 질병이다. 특히 사회경제적 상황과 보건 인프라가 취약한 개발도상국에서는 몇 달씩이나 지속되어야 하는 다제내성 결핵환자의 항생제 치료를 끝까지 하기가 쉽지 않다.

한편, 청진기는 라에네크의 발명 이후 점점 발전되었지만, 기본적인 개념은 처음이나 지금이나 똑같다. 아일랜드의 의사 아서 리어드는 1851년에 양쪽 귀로 심장음을 들을 수 있는 스테레오 청진기를 발명하고 이듬해부터 생산을 시작했다. 청진기는 지금도 환자의 심장과 폐에서 나는 소리를 듣기 위한 의사의 필수 진찰기구다. 심장이나 폐뿐만 아니라 경동맥 같은 혈관에서 나는 소리로 진단을 내릴 수도 있다. 경동맥은 막힌 곳이 있으면 혈액이 지나가며 매우 특징적인 소리를 낸다.

오늘날의 청진기는 파리에서 처음 발명되었던 19세기만큼 첨단 의료기구로 대접받고 있지는 못하지만, 2012년에 진행된 연구를 보면 의사를 가장 의사답게 보이도록 해주는 도구로 수술복, 반사 망치, 귓속을 들여다보는 검이경, 펜보다 더 높은 자리를 차지했다.[9]

라에네크 박사가 살아 있었다면 매우 자랑스러웠을 법하다.

집에서는 따라 하지 마세요

스스로의 심장에 관을 꽂은 의사

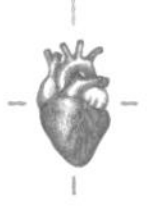

심장 수술도 모든 외과적 수술에 대해 자연이 설정해놓은 한계에 도달한 듯하다.
어떠한 새로운 방법, 어떠한 새로운 발견으로도 다친 심장의 치료를
가로막고 있는 자연의 난관을 뛰어넘을 수 없다.[1]

— 스티븐 패짓, 1896

르네 라에네크가 청진기를 발견한 때로부터 100년 남짓 지났을 무렵, 여러 측면에서 현대적인 심장의학에 새롭고도 중요한 길을 깔아준 획기적인 발견이 이루어졌다. 의사는 이 새로운 기술을 이용해 막힌 관상동맥을 뚫고 심장에 직접 약물을 투여할 수 있게 되었고, 덕분에 환자의 흉곽을 열거나 주사기로 심장벽을 찌르지 않고도 심박조율기를 삽입하거나 심장판막을 이식할 수 있었다. 게다가 이 혁신적인 발견의 이면에는 소설보다도 더 흥미진진하고 때로는 슬픔과 안타까움이 느껴지는 이야기가 숨어 있다.

심장에 손상이 가지 않게 치료하는 법

베르너 포르스만은 베를린의 중상류층 가정에서 태어났지만, 부친이 제1차 세계대전에서 전사하면서 가세가 기울어 가난한 청소년기를 보냈다. 어머니는 사무직으로 직장생활을 하면서 늦게까지 일해야 했고, 열두 살 소년 베르너는 할머니와 외과의사인 삼촌의 지원으로 학업을 계속할 수 있었다. 영리하고 과학적 호기심이 가득했던 베르너는 독일 최고의 중고등학교를 졸업한 후 할머니와 삼촌의 조언을 받아들여 1922년에 프리드리히빌헬름대학교 의대에 진학했다.[2]

외과의사가 되기 위해 공부하는 한편, 포르스만은 심장 무손상시술, 즉 심장에 칼을 대지 않고 치료하는 방법에 큰 흥미를 느꼈다.[3] 포르스만은 당시 심장에 직접 약물을 투입하는 유일한 방법이었던 심장 내 주사 같은 시술이 중요하기는 하지만 매우 위험한 방법이라고 생각했다. 뛰고 있는 심장의 벽을 향해 깜깜이로 주사를 찌르다가는 관상혈관에 손상을 주어 출혈이 일어나고 심낭강에 그 혈액이 고일 수도 있었다. 포르스만은 비슷한 효과를 낼 수 있는 비침습적 시술 방법이 개발된다면 심장의학에 중요한 도구가 되리라고 판단했다.

1928년에 의대를 졸업하고 베를린 근처의 병원에서 외과 레지던트로 일하던 즈음, 포르스만은 과거에 읽었던, 말의 경정맥을 통해 심장까지 튜브를 넣은 연구 문헌을 떠올렸다. 그 연구자가 그런 실험을 한 이유는 말의 폐로 펌프질되는 혈액의 압력을 높이기 위해서였다.

포르스만은 팔꿈치 안쪽의 접히는 부분 가까이에 있는 표재정맥인 전주정맥을 통하면 사람에게도 그와 비슷한 시도를 해볼 수 있다고 생각했다. 이 혈관은 곧바로 심장으로 혈액을 운반하기 때문에, 포르스만은 전주정맥이 외과적 수술 없이 심장에 접근하는 데 쓰일 수 있으리라고 추측했다. 엑스선 기계의 일종인 형광투시경으로 관찰할 수 있는 염료를 전주정맥을 통해 주사하면, 피사체의 내부 이미지를 실시간으로 볼 수 있었다.*[4]

포르스만은 상사에게 이러한 가능성을 이야기했지만, 상사는 동의하지 않았다. 병원측에서는 그가 이 실험을 하지 못하도록 금지했으나, 이제 막 의사 가운을 입은 신참 의사는 상관하지 않고 실험을 해보기로 작정했다. 아주 가느다란 튜브가 필요했으므로, 당시 그가 구할 수 있었던 카테터인 요도관을 적당한 길이로 잘라 쓰기로 했다. 문제는 필요한 요도관과 외과용 도구가 모두 수납장에 보관되어 있는데 그 수납장은 잠겨 있고, 열쇠는 손에 넣을 수 없다는 것이었다. 그래도 그는 포기하지 않았다. 그는 수납장의 열쇠를 관리하는 수술실 간호사에게 접근했다. 포르스만은 "먼저 게르다 디첸 간호사에게 접근해 비위를 맞춰주며 기분 좋은 말을 해주었다."[5] 젊은 외과의사의 수작은

* 1895년 빌헬름 뢴트겐의 실험으로 형광투시경과 관련된 전리방사선 노출로 화상을 입을 위험이 알려졌지만, 형광투시법은 아주 사소한 목적으로도 널리 쓰였다. 그중 하나인 풋오스코프Foot-O-Scope는 구두를 맞출 때 발의 크기를 정확하게 측정하기 위해 상자처럼 생긴 장치 안에 발을 넣고 사진을 찍는 기계였다. 이 장치는 미국에서만 1만 대 이상 팔렸고, 1970년대까지도 사용되었다.

디첸에게 잘 먹혀들었던 듯하다. 간호사는 그에게 수납장의 열쇠를 넘겨주었을 뿐만 아니라 그의 실험에 피실험자로 자원하기까지 했다.

약속한 날 밤, 수술실 문이 모두 잠긴 후 두 사람은 디첸이 가진 열쇠로 문을 열 수 있는 작은 수술실에 숨어들었다. 간호사는 의자에 앉아서 실험을 "당하기를" 원했으나 포르스만은 수술대에 눕히고 묶는 것이 더 안전하다고 설득했다. 결국 간호사도 의사의 말에 동의했고, 포르스만은 그녀의 왼팔에 실험을 할 준비를 했다. 아니, 실험 준비를 하는 것처럼 믿게 했다. 준비를 하다말고 포르스만은 슬쩍 사라지더니 몇 분 후에야 돌아왔다. 그동안 간호사는 수술대에 묶인 채 무슨 일인지 영문을 몰라 어리둥절한 채로 기다리고 있었다. 디첸에게는 비밀로 한 채, 포르스만은 재빨리 자기 팔에 국소 마취를 하고 팔꿈치 안쪽을 작게 절개한 다음, 기름칠한 요도관을 자신의 전주정맥으로 집어넣었다. 사라졌던 포르스만이 돌아온 후에야 디첸은 자신이 속았음을 깨달았다.

처음에는 몇 마디 불평을 늘어놓았지만 간호사는 포르스만을 계속 돕기로 했다. 이미 요도관을 30센티미터나 집어넣은 포르스만으로서는 디첸의 도움이 절실했다. 그는 수술대 위에 묶여 있던 자신의 공범을 풀어주었고, 두 사람은 엑스레이 촬영실로 갔다. 디첸은 엑스레이 촬영실 당직 간호사에게 포르스만의 어깨와 가슴을 형광투시경으로 촬영해달라고 부탁했다. 포르스만과 디첸이 벌인 일을 알게 된 동료 의사가 달려와 걱정하며 요도관을 당장 빼라고 성화를 부렸지만 포르스만은 단호하게 뿌리쳤다. 겨우 형광투시 사진을 찍었지만, 방사선 사진을 본 포르스만은 요도관이 심장까지 닿지 않은 것을 보고 실망했다.

포르스만은 실망 따위는 접어두고 이번에는 60센티미터짜리 요도관을 끝까지 집어넣었지만, 삽관하는 동안 통증은 없었고 약간 따뜻한 느낌이 들었을 뿐이었다. 요도관 끝이 목 부분을 지나갈 때 실수로 가까이 있던 미주신경을 건드리자 포르스만은 기침을 하기 시작했다. 기침이 멎고 호흡이 가라앉은 후 그는 형광투시경 뒤에 섰고, 디첸은 거울을 들고 그 앞에 서서 포르스만이 직접 형광투시 실험을 계속 진행할 수 있게 도와주었다. 포르스만은 요도관 끝이 우심방에 붙어 있는 귓불 모양의 오른쪽 심이*에 닿을 때까지 거울을 보며 천천히 요도관을 밀어 넣었다. 방사선 기사가 몇 장의 사진을 찍었고 포르스만은 결국 필요한 형광투시 사진을 얻었다. 그는 그 사진을 가지고 논문을 발표했다.

심장의학계를 떠들썩하게 만든 혁신

상사로부터 크게 질책을 받기는 했지만, 포르스만은 외과 레지던

* 心耳, 귓불 모양으로 불룩 튀어나온 좌우 심방의 일부분 — 역자 주

트 신분을 유지한 채 유럽에서 손꼽히는 대학병원 중 하나인 베를린 자선병원으로 이직했다. 그러나 1929년 11월, 갑자기 언론의 관심이 이 병원에 집중되고 포르스만이 했던 실험에 대해 수많은 기사가 쏟아지면서 그의 삶에 균열이 가기 시작했다. 의학계는 젊은 의사의 혁신적인 실험을 칭찬하거나 축하하기는커녕 전반적으로 비판적인 분위기였다. 더욱 황당하게도 다른 병원의 한 외과과장이 포르스만을 표절 혐의로 고소하기까지 했다. 그 의사는 구체적인 물적 증거도 없이, 자신이 1912년에 심도관법을 최초로 시술했다고 주장했다.[6]

포르스만의 실험이 대중의 눈길을 끌기 위한 곡예에 불과하다고 폄하하는 동료들의 비난 속에서, 그는 요도관 같은 카테터를 이용한 심도관법 실험을 사전에 승인받지 않고 진행했다는 이유로 병원에서 해고당했다. 뛰어난 수술 실력 덕분에 1931년에 다시 고용된 후 다시 해고되기 전까지 1년 동안 포르스만은 아홉 번에 걸쳐서 자신의 몸에 심도관법을 실험했다. 그 후 마인츠 시립병원에서 내과 레지던트였던 엘스벳 엥겔을 만나 결혼했지만, 부부가 함께 일할 수는 없다는 병원 내규에 따라 두 사람 모두 해고되었다.

더 이상 심장의학 분야에서는 활동하기 힘들다고 판단했던 듯, 포르스만은 그 분야를 떠나 비뇨기과 의사가 되어 아내(카테터 시술에 대해서는 완벽한 기술을 갖추고 있었다고 보기에 충분한)와 함께 드레스덴 근처에서 개인병원을 개업했다. 제2차 세계대전이 발발하자 그는 독일군 군의관으로 복무하다가 1945년에 포로가 되어, 짧은 기간이었지만 전쟁이 끝날 때까지 미군 포로수용소에 수용되어 있었다. 그가 고향으로 돌아왔을 때 드레스덴은 완전히 잿더미가 되어 있었지만, 기적적으로 가족들은 살아 있었다.

나치에 협력했다(1932년에 나치당에 입당)는 이유로 포르스만은 그 후 3년 동안 의사로 일할 수 없었다. 그가 벌목 일꾼으로 일하는 동안 점점 식구가 늘어나는 가족의 생계는 일반의로 개업한 아내의 몫이 되었다. 1950년이 되어서야 바트크로이츠나흐라는 유명한 온천 도시에서 비뇨기과 의사로 개업했다.

이미 빠른 속도로 발전하고 있는 심장의학계에서 아웃사이더가 된 포르스만은 미국과 런던에서 자신이 개발한 진단법이 각광을 받으며 심도관법 연구소가 생기는 것을 지켜만 볼 수밖에 없었다. 심지어 독일에서 그는 마인츠대학교의 의대 교수자리마저 거절당했다. 의학박사 학위 논문 과정을 완료하지 못했다는 이유였다.

오랜 시간이 흐른 후 유형의 세월과도 같았던 그 당시를 회상하면서 포르스만은 이렇게 말했다. "너무나 고통스러웠습니다. 내 과수원에 사과나무를 심고 열심히 가꾸었지만, 담장 밖 사람들이 나를 비웃으며 열매를 따가는 듯한 기분이었습니다."[7]

제2차 세계대전 전후로 도덕적인 비난을 받았고 의학적으로도 온갖 시비에 휘말렸지만, 심도관법을 개발한 공로로 포르스만은 1956년 노벨 생리의학상을 수상했다. 자신이 수상자로 결정되었다는 소식을 들은 그는 소감을 묻는 기자에게 이렇게 답했다. "시골 성당 신부가 대주교로 임명되었다는 소식을 들은 기분입니다."[8]

얼마 후, 포르스만 "대주교"는 독일의 한 심장의학연구소로부터 소장직 제의를 받았다. 그는 20년이 넘도록 심장의학계를 떠나 있었기 때문에 심장혈관계와 관련된 최신 정보에 어둡다는 이유로 그 제안을 정중히 거절했다. 그러나 그가 말했던 심장의학 분야의 "최신 정보" 중 상당수가 그의 선구적인 시도로부터 나온 것임은 부정할 수 없다.

요즈음의 의사들은 여러 가지 목적으로 심도관법을 시술한다. 팔, 사타구니, 목의 정맥을 통해 카테터를 삽입하여 심장 또는 심장에 혈액을 공급하는 네 개의 관상동맥에 접근시킨다. 카테터의 용도 중 한 가지 중요한 것이 혈관성형술 및 스텐트 삽입술이다. 좁아지거나 막힌 관상혈관 속에 풍선을 집어넣어 혈관을 다시 넓혀준 다음, 카테터로 동맥 스텐트를 넣어준다. 스텐트는 스프링처럼 생긴 장치로, 풍선으로 넓혀놓은 혈관이 다시 좁아지지 않도록 지지해주는 역할을 한다. 심장 카테터는 특정 심방의 압력을 측정하거나 생검biopsy을 위해 심장조직을 소량 떼어낼 때 혹은 판막 이상을 체크하기 위해서나 이식한 판막의 수명이 다해서 교체할 때에도 쓰인다.

심근경색으로 두 번이나 쓰러진 베르너 포르스만은 1979년에 눈을 감았지만, 그 전에 《나를 실험하다》라는 제목으로 자서전을 남겼다. 이 책에서는 나치에 협력했던 이야기를 거의 다루지 않았지만, 그 시절에 대해 쓴 기사들을 보면, 그가 나치에 입당한 이유는 국가사회주의가 공산주의보다는 나을 거라는 믿음 때문이었던 것으로 보인다. 그러나 그는 결국 나치 이데올로기에 비판적인 태도로 돌아섰는데, 당시 독일 의사들의 정치적 궤적이 대체로 그러했다.[9]

포르스만이 다시 의사로 활동하려면 꼭 필요했던 "나치 탈당 증명서"를 얻기 위해 여러 사람으로부터 받은 문서들을 보면, 의사나 동료 모두가 그는 군국주의자도 정치활동가도 아니며 그가 몸담았던 정당의 폭력을 혐오했다고 설명했다. 포르스만이 비윤리적인 실험을 수행하기를 거부하고 유대인을 치료하는 의료행위가 금지되었음에도 유대인들을 계속 치료했다는 증거가 남아 있다.[10] 포르스만은 프랑스 점령군 정부에 의해 카테고리 4 나치("추종자"를 말한다)로 분류되었고,[11] 법에 따라 3년 동안 월급의 15퍼센트를 벌금으로 납부했다.

의학 분야에서의 선구적인 발견과 이를 발견한 사람의 혐오스러운 정당에 대한 협력행위가 남긴 오점에 대한 판단은 결국 독자들의 몫이다.

심장에 대한 믿음

심장에는 정말로 우리의 마음이 담겨 있을까

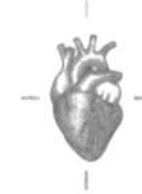

저 아래 어딘가, 심장이 간질거려도 그는 절대로 긁지 않았다.
거기서 무엇이 스며나올지 두려웠다.

— 마커스 주삭, 《책도둑》

심장이 (피가 흐르는 것 외에도) 마음과 연결되어 있다는 생각은 언어나 노래, 시에도 깊게 뿌리박혀 있다. 윌리엄 셰익스피어, 존 레논, 폴 매카트니, 에밀리 디킨슨, 톰 페티, 스티비 닉스의 시와 노래는 차가운 심장, 무너진 가슴, 허무하게 남에게 주어버린 마음 또는 외롭게 방황하거나 어딘가에 속박된 마음에 대한 이야기로 가득 차 있다. 물론 기쁨에 벅차오른 가슴, 가슴으로부터 직접 나온 메시지도 있다. 더 나아가 심장에 흐르는 피에 관해 이야기 하기 전에, 분노와 욕정을 표현하는 어구 중에 피와 관련이 있는 것이 얼마나 되는지 1~2분만 짬을 내어 생각해보자.

오케이, 이제 시간이 다 됐다. 혹시라도 이 숙제가 독자의 피를 끓게 했다면 정중하게 사과한다.

지금까지의 중언부언은 대부분 1,500년 가까이 자리를 지키고 있던, 로마의 의사 갈레노스와 영향력 있는 그의 추종자들의 가르침과 그들이 남긴 용어 때문이다. 그들은 심장이 감정과 영혼의 자리라고 믿었다. 게다가 "냉혈한cold-blooded", "피가 끓는hot-blooded" 같은 표현은 히포크라테스나 아리스토텔레스 같은 철학자들로부터 이어져 내려왔다. 그들은 한술 더 떠서 감정과 영혼 외에도 지성과 기억까지 심장에 깃들어 있다고 믿었다.

지금도 그 가치를 인정받고 있는 중국 전통 의학 역시 마음과 심장 사이에 강한 연관관계가 있다고 믿는다. 중국 전통 의학은 항상 심장을 모든 장기 중 으뜸으로 간주했다.* 중의사中醫師들은 심장이 펌프로서의 역할을 수행할 뿐만 아니라 감정과 정신 작용에도 관련되어 있으며, 심장에 마음과 영혼, 의식과 지능이 있다고 믿는다. 중국 전통 의학은 또한 심장의 기능에 장애가 생기면 심계항진, 불안, 창백한 안색, 호흡곤란, 기억 소실 등 심리적, 생리적 문제로 이어진다고 보았다. 이런 증상들은 서양 의학에서도 심장질환 증상으로 여겨지지만, 그 원인에 대한 설명은 중의학과 다르다.

* 2019년에 의학 학술지인 《노인병학》에 실린 논문에 따르면, 중국인 중 50대 이상 인구의 14퍼센트가 건강에 문제가 있을 때면 중국 전통 의학에 의존한다고 한다.[1]

마찬가지로, 아유르베다 의학의 통전적 치유체계는 심mind · 신body · 영spirit에 대한 심장의 결정적인 역할을 강조한다. 서양 의학이 증상과 질병에 초점을 두고 생명을 구하는 의술로 간주되는 반면, 아유르베다 의학은 건강한 삶이란 신체 에너지(공간과 공기vata, 불과 물pitta, 물과 흙kapha)의 균형을 유지하는 데 있다고 본다. 아유르베다 의학은 식단과 약초, 명상이나 요가 같이 심신을 이완시켜주는 기법을 통해 균형을 유지할 것을 권한다.

심장과 뇌, 어느 쪽이 더 중요할까

행동심리학, 신경생리학 같은 현대적 연구뿐만 아니라 의학, 심리학, 정신의학 분야의 발전을 통해 심장이 정신의 자리가 아니라는 사실은 확정적으로 증명되었다. 그러나 서양 의학에서는 여전히 심장에 정신이 머문다는 생각이 굳건히 버티고 있었다. 심장중심주의로부터 벗어나고 있다는 최초의 징후는 17세기 초부터 나타났다. 그러나 당시의 주장은 과학적 근거가 매우 희박해서, 결과적으로는 인정도 받지 못한 채 혼란만 가중시켰다.

초기 비심장중심주의자 가운데 가장 영향력이 있었던 인물을 꼽자면 아마도 르네 데카르트(1596~1650)일 것이다. 데카르트는 기하학과 대수학의 발전에 큰 공헌을 한 것으로 유명하지만, 해부학과 생리학에도 큰 관심을 갖고 있었다. 1640년에 그는 "정신의 자리, 우리의 모든 생각이 머무는 자리는", 뇌가 아니라, 뇌 속에 있는 송과선이라는 작은 내분비선 덩어리라고 주장했다.[2]

좌우 양쪽의 대뇌반구 사이에 있는 송과선은 그 모양이 솔방울과 비슷해서 이런 이름을 얻게 되었다. 인체에서 가장 나중에 발견된 내분비선(호르몬을 분비하는)이며, 우리 몸속에서 돌아가는 24시간 주기의 시계처럼 생물학적 주기의 리듬과 생식호르몬의 일부를 제어하는 것으로 알려졌다. 데카르트는 송과선이 심실과 비슷한 뇌실 속에 떠 있으며 "정기animal spirit"에 둘러싸여 있다고 설명하면서 "[송과선은] 우리 몸에 단 하나밖에 없는 뇌에서 유일하게 단단한 부분이다. 따라서 상식 또는 생각, 즉 영혼이 들어 있을 수밖에 없다. 생각과 영혼은 분리될 수 없는 것이다"[3]라고 논리를 전개했다. 물론 송과선의 위치와 기능에 대한 데카르트의 설명은 모두 틀린 것이었다. 또한 데카르트는 뇌가 왼쪽과 오른쪽으로 나뉘어 있다는 이유로 뇌가 정신 활동에 개입할 가능성을 배제했다.*

영국의 의사 토머스 윌리스(1621~1675)의 연구로 뇌중심주의 팀이 생겨나면서 상황이 반전되기 시작했다. 윌리스는 뇌와 신경생리학의 현대적인 이해에 선구적인 역할을 했다. 윌리스는 여러 부검에 참여하면서 뇌의 해부학과 뇌에 혈액을 공급하는 섬세한 혈관들, 특히

---

* 플랑드르의 의사 얀 밥티스타 판 헬몬트는 해부학적으로 더 멀리 나아가서, 영혼이 심장에 있지 않고 위장의 주름 사이에 있다고 주장했다.

훗날 윌리스 고리circle of Willis라는 이름으로 불리는, 뇌기저부에 원형을 이루며 수렴하는 동맥을 연구했다. 옥스퍼드대학교 자연철학 교수였던 윌리스는 학생들에게 영혼에 대해 가르치는 것이 본분이었지만, 기존의 심장중심주의적 학설로 후퇴하는 대신 자신의 연구를 통해 얻은 지식의 바탕 위에 뇌를 새로운 출발점으로 삼았다.

인체에 대한 연구 외에도 윌리스는 동물 실험을 통해 뇌의 각 영역에 따른 구체적인 기능을 구분해냈다. 또한 해부학적 지식과 의학적 관찰을 바탕으로 발작성 수면과 골격근육을 약화시키는 신경 및 근육 질환인 중증 근무력증 같은 지적장애와 정신장애의 기원을 뇌중심주의적 관점에서 설명했다. 또한 뇌에 영향을 미치는 장애 중 일부는 소위 뇌화학적 장애로부터 비롯된다고 설명했으며, "신경학neurology"이라는 용어도 처음 만들었다.

지금까지의 이야기가 다소 황당하게 들리는 부분도 있겠지만, 과학 분야에서 17세기 중반은 지금과 매우 다른 시대였다는 점을 염두에 둘 필요가 있다. 윌리스가 신경생물학 분야의 결정적인 선구자였던 것은 분명하지만, 그의 저작물은 영국 성공회를 적당히 회유하려는 논리로 가득하다. 게다가 정서장애를 위한 치료법에 회초리로 때리는 방법이 포함되어 있는 등, 개선의 여지가 있었다.

사정이야 어떻든 공은 이미 구르기 시작했고, 무려 1,000년이 넘는 세월 동안 심장의 열을 식혀주는 냉각기 정도로 치부되었던 뇌가 마음과 영혼, 지능과 의식 그리고 감정이 자리하는 장기로(적어도 서구에서는) 인식되기 시작했다. 이러한 변화와 함께 신경과 자율신경계의 불수의적 작용에 대한 지식도 점점 늘어갔다. 즉 심장과 몸 그리고 정신 사이의 연결에 대해 새롭게 이해하게 되었다는 뜻이다. 곧 보게 되겠지만, 이러한 변화 덕분에 스트레스, 빈곤, 개인적인 비극이나 불행이 심장질환을 유발할 수도 있음을 이해할 수 있게 되었다. 그리고 결국에는 심장의 정지가 아니라 뇌 활동의 정지가 죽음의 판단 기준이 되었다.

심장을 이식하면 마음도 전해질까

이러한 변화에도 불구하고 시인과 작사가, 소설가들은 그 정도의 차이는 있을지언정 과학계가 인정한 뇌중심주의를 흔쾌히 받아들이지 않았다. 변화로 인해 생겨나는 대안을 감안하면 차라리 무시가 훨씬 현명한 대처였다. 이 대안의 대표적인 예시라면 재니스 조플린의 노래 "나의 뇌의 한 조각Piece of My Brain"과 조셉 콘래드의 소설 〈어둠의 두뇌〉를 들 수 있겠다.

현대과학이 심장과 감정과 인지 사이의 연결고리를 완전히 끊어버렸음에도 불구하고, 서구인들은 여전히 은유나 음악뿐만 아니라 유사종교와 비슷한 믿음 속에서 그러한 상상의 연결고리를 버리지 못했다. 어떤 사람들은 심장에 그 주인의 정서적 기질이 담겨 있으며 심장을 이식받으면 그 기질도 공여자에게서 수혜자에게로 전달된다고 믿는다. 아마도 가장 유명한 사례가 1988년에 매사추세츠주 최초의 심장-폐 이식 수혜자였던 고 클레어 실비아의 경험일 것이다. 그녀는 이식수술의 경험담을 담은 회고록을 출판했는데, 이 책은 베스트셀러에 오르며 크게 주목받았다.

건강에 관심이 많을 수밖에 없는 무용수였던 실비아는 책에서 이식수술 후의 과정을 자세히 설명했는데, 그 과정에서 그녀는 수술 후에 자신의 습관, 태도, 패션 취향이나 음식 기호 등이 그전과는 크게 달라졌음을 발견했다. 특히 음식 기호는 그 변화가 더욱 두드러졌는데, 잘 마시지 않던 맥주의 주량도 늘었지만 갑자기 정크푸드, 특히 KFC 치킨 너겟이 미친 듯이 먹고 싶어졌다. 알고 보니 이 음식들은 열여덟 살의 나이에 오토바이 사고로 숨져 그녀에게 장기를 기증했던 기증자의 재킷 안에서 발견된 것들이었다.

문화역사가인 페이 바운드 알베르티는 자신이 쓴 책에서 클레어 실비아와 다른 이식 수혜자들의 경험에 대해 몇 가지 가능성 있는 설명을 내놓았다. 그중 하나는 "그랬으면 하는 바람"이 담겨 있는 생각이 그 원인으로, 장기 수혜자는 기증자의 인격 중 일부가 자신의 몸 안에서 살아 있다고 상상한다는 것이다. 다른 사람의 심장을 갖게 된 수혜자가 혼란과 불안을 겪으면서 결과적으로 심리적인 변화가 생기는 것일 수도 있다.

"이 순간에도 속기 위해 태어나는 사람이 있다"

알베르티는 클레어 실비아를 비롯한 사례를 통해 "전신기억systemic memory"이 실제로 존재할 가능성을 제시하기도 했다.[4] 전신기억이란 개인의 경험이 신체 세포에 각인되는 것을 말한다.

과학계 주류에서는 이러한 추론을 지지하지 않지만, 앞에서도 언급한 바 있었던 동종요법이라는 대안의학에서는 종종 이 주장을 받아들인다. 동종요법에서는 물이 그 안에 용해된 물질의 기억을 저장하고 있다고 생각한다. 그래서 "같은 것이 같은 것을 치료한다"는 전제하에, 약이나 팅크 또는 애초에 질병을 일으킨 원인 물질을 거의 감지되지 않을 정도로 묽게 희석한 용액을 복용하면 효과를 볼 수 있다고 믿는다.

이 치료법의 실제 사례를 들어보겠다. 최근 영국의 대중적인 동종요법 웹사이트에 새로운 정맥류 치료법이 올라왔다. 정맥류는 정맥판막이 약해지거나 손상되어 혈관에 혈액이 고이면서 혈관이 꼬이거나 구불구불해지는 순환계 질환이다. 정맥류는 주로 혈압이 낮은 발과 다리에서 발생하는데, 여기서는 심장으로 혈액을 되돌려 보내기 위해서 중력을 극복해야 한다. 정맥류를 치료하는 기존의 방법으로는 압박 양말 또는 압박 스타킹(기린의 다리를 감싸고 있는 탄탄한 피부를 생각하면 된다)을 신는 방법에서부터 병변이 일어난 혈관을 폐쇄하고 새로운 맥관 구조가 자라나도록 촉진하는 방법도 있다.

그런데 위의 동종요법 웹사이트에서 추천하는 치료법은 서양할미꽃이라고 알려진 다년생 초본 식물의 일종인 할미꽃을 복용하는 것이다. 이 식물은 초봄에 매우 아름다운 종 모양의 꽃을 피운다. 하지만 직접 복용하면 매우 강한 독성이 있다는 사실이 치명적인 단점이다. 할미꽃은 저혈압(90/60수은주 밀리미터 이하)을 일으켜 맥박을 떨어뜨리며, 설사, 구토, 경련을 일으킬 뿐만 아니라 코마 상태에 빠뜨릴 수도 있다. 구전에 의하면, 북아메리카 인디언의 한 부족인 블랙풋Blackfoot 부족 사람들이 유산을 유도하는 약으로 할미꽃을 썼다고 한다.[5]

영국의 동종요법 웹사이트에서도 할미꽃을 구할 수 없다면 "칼케리카 카보니카Calc carb"가 좋은 대체 물질이라고 소개하고 있다. 이 웹사이트의 설명에 따르면, "할미꽃의 효과가 잘 듣는 사람은 성격이 온순하고 가능한 한 언쟁을 피하는 경향이 있다. (…) 할미꽃은 피가 따뜻하고 집 안에도 신선한 공기를 끌어들이기 좋아하는 사람에게 적합한 반면, 칼케리카 카보니카는 몸이 차고 발에 땀에 많이 나는 사람에게 잘 맞는다. 이런 사람들은 축축한 기운 또는 눅눅한 날씨를 싫어하지만, 할미꽃이 잘 맞는 사람들처럼 성질은 대개 온순하다. 대체로 부끄러움을 타거나 약간 신경이 예민한 공통점이 있다."[6]

칼케니카 카보니카의 진짜 정체가 뼈, 껍데기, 달걀의 주요 성분이라는 점을 생각하면, 나는 이 물질을 "곱게 빻은 굴 껍데기"라고 부르고 싶다. 이 물질은 제산제로도 쓰이며 가정용 청소 세제에도 들어 있다. 이 이름이 익숙하게 들릴 수도 있겠다. 칼케니카 카보니카는 탄산

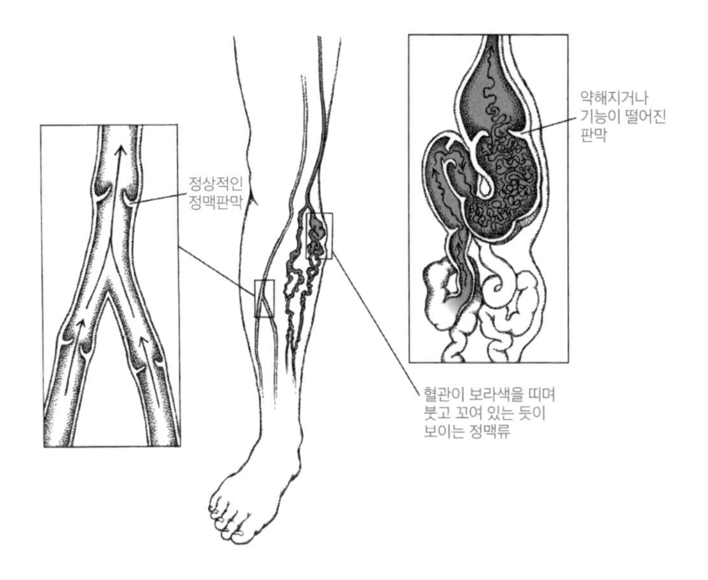

칼슘 또는 분필을 가리키는 말로도 쓰이기 때문이다.

"지금 이 순간에도 속기 위해 태어나는 사람들이 있다"는 말은 탁월한 흥행사이자 광고업자였던 P. T. 바넘이 했다고 알려져 있지만, 사실 그가 이런 말을 했다는 명백한 증거는 없다. 이 말의 기원은 불분명하지만, 1860년대부터 1870년대 초에 활개 치던 도박사들과 사기꾼들 사이에서는 좌우명과도 같은 문장이었다. 어쩐지 나는 이 정보를 이 책에 꼭 끼워 넣어야 할 것 같은 생각이 든다.

상처받은 심장

슬픔이 심장을 공격할 때

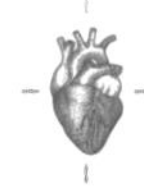

"심장을 갖고 싶어 하다니, 그건 좀 아닌 것 같아.
심장은 사람을 불행하게 한다고."

— L. 프랭크 바움, 《오즈의 마법사》

심장이 감정과 영혼에 중요하다는 믿음은 대부분 현대 과학이 증명할 수 있는 영역 밖에 존재한다. 그러나 최근에 발표된 관상동맥질환에 대한 한 연구 결과는, 비록 고대인들의 믿음이나 대안의학이 주장하는 것과는 다르더라도, 심장과 마음이 결국 연결되어 있음을 암시하는 징후를 찾아냈다.

1990년에 일본의 심장의학자들은 30명의 환자들을 대상으로 연구를 진행했다. 대상자들은 모두 흉통과 호흡곤란을 호소하는 환자들이었다. 기초 검사에서 그들 모두가 심장의 전기활동을 기록하는 심전도의 비정상적인 그래프, 좌심실 기능부전 등 심근경색과 비슷한 증상을 보였다. 그러나 검진을 해본 결과 경색(혈액 공급이 부족해 발생하는 조직의 괴사) 환자의 특징, 즉 관상동맥이 좁아진 징후는 전혀 발견할 수 없었다.[1] 사실 이 환자 중 대부분이 심장질환의 징후는 전혀 보이지 않았다. 이들의 좌심실 상태를 진단하기 위해 실시한 검사의 결과는 더욱 이상했다. 연구진은 환자의 심장에 카테터를 삽입한 후 심실에 염료를 주입하고(베르너 포르스만에게 감사를!) 심실에 혈액이 찼다가 빠져나가는 사이클을 엑스레이로 여러 번 촬영했다. 심실조영사진을 판독한 연구진은 좌심실이 매우 기이한 모양으로 수축하는 것을 보고 깜짝 놀랐다. 수축된 좌심실의 모양은 바닥 부분이 풍선처럼 둥글고 윗부분이 뾰족했다. 일본 어부들이 문어를 잡을 때 쓰는 항아리인 "타코츠보"와 비슷한 모양이었다. 게다가 일반적인 심근경색 증상과는 달리 문제의 환자들이 보이는 심장의 문제는 3~6개월 정도가 지나자 깨끗이 사라졌다. 그 환자들에게 어떤 이유로 문제가 생겼는지는 알 수 없지만, 완벽하게 가역적인 증상이었다. 그래서 연구진은 이 증상을 심장근육에 일어나는 여러 심근병증 사이에서도 독특한 케이스로 분류했다.[2]

타코츠보 증후군이라고 알려진 이 증상에 대한 연구가 본격적으로 시작되면서, 연구자들은 이 기이한 질병의 경험자들과 그 원인에 대해 상세히 조사했다. 흥미로운 사실은, 타코츠보 증후군으로 고생한 환자의 90퍼센트가 폐경 이후의 여성이었으며, 그들 대부분이 발병

직전에 신체적으로나 정서적으로 급성 스트레스를 겪었다는 점인데, 심지어는 자살을 시도한 환자도 있었다. 사랑하는 이를 잃은 슬픔에 고통받은 이들도 있었다. 사별의 슬픔과 타코츠보 증후군 사이의 관계 때문에 이 증상에 상심증후군이라는 또 다른 이름이 붙었다.

슬픔으로 고통받는 심장

감정이 실제로 심장에 물리적인 고통을 초래한다는 이야기가 동화처럼 느껴질 수도 있지만, 타코츠보 증후군의 발병과 진전에는 상당한 이유가 있다. 감정적으로 심한 스트레스 상황에서는 우리 몸의 신경계, 특히 자율신경계에서 무의식적인 신체 시스템을 제어하는 교감신경 부분이 순환계에 스트레스 호르몬을 잔뜩 흘려보낸다. 투쟁-도피 반응의 일종이다. 이러한 화학적 메신저들은 맥박, 혈압, 호흡 속도 등의 생리적 기능을 조절함으로써 우리 몸이 실재하거나 예상되는 위험에 대응하도록 준비시킨다. 정상적인 상황에서라면 위협이 지나가거나 감정이 가라앉으면 교감 반응도 차단된다. 그러나 타코츠보 증후군 환자의 경우에는 감정을 처리하는 뇌 영역과 자율신경계 사이의 소통이 줄어든다는 것이 연구진의 추측이다. 이런 이유로 교감신경계는 스트레스 호르몬을 계속 분비하는 과잉 반응을 보이고, 과도한 스트레스 호르몬은 결국 심혈관에 심각한 문제를 일으킨다. 관상동맥과

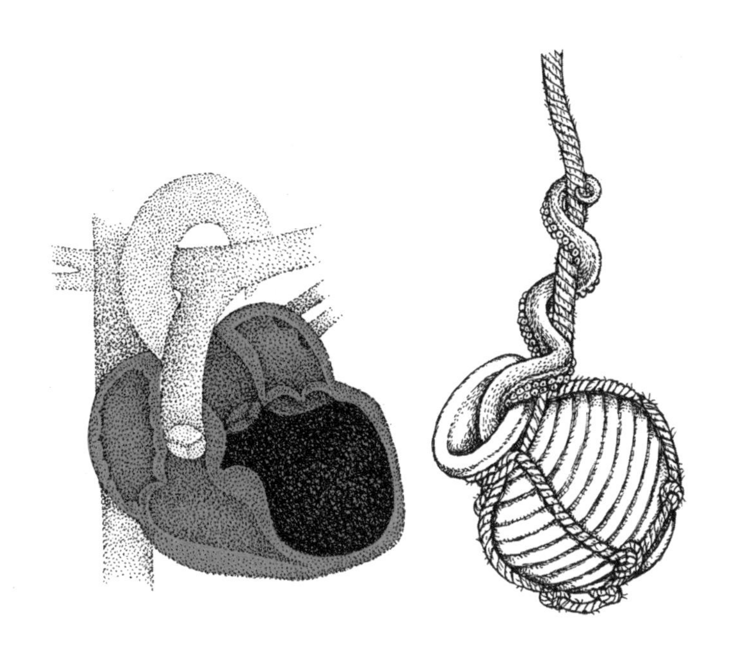

거기서 갈라진 미세한 혈관의 경련이 일어날 수도 있는데, 이 현상이 타코츠보 증후군 환자들에게서 관찰되는 좌심실의 기능부전과 흉통의 원인일 수 있다.

그러나 이 증상에 대해 아직도 답을 찾지 못한 의문이 있다. 예를 들면, 왜 좌심실이 문어 잡는 항아리 같이 독특한 모양으로 변하는가 하는 것이다. 또한 뇌가 스트레스 호르몬을 과잉 생산하는 것이 환자가 겪는 정서적 트라우마 때문인지, 그 전에 이미 있었던 뇌의 기능부전 때문에 교감신경의 과잉 자극이 일어나서 해당 환자가 타코츠보 증후군에 더 잘 걸리게 되는지는 아직 명확한 답이 없다.

불확실성은 차치하고라도, 이 증상은 심장과 뇌 사이의 밀접한 관계를 보여주는 드라마틱한 사례다. 슬픔 같은 감정이 심장에 물리적인 변화를 일으킬 수 있다는 증거이기 때문이다. 다만 이 경우의 변화는 일시적이다. 반대로 심장 손상이 정서적 기능부전을 일으킬 수도 있으므로, 이 심장-두뇌의 연결은 양방향 도로와 같다.

위스콘신대학교의 석좌교수이자 심장의학자이며, 심혈관계 위험요소에 대해서는 최고의 전문가인 패트릭 맥브라이드를 만나 이야기를 나누었다. 스트레스와 우울증이 심장에 부정적인 영향을 미치는 이유와 그런 상황에 대처하는 방법을 알고 싶었다. 맥브라이드는 상황을 복잡하게 만드는 요소가 많아, 스트레스와 심장 건강의 연결고리를 연구하기가 지극히 어렵다고 말했다. 예를 들면, 배우자와 사별한 뒤 홀로 남은 사람은 심장 발작이나 마비로 병원에 실려 오는 일이 매우 흔하다. 다만 이런 경우에도 패턴은 분명하지만 그 원인은 그렇지 않다.

맥브라이드는 타코츠보 증후군이 일어나는 동안에도 작동하는 투쟁-도피 반응에 대해 나에게 하나 하나 짚어주었다. 아드레날린, 코르티솔, 기타 스트레스 관련 화학물질 칵테일이 물리적 위협에 대응하는 데는 유용하지만, 감정적인 영역에서는 오히려 비생산적일 수 있다. 만성적으로 스트레스를 받는 상황에 있을 때, 가령 사랑하는 사람을 오랜 투병 끝에 떠나보낸 경우에는 그 호르몬이 너무 자주 순환하는 바람에 심장과 혈관을 자극해서 그 내막 또는 내피를 손상시킬 수 있다. 최근까지도 세포를 둘러싼 여러 겹의 층 중 하나인 내피나 내막은 불활성이라고 여겼지만, 사실은 내분비 기능을 하고 있다. 지난 20년 동안, 연구자들은 혈관 내막에서 혈액 속으로 여러 호르몬이 분비된다는 사실을 알아냈다.

"매분 매초, 혈관 내막은 우리의 화학적 환경에 대응하고 있습니다. 만약 근육에서 산소가 더 많이 필요하다고 요구하면, 혈관 내막은 근육에 혈액을 공급하는 혈관은 확장시키고 다른 곳의 혈관은 수축시키는 화학물질을 분비합니다." 맥브라이드가 말했다.

혈관 내막에 염증이 생기면, 손상된 세포에서 히스타민*, 브래디키닌**, 사이토카인*** 같은 화학물질을 분비한다. 이렇게 되면 혈관의 삼투성이 높아져서 혈관 주변의 조직으로 혈장이 스며든다. 이로 인해 피부가 붓거나 붉어지거나 염증과 연관된 통증 같은 대표적인 증상이 나타난다. 혈관에서 분비된 화학물질은 우리 몸의 수리 팀에게 어서 나와 할 일을 하라는 신호나 마찬가지다.

이런 일련의 과정들은 염증이 급성일 때는 치료에 큰 도움이 되지만, 만성일 때에는 그다지 도움이 되지 않는다. 맥브라이드는 염증 물질이 만성적으로 존재하는 상황은 피부가 벗겨질 정도로 비벼대는 경

* 외부 자극이나 스트레스에 신속하게 대응하기 위해 분비하는 유기 물질. 상처가 난 곳을 붉게 부어오르게 하고 통증을 유발하는 염증 반응을 일으킨다 — 역자 주

** 모세혈관의 투과성을 증가시켜 백혈구의 유출을 일으킴으로써 신체의 면역 활동을 촉진한다 — 역자 주

*** 면역계 세포에서 분비하는 작은 단백질의 통칭. 인체에 침투한 바이러스에 대항하기 위해 면역체계가 분비하는 면역 물질 — 역자 주

우와 비슷하다고 설명했다. 게다가 염증이 장기화되면 혈관 내막의 삼투성이 높아지고, 혈중 화학물질들은 성격이 변질되면서 비정상적으로 행동하기 시작한다. LDL 콜레스테롤이 산화되어 Ox-LDL이 될 때 그런 변화가 일어난다. Ox-LDL은 혈관 내부에 콜레스테롤이 쌓여 혈관 내경을 좁아지게 하는 죽상경화반의 형성과 관계가 있는 물질이다. 맥브라이드는 Ox-LDL을 프라이팬에 남겨진 베이컨 기름에 비유했다.

환자의 혈관에 이미 죽상경화반이 생긴 경우에는 사태가 더 심각해진다. 만성 염증이 혈관의 내막을 파열시킬 수 있기 때문이다. 그 손상을 막으려고 달려온 인체의 수리 팀은 혈전을 생성시킨다. 보통의 경우라면 혈전 생성은 좋은 반응이다. 지혈화학반응이라는 섬세한 과정이 잠깐 동안 폭발적으로 일어나면서 만들어지는 섬유질의 최종산물인 혈전은 파열된 혈관으로부터 혈액이 새어나가지 않도록 효과적으로 막아준다. 하지만 여기서 때때로 찌꺼기가 부작용을 일으키기도 한다. 혈전이 부서지면서 떨어져 나온 조각들이 혈류로 스며들어 점점 더 가늘어지는 혈관 속을 흐르다가 관상동맥이나 뇌에 혈액을 공급하는 동맥을 막게 되면 전자의 경우 심근경색이, 후자의 경우 뇌졸중이 일어난다.

마음을 잘 챙겨야 심장도 건강해진다

스트레스와 심장의 관계를 보다 쉽게 이해하기 위해, 맥브라이드에게 던지는 질문의 방향을 바꾸었다. 심장의 건강에 부정적인 영향을 주는 스트레스에 대응하기 위해 요즈음에는 어떤 방법이 쓰이는지를 물어보았다.

놀랍게도 맥브라이드는 정신과 영혼을 먼저 이야기했다.

"제가 보기에는, 영적인 생활을 영위하는 사람들이 더 잘 대응하는 것이 분명합니다. 연구 결과도 그렇습니다." 죽음의 불가피성을 두려워하지 않는 사람에게서 더 좋은 결과가 나타난다는 것이다.

그러나 맥브라이드의 주장은 논쟁의 여지가 있다. 종교적 활동이 건강에 긍정적인 영향을 준다고 주장하는 거의 모든 연구에 대해, 아무리 잘 수행된 경우에도 결론을 도출하기 전에 대조군과의 비교나 연령, 성별, 인종, 교육 수준, 습관(흡연 또는 음주 같은), 사회경제적 상태와 건강 상태 등의 공변수가 고려되어 있지 않다는 지적이 뒤따른다.[3]

그러나 사회적인 지원을 받거나 대인관계가 좋은 사람들에게서 더 나은 결과가 나타난다는 사실에는 변함이 없다. "혼자이거나 배우자를 잃은 사람들의 결과는 좋지 않습니다." 맥브라이드가 말했다.

지난 40년간, 맥브라이드와 심장 예방 의학 분야의 동료들은 심근경색 발병 이후 흔히 따라오는 우울증을 해결하기 위해 노력해왔다. 다른 유형의 급성 질병과 마찬가지로 우울증도 순환조직을 망가뜨리기 때문이다. 게다가 그 우울증의 원인이 심장질환일 경우에는 두세 명 중 한 명꼴로 기분장애를 겪게 된다. 이 문제를 해결하기 위해 맥브라이드의 팀은 스텐트 삽입, 우회수술 또는 심근경색 등 종류나 경중과 상관없이 심장질환과 관련된 우울증을 겪은 모든 환자를 대상으로 모니터링을 실시했다. 그 결과로 위스콘신대학교 예방적 심장 클리닉은 1980년대부터 심리학자와 치료사를 스태프로 현장에 투입하고 1994년부터 마음챙김 프로그램을 실행했다.

마음챙김mindfulness이란 불교의 명상에 뿌리를 둔 치유 방법이다. 마음챙김 수련을 할 때는 과거를 곱씹거나 미래를 걱정하기보다는 자신의 생각과 느낌 그리고 지금 이 순간의 신체적 지각에 집중한다. 그리고 생각과 느낌에 대해 어떤 판단을 내리기보다는 있는 그대로 받아들이라고 강조한다. 주어진 순간의 느낌에는 "옳은 느낌"이나 "틀린 느낌"이 있을 수 없다는 점이 중요하다. 1970년대부터 마음챙김은 대중적인 스트레스 조절 프로그램으로 각광을 받고 있으며, 교도소, 병원 그리고 최근에는 학생들의 불안감이 심각한 문제로 대두되고 있는 학교에서도 많이 실천하고 있다.[4]

맥브라이드는 자신의 심장 재활 프로그램을 운영하는 전문가들이 처음에는 이 마음챙김 클래스를 "스트레스 조절" 또는 "스트레스 감소" 프로그램으로 불렀다고 말했다.

"남성 환자들이 클래스에 나타나기는 했습니다."

그러나 스태프들이 "마음챙김 명상"이라며 요가나 태극권 같은 요소들을 도입하자, 반응이 좋지 않았다고 말했다. "클래스에 왔던 남성 환자들이 다시는 나오지 않았어요. 서양에서 태어나고 자란 남성들에게 그런 요소들은 너무나 동양적이었던 겁니다."

나도 모르게 웃음이 나왔다. "그래서 어떻게 해결하셨습니까?" 내가 물었다.

"다시 '스트레스 조절'이라고 불렀죠. 그랬더니 남성 환자들이 말 그대로 떼를 지어 몰려왔습니다."

맥브라이드와 그의 동료들은 충격적인 심장 사고에서 살아남은 환자들이 "매우 현실적인 공포 요인"과 싸우는 데도 마음챙김 기법을 이용했다. 이러한 공포는 과거에서부터 지금까지 늘 상존하고 있지만, 최근에는 인터넷에 관련 정보들이 넘쳐나면서 일반인들도 마음만 먹으면 엄청난 양의 정보에 언제든 접근할 수 있다. 이러한 온라인 정보 중에서 건강 식단이라든가 운동의 필요성 등을 다루는 정보는 상당히 도움이 된다. 그러나 모든 자가진단법이 그렇듯이, 검증되지 않은 건강보조제, 지나치게 단순화시키거나 부정확한 의학 정보에 의존해서는 안 된다. 콜레스테롤은 무조건 몸에 나쁘다는 맹목적인 주장이 바로 그런 경우에 속한다.

이런 정보들은 심근경색 같은 심장 질환을 겪거나 관상동맥우회수술을 받고 회복 중인 환자들에게 비생산적인 관심을 유도한다. 권위 있는 의학 전문지 등에서 검증을 거친 정확한 정보와 방법을 제공하는 재활 프로그램이 필요한 이유다. 요즘에는 많은 병원에서 심장 재활 프로그램을 운영하지만, 그 방향은 매우 다양하다. 각 병원이 제공하는 서비스에 대해 찬반양론의 정보가 풍부하다면 이것도 중요한 요인이다.

맥브라이드의 프로그램을 포함해 수많은 심장 재활 프로그램에서 공통적으로 발견되는 중요한 변수가 있는데, 바로 환자의 배우자나 가까운 친척 또는 친구의 참여 여부다. 환자의 배우자든 가족이나 동료든, 불안감을 제대로 감추지 못한 채 까치발을 들고 조심조심 그 사람의 주변을 돌면서 "언제 또 큰일이 닥치려나?" 하는 조바심을 보이면 환자도 그 불안감을 그대로 느낀다. 환자의 배우자를 대상으로 한 클래스에서도 심장 관련 사고를 겪은 환자가 일반적으로 겪는 발기부전 같은 건강상의 문제를 집중해서 다룰 뿐만 아니라, 위중한 상태가 다시 찾아왔을 때 어떻게 해야 하는지, 이를테면 환자에게 심폐소생술을 실시하는 방법 등을 가르친다.

명상과 요가의 힘을 믿든 환자와 배우자가 힘든 시기를 좀 더 잘 이겨낼 수 있는 방법에 집중하든, 심장 재활 프로그램 덕분에 관상동맥우회수술 후 10년 내 사망률이 큰 폭으로 줄었으며[5] 심근경색 치료 이후 재입원하거나 사망하는 환자의 수도 눈에 띄게 줄었다.[6]

심장 재활 프로그램 참여자는 이처럼 결과가 호전되지만, 맥브라이드는 이 프로그램에 참여하는 환자가 네 명 중 한 명에 불과하다고 말한다. 환자들이 이 프로그램에 참여하는 데 방해가 되는 요소가 몇 가지 있다. 의료보험, 우울증, 재활 프로그램은 불편하다거나 불필요하다는 인식, 가정에서 프로그램이 진행되는 장소까지의 이동과 이동 수단 등이 대표적이다.

이런 문제들을 분석한 후, 메이요 클리닉의 연구진은 연령(나이가 많을수록 환자의 참여도가 낮다), 성별(남성 환자에 비해 여성 환자의 참여도가 낮다) 같은 문제는 개선이 힘들지만, 다른 문제는 상당히 개선될 수 있다는 결론을 얻었다.[7] 환자가 입원해 있는 동안 심장전문의가 원내 기초상담을 해준다든가, 심장 재활 프로그램을 추천해준다든가, 이런 프로그램의 중요성을 교육한다든가, 이동 수단과 관련해 환자와 미리 상담을 한다든가 해서 문제를 미리 극복하려는 노력을 하는 것이 중요하다.

재활 프로그램이 처음에는 환자들에게 부담감을 줄 수도 있지만, 그 효과는 부정할 수 없다. 맥브라이드는 그룹 프로그램의 효과가 특히 좋다고 강조했다. 불과 8주 전에 자신과 똑같은 관상동맥우회수술을 받은 다른 환자가 런닝머신으로 운동하는 모습을 직접 보고 자신도 그렇게 할 수 있다는 것을 깨닫게 되면, 어떤 환자든 동기 유발의 자극을 받게 된다. "운동을 하고 있는 환자에게, '저는 우회수술을 받은 지 며칠 안 되었는데, 당신은 어떻게 그렇게 운동까지 할 수 있게 되었나요?'하고 물어보기도 합니다."

"사교적인 차원에서 다른 환자들의 응원도 정말 중요합니다. 그렇게 환자들끼리 서로 마음을 터놓게 되지요." 맥브라이드가 말했다.

맥브라이드는 또한 통합의학이라는 넓은 카테고리의 일부로서 중국 전통 의학도 심혈관계 질환을 예방하고 치료하는 데 효과적이라고 말했다. 통합의학은 각 개인이 처한 독특한 상황(신체, 정신, 종교, 사회 및 환경)의 조합이 그 사람의 건강에 미치는 영향을 이해하고자 한다. 그리고 여러 분야의 종합적인 접근으로 각 환자에게 맞는 치유 방법을 설계한다. 맥브라이드가 이끄는 치료팀에 동양 의학과 서양 의학을 통합한 접근법으로 환자를 치료하던 의사들이 합류했고, 그후 25년 동안이나 통합 의학을 심장 재활 프로그램의 일부로 활용하고 있다.

심장을 건강하게 유지하기 위해 무엇을 할 수 있을까

스트레스에 대응하는 방법 외에도, 맥브라이드의 연구실에서는 심장치료 결과를 더 개선할 수 있는 여러 방법을 연구하고 있다. 그의 팀은 동맥의 기능에 여러 화합물의 조합이 어떤 영향을 미치는지, 특히 건강하지 못한 동맥이 이들 화학물질에 노출되었을 때 확장되는지 여부를 테스트했다. 이들이 테스트한 물질은 비타민A, C, D, E와 인삼, 레스베라트롤(resveratrol, 일부 식물이 병원균의 공격에 대응할 때 분비하는 화학물질), 포도, 레드 와인, 마늘 등이었다.

"결과는 어땠습니까?" 내가 물었다.

"우선 비타민이 효과가 없었다는 건 분명히 말씀드릴 수 있습니다."

"그럼 효과가 있었던 건 뭐였나요?"

"레드 와인이었습니다. 다크 비어도 그렇구요. 하지만 영양보조제는 효과가 없었습니다."

맥브라이드 팀이 테스트했던 가장 효과적인 화합물은 스타틴statin이었다. 스타틴은 혈중 콜레스테롤 수치를 낮춰주는 리피토Lipitor 같은 약물이 포함된 화학물질군이다. 음식물과 간은 혈중 콜레스테롤의 근원이다. 스타틴은 간에서 효소를 생산하지 못하도록 차단한다. "스타틴은 염증을 현격히 줄여주어서 혈관 내막의 기능을 개선하고 죽상경화반을 감소시킵니다." 맥브라이드가 말했다.

나도 지난 15년 동안 스타틴을 복용해왔으므로, 맥브라이드가 레드 와인과 다크 비어 다음으로 이 화합물을 언급했을 때 반갑고 마음이 놓이는 기분이었다. 레드 와인과 다크 비어 역시 내가 늘 강력하게 추천하는 약이다.

맥브라이드는 또한 블루베리, 라즈베리 등 장과류와 사과, 감귤류, 콩과 식품, 차에 들어있는 항산화 성분인 플라보노이드도 언급했다. 항산화 물질은 유리기(조직 손상과 관련이 있다)라고 하는 불안정한 분자의 형성을 막거나 제거하는 화합물이다. 비타민 C와 E 그리고 카로티노이드도 항산화 성분인데, 맥브라이드는 이들을 영양보조제로 섭취하는 일은 믿을 만하지 못하다고 강조했다. 영양보조제라는 "알약" 안에 실제로 무엇이 들어 있는지 확실히 알 수 없으므로, 이 화합물들이 들어 있는 식품으로 구성된 건강한 식단을 대체할 수는 없다는 것이다.

맥브라이드는 지중해식 식단의 항염증 효과를 강조했다. 지중해식 식단에는 채소와 올리브오일, 마늘이 많이 들어 있으며, 포화지방산은 적고 단가불포화지방산이 많다.

맥브라이드와의 대화에서 얻은 또 한 가지 교훈은, 심장이 건강한 삶을 위해서는 전반적으로 절제가 중요하다는 점이다.

"철인 3종 경기는 적당한 수준의 운동이 아닙니다. 아무것도 안 하는 것도 안 됩니다. 매일 걷기 운동을 하면 적당하다고 할 수 있습니다. 레드 와인이 몸에 좋다고 매일 한 병씩 마시라는 게 아닙니다. 레드 와인의 적당량은 85그램입니다."

미국인들의 심장이 건강하지 못한 데에는 식습관에도 일부 원인이 있다. 미국인들의 식습관은 절제에서 한참 벗어나 있기 때문이다. 1970년대부터 패스트푸드 레스토랑이나 체인 레스토랑에서 1인분으로 서빙하는 표준 분량이 점점 증가하는 경향이 생겨났는데, 그 비율이 비만 환자의 증가율과 마치 거울상처럼 닮아 있다. 《하버드 위민스 헬스 워치》에 따르면, "극장 매점에서 파는 음료수 한 잔의 용량은 200그램에서 900그램 또는 1,200그램으로 '슈퍼사이즈'화 되었다."[8] 60~90그램이었던 베이글 빵 하나의 무게는 이제 110~200그램이 되었다.

육류 소비도 증가하고 있다. 세계 전체의 육류 소비량은 지난 50년 사이에 네 배가 되었다.[9] 이와 관련하여, 제2차 세계대전 중 나치 점령하의 노르웨이를 중심으로 "순환계 질병"으로 인한 사망률을 비교한 주목할 만한 연구가 있다. 전쟁으로 인해 스트레스는 크게 증가했음에도 불구하고 1942년부터 1945년 사이에 노르웨이에서는 심장 관련 질병으로 사망한 환자는 20퍼센트나 감소했다.[10] 왜 그랬을까? 가축을 모조리 독일군에게 징발당하여 육류나 계란, 유제품을 먹을 수 없었던 노르웨이 사람들은 어쩔 수 없이 채소, 곡류, 과일 같은 저지방 식품으로 연명해야만 했다. 그 결과 심장질환이 급격히 줄어들었던 것이다.

나의 원래 연구에서 약간 벗어나, 매일 같이 스트레스에 시달리는 중에도 심장이 건강한 삶을 영위하기 위해 필요한 내용을 잠시 다루어 보았다. 요약하자면 매일 적당히 운동을 하고, 어류는 많고 지방은 적게 든 식단을 먹으며, 적절히 체중을 유지하면서 충분히 수면(매일 7시간 정도가 가장 좋다)을 취해야 한다. 또한 금연을 하고 음주는 적당히 하며, 스트레스를 털어버릴 수 있는 기술을 배우고 실천하며, 정기적으로 건강 진단을 받아야 한다.

인터뷰가 끝나갈 즈음, 내가 정리한 목록을 훑어보면서 그 리스트에 더할 것이 있는지 맥브라이드에게 물었다.

"모든 것에서 절제하라." 그가 대답했다. "아름다운 메시지라고 생각해요."

스스로 재생하는 심장

고장난 심장을 고치는 방법

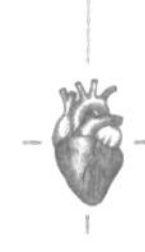

심장은 부서질 수 없게 만들어지지 않는 한
절대로 쓸모가 없을 거야.

—영화 〈오즈의 마법사〉, MGM, 1939

심장과 순환계는 각 신체 기관이 영양분, 가스 같은 물질을 외부 환경과 순조롭게 교환할 수 있도록 해주며, 따라서 이러한 물질을 효율적으로 수송할 수 있도록 진화해왔다. 그러나 인간은 인체 심혈관계의 진화 속도를 추월해 정크 푸드, 독성 물질, 오염 물질, 흡연, 스트레스에 대한 심장의 적응 능력의 한계를 테스트하고 있다.

이러한 변화에 의학 연구자들이 대응하고 나섰다. 최근 수십 년 간 우리는 저지방 식단의 인기와 관상동맥우회술(환자의 팔과 다리에서 혈관을 떼어내 막힌 동맥을 교체하는 수술) 같은 첨단 의학 시술의 발전을 경험하고 있다. 그러나 인공 심장 문제는 이보다 훨씬 더 복잡하다.

최초로 인공 심장을 가진 남자

1982년, 미국의 흉부외과 의사인 윌리엄 드브리스는 최초의 인공 심장 자빅Jarvik-7을 61세의 은퇴한 치과의사 바니 클라크에게 이식하는 데 성공했다. 클라크는 수술 후 112일을 생존했으나, 그 기간 동안 기관절개가 필요할 정도의 호흡부전, "고열과 뇌졸중, 발작, 섬망, 신부전, 항응고제로 인한 출혈 등 심각한 임상 증상으로 고통을 받았다."[1] 그는 결국 대장염에 굴복하고 말았다.

클라크의 인공 심장 이식을 처음에는 언론에서도 긍정적으로 다루었으나 클라크의 불만과 분노가 전해진 후 모든 언론이 일제히 부정적인 논조로 바뀌어서, 결국 인공 심장은 영구적인 대체물이 아니라 진짜 심장을 이식받기 전까지의 일시적인 치료 도구로 전락했다.

최초의 심장 이식 성공 사례는 크리스티안 버나드(1922~2001)가 시행한 1967년 12월 3일 수술이었다. 당시 쉰세 살의 환자 루이스 워시칸스키는 다섯 시간에 걸친 수술 끝에 스물다섯 살에 교통사고로 숨진 드니스 다발의 심장을 이식받았다. 심장은 훌륭하게 제 기능을 했지만, 안타깝게도 조직 거부반응을 막기 위해 투여했던 면역억제제가 환자를 감염에 취약하게 만들었다. 워시칸스키는 수술 후 18일 만에 양측 폐렴으로 숨졌다.

지금은 전 세계적으로 매년 약 5,000건의 심장 이식 수술이 행해지는데, 대부분이 미국에서 이루어진다. 그러나 심장질환으로 숨지는 환자의 수는 매년 수백만 명에 이르고, 그보다 훨씬 많은 환자가 심장, 간, 신장 이식 수술을 기다리는 길고 긴 대기자 명단에 올라 있다.

앞서 이종간 장기이식의 역사를 짧게 살펴본 바 있지만, 현재는 장기 기증용 돼지 품종을 유전학적으로 설계하는 데 노력을 집중하고 있다. 하지만 자연으로부터도 새로운 방법을 찾을 수 있을 것으로 보인다. 여러 의학자가 동물을 기반으로 하면서도 동물친화적인 심장치료법을 연구 중이다. 점점 더 많은 연구자들이 자연에 이미 존재하는 놀라운 진화의 사례로 관심을 돌리고 있다.

심장을 스스로 치료하는 물고기

동물계에서 가장 눈에 띄는 적응의 사례는 심장에 손상을 입었을 때 스스로 치료하는 능력이다. 아쉽게도 인간의 심장은 그런 능력을 갖고 있지 않다. 심근경색은 대개 하나 또는 그 이상의 관상동맥이 막혔을 때 일어난다. 심장으로 가는 혈액은 물론이고 그 혈관이 혈액을 공급하던 부위로 가는 혈액의 흐름도 모두 차단된다. 혈행의 하류에서 산소가 결핍된 심장근육 조직은 괴사하기 시작한다. 심근경색에서

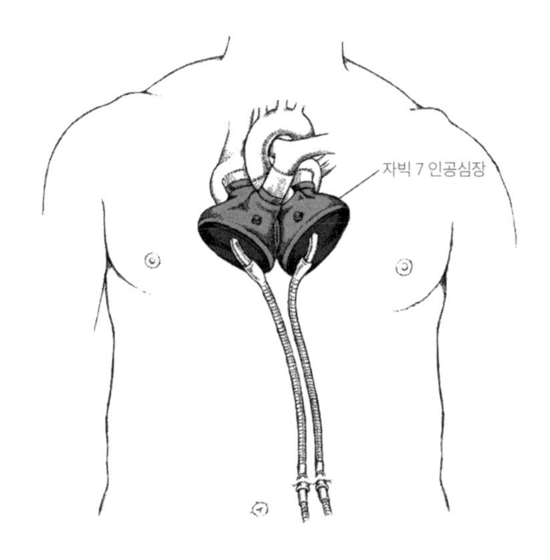

살아남은 환자들의 죽은 심장조직은 반흔조직으로 대체되는데, 반흔 조직은 수축성이 없을 뿐만 아니라 새로운 심장근육세포의 형성을 방해한다. 그 결과 섬세한 펌프의 한 부분이 더 이상 제 기능을 하지 못하게 되고, 심장의 아름다운 협업 체제에 균열이 생긴다. 생존자들은 심근경색이 재발하기 쉽고, 심하면 심부전뿐만 아니라 여타의 의학적 위험에 노출될 위험도 크다.

하지만 만약에 잃어버린 심장조직 또는 기능 장애에 빠진 심장조직을 대체할 수 있다면 어떨까? 미국에서만 매년 거의 50만 명에 가까운 환자들이 심부전 진단을 받고 있으며 그중 30퍼센트가 1년을 넘기지 못한다는 사실을 생각할 때,[2] 그런 치료가 가능하다면 획기적인 사건이 될 것이다. 모든 포유동물이 그렇듯 사람에게서는 심장 재생 현상이 일어나지 않기 때문에, 연구자들은 가장 오래된 척추동물, 즉 어류에게서 그 답을 구하고 있다. 특히 열대의 담수지역에서 군집생활을 하는 제브라다니오*Danio rerio*가 가장 유력하다.

아시아 남부 지역에서 서식하는 이 난생 잉엇과 물고기에 대한 연구는 1960년대에 시작되었으나, 2013년 이후부터는 인간 질병 연구 모델로 인기가 치솟았다. 십여 년 간 분석 작업이 이어지던 이 물고기의 게놈 시퀀스를 연구자들이 직접 활용할 수 있게 되었기 때문이다. 완벽한 게놈 시퀀스는 한 유기체의 발생, 성장, 양육 과정에 필요한 모든 유전자 암호가 들어 있는, 완벽한 유전자 지도라고 할 수 있다.

연구자들은 제브라다니오와 인간이 70퍼센트 이상의 유전자를 공유하고 있다[3]는 사실에 깜짝 놀랐다. 인간이 앓는 질병과 관련이 있는 유전자의 80퍼센트 이상을 제브라다니오도 갖고 있다. 또한 인간과 거의 똑같은 장기를 갖고 있으며, 한 번에 수백 개의 투명한 알을 낳고, 이 알은 체외에서 수정된다. 이러한 기질의 조합이 연구자들로 하여금 빠르게 성장하고, 양육하기 쉽고, 관찰하기 쉬운 종을 통해 인간의 질병을 모델링할 수 있게 해주었다. 테스트용 제브라다니오 변종에 유전자 돌연변이를 유도하면 근긴장성 이영양증 같은 인간 질병을 발생유전학적으로 연구하거나 심장 기능 장애를 모델링할 수 있으므로,[4] 약학 연구자들이 치료용 화합물을 테스트해볼 수 있다.[5]

심지어 제브라다니오는 하나뿐인 심실이 최대 20퍼센트까지 절단되어도 완전하게 재생시킬 수 있다. 물론 사람은 이제 약탈이나 검투사의 대결과는 거리가 먼 생활을 하고 있으므로 심장이 절단되는 사고는 매우 드물지만, 제브라다니오의 심장 재생 현상은 심장 연구에 커다란 반향을 불러일으켰다. 제브라다니오는 심장이 잘려나가는 사고를 당하면, 재빨리 혈전이 형성되어 치명적인 출혈을 막는다. 그러나 정말로 흥미로운 부분은[6] 그런 상처를 입은 후 짧게는 30일, 길게는 60일이 지나면 멀쩡하게 기능하는 심장근육세포가 완벽하게 재생된다는 사실이다.[7]

포유류 성체의 심장에서는 심장근육세포(심근세포)의 재생이 멈춘다. 따라서 새로운 세포가 생성되지 않는다. 반대로 제브라다니오의 심장은 제대로 기능하는 근육세포를 생성할 뿐만 아니라 줄기세포를 투입할 필요도 없다. 줄기세포에 대해 설명하자면 다루어야 할 것들이 많지만, 여기서는 주어지는 자극에 따라 다양한 종류의 세포로 발달할 수 있는 배아세포 또는 성체세포의 한 집단이라는 것만 알아두자.

제브라다니오 성체에서 생성되는 새로운 심근세포는 기존의 근세포에서 발생한다. 심장의 특정 영역이 손상을 입으면, 그 영역에서 상처를 입지 않은 근세포가 자신의 생명주기 중에서 복제단계로 다시 돌아가 새로운 심근세포(제기능을 할 준비를 갖춘)를 만들어내기 시작한다. 새로 만들어진 근세포는 손상된 영역으로 가서 상처에 대응하기 위해 형성되어 있던 반흔조직을 대체한다. 한편, 제브라다니오의 심장은 콜라겐을 분비하는 섬유아세포와 함께 손상된 영역의 혈관을 재생시킴으로써 연결조직 구조를 초고속으로 만들어낸다.[8] 섬유아세포에 의해 놓인 콜라겐 프레임을 연구자들은 "재생성 세포담체"라고 부

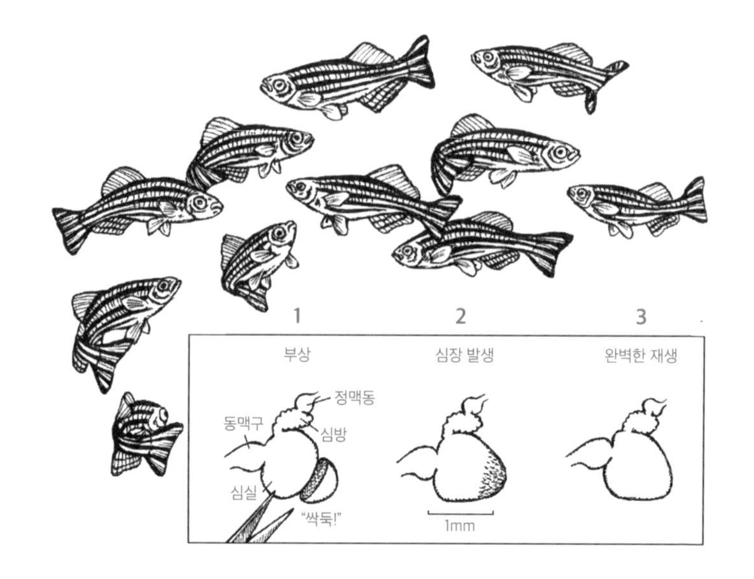

르며, 이 프레임은 새로운 심장근육을 생성하는 데 구조적인 지지대 역할을 한다.[9]

정상적인 심장근육 재생의 긍정적인 측면을 생각해보면, 한 가지 당연한 의문이 떠오른다. 왜 포유류에게는 그런 능력이 없을까? 진화론적인 관점에서 볼 때 가장 가능성 있는 이유는 이런 능력이 없는 것이 사실 더 이득이기 때문이다. 아니면 적어도 우리의 고대 조상들에게는 그랬거나. 심근세포는 개체의 탄생 직후부터 분열을 멈추기 때문에 암을 일으키는 유전자 돌연변이의 영향을 받지 않는다. 그래서 "심장암"은 극히 드물다.* 모든 포유동물이 이런 특성을 공유하는 사

* 간단히 말해, 세포는 유기체의 수명과 비슷한 생명주기를 거친다. 발생-성장-복제(증식)의 과정을 거치는 것이다. 성숙해가면서 점점 복제는 줄고, 어린 시절과는 매우 다

실로 미루어, 심근세포의 분열 중단은 고대 포유류의 적응 결과로 보인다. 더 정확히 말하면, 초기 척추동물에게서 나타난 더 오래된 적응일 것이다. 제브라디니오를 제외하면 이 특성의 유일한 예외는 북미 도롱뇽의 한 종류인 노토프탈라무스 비리데센스*Notopthalamus viridescens*뿐이기 때문이다.

사람의 심근세포가 분열 능력을 잃어버린 사건은 진화론적 관점에서도 완벽한 적응이다. 우리의 먼 조상들은 지금의 우리처럼 조잡한 패스트푸드나 비만, 흡연, 그 외에도 심장 건강에 해로운 나쁜 습관에 물들어 심장에 부담을 주지는 않았기 때문이다. 그러므로 포유류 심장의 적응은 우리의 장기가 지금과는 매우 다른 시기에 어떻게 진화했는가를 보여주는 훌륭한 사례다. 입 큰 포식자의 먹잇감으로 딱 좋은 작은 크기의 잉엇과 물고기(또는 0.5리터 크기의 빨간 점박이 도롱뇽)라면 다친 심장을 스스로 치유하는 능력은 매우 큰 장점이었을 테니, 척추동물의 특별한 규칙에서 벗어난 이 능력은 아마도 유익한 돌연변이의 결과일 것이다.

하지만 진화의 경로와 상관없이, 자가 치유 능력이 없는 현재 인

르게 보이기도 한다. 한동안 왕성하게 활동하다가 점점 쇠잔해지고, 이윽고 죽음에 이른다. 암세포는 복제단계에 영원히 갇혀 있는 세포다. 암세포의 활동은 오로지 복제뿐이다. 복제하고 복제하고 또 복제할 뿐, 절대로 기능적으로 성숙한 세포가 되지 못한다. 그 대신 신체의 다른 영역으로 (종종 순환계나 림프계를 타고서) 전이된다. 다른 영역에 도달한 암세포는 거기서 자리를 잡고 다시 또 복제하고 복제하고 또 복제한다. 결국은 자신이 자리 잡은 기관의 기능을 가로막기에 이른다.

간 심장의 상태는 종종 인간을 심각한 문제에 봉착하게 한다. 과학자들은 이에 맞설 새로운 기회를 제시하고 있다. 연구자들은 몇 가지 방향에서 이 문제에 접근하고 있다. 그중에는 다음과 같은 특별한 작용을 하는 화학물질을 식별해내는 방법이 있다. 이미 성숙한 심근세포를 분열하도록 자극하는 화학물질, 섬유아세포 같은 형질전환세포가 심근세포로 전환되도록 자극하는 화학물질, 심장줄기세포가 심근세포로 분화하도록 자극하는 화학물질 등을 찾아내는 것이 그들의 목표다. 무엇을 찾아 나서든 그 과정은 매우 복잡하다. 특히 심혈관의 성질이나 작용까지 변화시켜야 한다는 점을 생각하면 더욱 까다롭다. 새로 생겨난 근육조직도 결국은 혈액 공급을 통해 조직을 수리하는 성분과 영양분 그리고 산소를 충분히 공급받아야 하기 때문이다.

제브라다니오의 심장의 일부를 잘라내서 의미 있는 심장 재생 반응을 유도하는 데는 성공했지만, 사람에게 흔히 발병하는 심장질환의 경우에도 이와 유사한 반응이 일어나는지 살펴볼 수 있는 제브라다니오 모델을 개발할 필요가 있다. 이런 이유로 과학자들은 지금도 사람의 심장판막 장애, 선천성 심장기형, 고지혈증 같은 지질 관련 질병을 지닌 제브라다니오 모델을 만들려고 노력 중이다.[10]

지금까지 연구진의 학습곡선은 매우 가파르다. 연구진은 포유류 외 동물들의 심장뿐만 아니라 제브라다니오의 심장에 대해 알게 된 지식들이 언젠가는 치료적 심장 재생의 새로운 시대를 열어주기를 희망하고 있다.[11]

비단뱀이 심장질환을 앓지 않는 이유

사람은 어류보다 파충류에 더 가깝다는 사실을 감안하면, 의학계에서는 파충류가 훨씬 더 가치 있는 연구 대상이라고 보는 것이 합당하다. 그런 의미에서 미얀마 비단뱀*Python bivittatus*은 매우 인간적인 질병의 치료법 개발에 비인간 심장이 어떤 도움이 되는지를 보여주는 또 하나의 좋은 사례다.

문제의 뱀은 머리에 있는 화살촉 무늬로 쉽게 식별할 수 있는데, 동남아시아의 풀이 많은 늪지대, 숲, 동굴 등에 서식한다. 미얀마 비단뱀은 뱀의 세계에서 몸 크기로 따지면 앞에서 두세 손가락 안에 드는 종이다. 특히 암컷은 길이가 최대 6미터까지 자라고, 몸 굵기는 보통 전봇대만 하다. 이 정도 자라면 몸무게는 136킬로그램에 이른다.* 수컷은 암컷보다 아담해서, 최대 4.5미터까지 자란다.

10대 시절에 이 아름다운 파충류를 직접 기른 적이 있었다. 비록 몸길이 1.2미터 정도의 작은 녀석이었지만, 우리 집에 뱀이 있다는 것만으로도 나와 내 친구들은 신이 나서 죽을 지경이었다. 특히 먹이를 주는 시간은 더할 나위 없었다. 하지만 모든 이들이 나의 뱀을 사랑해주지는 않았다. 엄마와 나의 사랑하는 여덟 이모 중에서 최소한 여섯은

* 남아메리카에 서식하는 그린 아나콘다*Eunectes murinus*는 뱀의 세계에서 몸길이로는 대략 두 번째지만 몸무게로는 첫 손가락에 꼽힌다. 지금까지 측정된 가장 큰 표본은 길이 8.5미터, 몸무게 226킬로그램이었다. 길이로만 따지면 그물무늬 비단뱀*Python reticulatus*이 일등인데, 지금까지 가장 긴 표본이 10미터였다.

내 마음과 달랐다. 심지어 롱 아일랜드의 우리 집을 수리하던 일꾼들은 앨리스의 존재를 알게 된 뒤로는 마치 내와 내 방을 전염병 환자와 전염병동 대하듯 했다. 그러거나 말거나, 나는 내 뱀의 냉정하고 침착한 태도, 주기적으로 허물을 벗는 모습 그리고 매주 한 번씩 자기 머리보다 훨씬 큰 쥐를 삼키기 위해 위턱과 아래턱을 분리하는 모습에 홀딱 빠져들었다.

그러나 뱀에 대한 의학계의 관심은 어린 시절 내 혼을 빼앗아 갔던 요소와는 상관이 없는, 나뿐만 아니라 그 누구도 전혀 알지 못했던 부분에 집중되어 있다. 그 사실을 발견한 사람은 캘리포니아대학교 어바인 캠퍼스의 연구진이었다. 2005년에 그들은 배불리 포식한 미얀마 비단뱀의 심장 크기가 사흘 만에 40퍼센트나 커지는 현상을 관찰했다.[12]

나는 미얀마 비단뱀에게서 나타나는 이 현상을 10년 넘게 연구해온 콜로라도 볼더대학교의 레슬리 레인완드와 이야기를 나누었다. 레인완드는 이 비단뱀의 특이한 적응 양태는 이 뱀 특유의 포식 습관으로부터 비롯된 것 같다고 말했다. 자연환경에서 비단뱀은 한번 포식하면 그 후로 일 년 가까이 아무것도 먹지 않고, 부정적인 영향도 거의 없이 살아갈 수 있다. 웬만한 포유류 동물이 이런 시도를 한다면 십중팔구 죽는다. "비단뱀에게는 이것 말고도 아주 기이하게 적응한 면을 볼 수 있습니다. 그중 하나가, 기회만 있다면 엄청나게 큰 먹이도 삼켜버린다는 겁니다."

보아뱀이나 아나콘다처럼, 비단뱀도 먹잇감을 제 몸으로 둘둘 감아 죽이는 습성을 갖고 있다. 가만히 매복한 채 먹잇감을 기다리다가 드디어 먹잇감을 발견하면, 그 먹잇감이 자기 몸무게보다 50퍼센트나 더 무거운 상대라도 먹어치운다. 내가 키우던 비단뱀은 주로 설치류를 먹었지만, 만약 야생에서 자랐다면 돼지, 사슴, 심지어는 덩치가 작은 인간까지도 먹어 치웠을 것이다.

이 뱀들은 일단 먹잇감을 물어 움직임이 둔해지게 만든 뒤, 근육질의 몸으로 재빨리 먹잇감을 둘둘 말아버린다. 그리고 그 근육을 수축시키면 먹잇감은 가슴과 폐가 짓눌려 호흡을 할 수 없게 되고, 결국 질식해서 죽는다. 먹잇감의 숨이 끊어지면, 뱀은 둘둘 감았던 몸을 풀고 위아래 턱을 분리시킨 뒤(이 장면은 지켜볼 때마다 정말 흥미롭다), 머리부터 천천히, 마치 먹잇감이 자기 몸속으로 걸어 들어오는 것처럼 먹어 들어가서 결국에는 완전히 삼켜버린다.

이 상태에서 포식자를 만나면 비단뱀은 매우 위험한 상황에 처한다. 사냥개 한 마리를 통째로 삼키고서 숨을 돌리다가 갑자기 나타난 포식자를 발견하고 얼른 도망쳐야 하는 상황을 상상해보자. 잠깐! 다시 생각해보면 그런 상상은 할 필요가 없다. 보아뱀이나 아나콘다, 비단뱀처럼 먹잇감을 제 몸으로 둘둘 말아서 죽이는 동물constrictor들은 다른 동물들보다 포식 횟수를 줄이는 방향으로 진화했다.

그러나 비단뱀은 최대한 빨리 정상적인 상태로 돌아올 수 있는 지름길도 발달시켰다. 비단뱀은 겨우 4~6일 만에 자기 몸무게의 50퍼센트의 먹이를 소화시킬 수 있을 뿐만 아니라 소화시킨 먹이를 조직을 성장시키는 데 쓸 수도 있다. 레인완드는 미얀마 비단뱀의 경우, 두개골 안에 들어 있는 뇌를 제외한 "거의 모든 장기가 크기나 무게에 있어서 놀라울 정도로 빠르게 커집니다"라고 말했다.

이러한 변화는 체액의 누적 때문이 아니다. 실제로, 포식 후 24시간 이내에 조직이 커진다. "포유동물에게서는 절대로 일어나지 않는 현상이죠." 레인완드가 덧붙였다. 나는 어느 해인가 추수감사절 이후 갑자기 체중이 불었던 경험이 떠올랐지만, 입 밖에 내지는 않았다.

레인완드는 연구를 시작하면서 인간 심장의 생리적인 성장, 즉 운동선수의 심장에서 볼 수 있는 성장에 관심을 가졌다. 우리는 대개 사람의 심장이 커지는 변화는 순전히 병적인 증상이라고 생각한다. 실제로 고혈압이나 관상동맥 질환을 제대로 치료하지 않으면 심장이 커진다. 이렇게 심장이 커지는 것은 병리학적 비대증이라고 한다. "비대증"이란 특정 세포(이 경우에는 심장근육세포)의 크기가 커지는 현상을 일컫는다. "병리학적"이라는 용어는 부상 또는 질병이 있는 상태를 말한다. 명확히 말하자면, 비대증이 모두 나쁜 것은 아니다. 웨이트 트레이닝을 하면 공통적으로 나타나는 현상이기도 하기 때문이다.*

"이런 [질병과 관련이 있는] 경우에, 근육이 정말 엄청나게 커지는 대

* 비대증은 증식과는 다르다. 증식은 세포의 크기는 그대로이지만 숫자가 늘어나는 경우다. 아동기에 신체의 크기가 커지는 것이 바로 증식 현상의 한 예다.

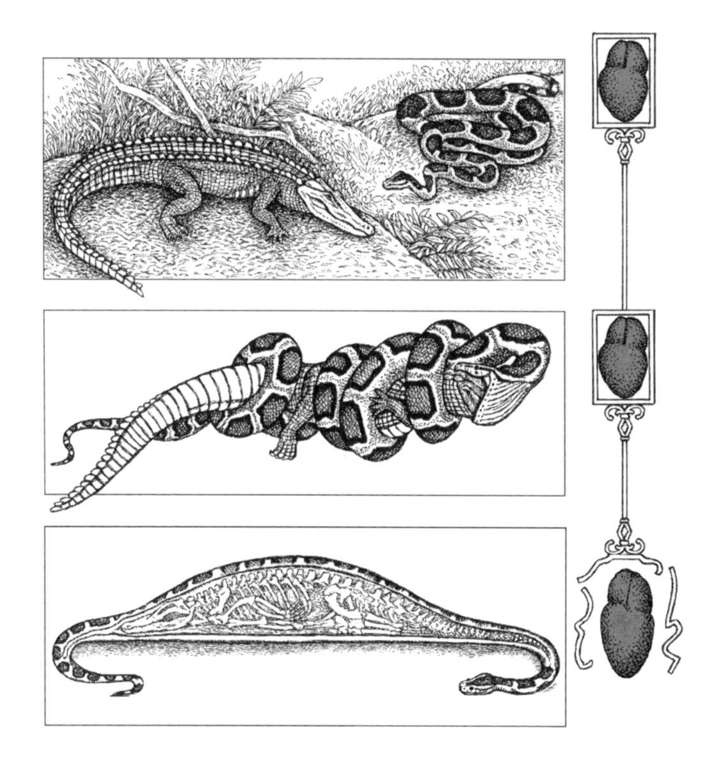

신 심장의 방실이 그 대가를 치릅니다. 심장벽이 계속 두꺼워지면, 결과적으로 방실의 내부 공간이 상대적으로 줄어드는 거죠. 그러나 운동으로 단련된 선수들의 경우에는 그렇지 않습니다. 심장의 근육과 내부 공간이 함께, 비례적으로 커집니다. 근육도 많아지지만 그 안으로 드나드는 혈액의 양도 함께 늘어나는 겁니다." 비단뱀의 심장도 바로 이렇게 커진다.

레인완드는 만약 비단뱀의 심장이 그렇게 빨리 커지는 과정을 제대로 이해할 수 있다면, 인간의 심장질환을 예방하거나 역진시킬 수 있을지도 모른다고 생각했다. 특히 운동을 할 수 없을 정도로 심장 건강이 좋지 않은 사람에게는 생명을 구할 기회가 될 수도 있었다. 심장이 운동을 감당할 수만 있다면, 순환은 물론이고 조직에 산소를 더 원활하게 공급하고 혈압은 낮출 수 있으며 혈중 중성지방 수치도 감소시킬 수 있기 때문이다.

그러나 안타깝게도 비단뱀과 관련된 실험은 금방 시련의 시기를 맞았다. 1990년대 어느 시점부터 플로리다 남부 주민들이 애완용으로 기르던 비단뱀을 에버글레이즈에 풀어놓기 시작했다. 미국에서 종 다양성이 뛰어난 서식지 중 하나인 에버글레이즈는 열대기후를 좋아하는 비단뱀에게는 최적의 환경이었다. 거기서라면 일 년 내내 추운 날씨의 위협을 받을 일도 없고 먹잇감이 부족할 일도 없었다. 에버글레이즈에 침입한 이 외래종 비단뱀은 가리는 먹이가 없어서, 미국너구리, 주머니쥐, 여우는 물론 멸종위기종인 붉은스라소니까지 닥치는 대로 먹어 치웠다.* 이 냉혈한 포식자는 습지토끼의 천적이 되었다.

30년 만에 플로리다에 서식하는 비단뱀의 개체수는 50만 마리에서 100만 마리로 증가했다. 비단뱀의 폭증을 생태계의 악몽으로 규정한 미국 내무부는 미얀마 비단뱀의 판매를 금지했고, 주 경계를 넘어 비단뱀을 운송하는 것도 금지했다. 에버글레이즈의 생태계를 위해서

* 2012년 미국국립과학원 회보에 따르면, 2003년부터 2011년 사이에 관찰된 미국너구리와 주머니쥐는 거의 99퍼센트나 줄었고, 붉은스라소니는 88퍼센트나 줄었다고 한다. 범인은 비단뱀이었다.[13]

는 올바른 선택이었지만, 이미 거기서 똬리를 틀고서 빠른 속도로 번식하고 있는 개체의 수를 줄이기에는 역부족이었다. 게다가 이 조치 때문에 레인완드와 동료들은 실험과 연구에 쓸 표본을 구할 수가 없는 지경에 이르렀다.

3년 동안이나 비단뱀 이동금지 조치를 뚫을 방법을 찾아 고심하던 과학자들은 필요한 표본을 구하기 위해 "관료주의의 거미줄"을 교묘하게 이용하기 시작했다.

먼저 그들은 최근에 포식한 비단뱀 표본을 중심으로 비단뱀의 심장을 연구하기 시작했다. 연구 초기에 그들은 방금 대형 먹잇감을 포식한 비단뱀으로부터 채혈한 혈액이 하얗다는 사실을 발견했다. "지방으로 가득 차 있어서 말 그대로 불투명한 흰색이었어요." 레인완드가 말했다. 사람의 경우 지방으로 가득 찬 혈액은 아주 나쁜 징조다. 그 지방이 장기에 축적되어 심장질환을 일으키기 때문이다. 지방은 심장에 혈액과 산소를 공급하는 좁은 관상동맥의 벽 안에 플라크를 형성한다.

"마치 우유 같은 뱀의 피를 봤을 때, 나는 왜 이 녀석들이 심장질환 증상을 보이지 않는지 의아했어요. 심장이 지방으로 가득 차 있을 게 틀림없었거든요."

그러나 실험을 더 진행해보니, 먹이를 잔뜩 먹은 비단뱀의 심장은 지방으로 차 있지 않았다. 오히려 굶고 있는 뱀의 심장보다 지방이 더 적었다. 하지만 연구진은 결국 그 이유를 밝혀냈다.

"우리는 물론이고 심지어는 건강한 설치류도 지방을 태워서 연료로 쓰죠. 심장질환이 생기면 지방을 태우지 못하게 되기 때문에 심장에 쌓이는 거거든요."

그러나 비단뱀의 심장은 다르게 작동한다. 거대한 먹이를 삼킨 비단뱀의 심장은 지방을 태우는 연소 기계로 변신한다. 그와 동시에 심장은 더 커진다. 하지만 식습관이 굉장히 안 좋은 동물에게서 나타나듯 병리적으로 커지는 것이 아니다. 레인완드는 배불리 포식한 비단뱀의 심장이 어떻게 파자마를 입고 소파 위에서 뒹구는 굼벵이의 심장이 아니라 운동선수의 심장으로 변신하는지, 비단뱀의 생리학이 궁금했다.

연구진은 심장을 드라마틱하게 키우도록 자극하는 물질이 혈액 속에 녹아 있는 지방이라는 사실을 발견했다. 구체적으로 말하면 천연 재료로 만든 음식에 함유된 세 가지 지방산, 미리스트산, 팔미트산 그리고 팔미톨레산이었다. 사람들은 어유fish oil 같은 영양보조제로도 섭취한다(심장의학자 패트릭 맥브라이드는 아마도 인상을 찡그리겠지만).

레인완드와 연구팀은 굶고 있던 뱀에게 이 지방산 삼총사를 주사해서 그 역할을 증명해 보였다. 모든 표본의 심장이 마치 방금 먹이를 먹은 것처럼 크기가 커졌다. 생쥐에게 이 물질을 주사해도 똑같은 효과가 나타나서, 지방산을 투여하지 않고 몇 주 동안 운동만 시킨 생쥐의 심장만큼 지방산 주사를 맞은 생쥐들의 심장도 커졌다. 더욱 놀라운 것은, 지방산 주사를 맞은 쥐나 굶고 있던 뱀이나, 질병에 의한 심장

비대와는 달리 해부학적으로 정상적인 비율을 유지하며 심장이 커졌다는 사실이다. 병리적 심장비대증의 경우에는 심근의 성장이 심실과 심방의 체적의 증가와 비례하지 않는다는 사실을 기억하자. 마지막으로, 지방산 칵테일은 어떠한 질환의 징후도 유발하지 않았다.

초기의 결과는 놀라웠지만, 할 일은 아직도 태산 같다. 레인완드 팀의 다음 연구 단계는 더 큰 동물 모델의 심장질환 대 지방산 테스트일 것이다. 이런 단계를 하나씩 밟아 나가서 궁극적으로 최종 목표에 도달하기를 바라는 마음이다.

레인완드는 이렇게 말했다. "이 연구의 궁극적인 목표는 심장이 건강한 사람에게 운동을 대체할 수단을 알려주려는 것이 아닙니다. 운동을 할 수 없을 만큼 심장질환으로 고통받는 환자들이나, 치료적 대안만 있다면 건강한 심장으로 더 오래 살 수 있는 환자들에게 도움을 주려는 것이지요."

바이오메디컬 기업을 설립한 레슬리 레인완드는 언젠가는 이 뱀 기름을 상품화할 수 있기를 기대한다. 2017년, 미국심장협회가 심장 건강 분야에 공헌한 뛰어난 과학자에게 수여하는 탁월한 과학자 상이 그녀에게 돌아간 것을 보면, 그녀의 소망은 머지않아 현실이 될 수 있을 것으로 보인다.

심장을 기를 수 있다면

영원히 건강한 심장으로 사는 법

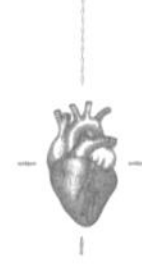

누군가는 일어서서 소리쳐야 합니다.
"답은 알약에 있지 않습니다. 답은 시금치에 있습니다."[1]
—빌 마어

심장재생술에 대해 전혀 다른 각도에서 살펴보기 위해 하버드 줄기세포연구소의 하랄드 오트를 만났다. 오트와 동료들은 사람의 심장과 궁극적으로는 다른 장기까지 줄기세포로부터 길러내겠다는 야심찬 프로젝트를 진행 중이다.

사람의 몸이 복제해내는 세포는 대략 200종 정도인데, 복제된 세포는 원래 세포와 똑같은 세포가 된다. 근육세포가 복제되면 근육세포가 만들어지고, 지방세포가 복제되면 지방세포가 만들어지는 식이다. 그러나 줄기세포는 다르다. 올바른 조건만 주어지면 그 자극에 따라 다른 유형의 세포를 만들어낸다. 보통은 줄기세포에도 한계가 있다. 예를 들면, 혈액 속의 줄기세포는 여러 종류의 혈구 중 하나로만 만들어진다. 그러나 배아줄기세포는 특별하다. 자극에 따라 어떤 유형의 세포로도 만들어질 수 있기 때문이다. 그래서 배아줄기세포를 "다능성"이라고 한다.

배아줄기세포는 탯줄이나 배아에서 추출할 수 있는데, 배아에서 추출하는 방법은 많은 논쟁을 불러일으키고 있다. 그러나 배아줄기세포의 다능성은 줄기세포치료법을 연구하는 사람들에게 말할 수 없이 귀중하다. 줄기세포치료법이란 장기에 병이 생겼거나 손상을 입은 환자들에게 이식수술뿐만이 아니라 줄기세포로부터 장기를 "길러서" 쓰는 방법을 말한다.

"사람의 심장을 장기공학적으로 연구해야 할 이유가 있나요?" 오트에게 물었다. 오트는 줄기세포 연구 중에서도 매우 독특한 분야의 선구자다.

오트는 요즈음 의학계에서 외상이나 폐렴 같은 급성 질병의 치료는 흠잡을 데 없다고 이야기했다. 그래서 이런 급성 질병을 극복하고 살아남는 사람들이 점점 늘어나면서, 나이 들어 생기는 노환을 끌어안은 채 살아가는 사람도 함께 늘어나고 있다. 나이가 들면 사람 몸속의 장기는 망가지기 마련이다.

"간이나 뼈 같은 조직은 부상이나 골절상을 입으면 스스로 재생되는 시스템을 가지고 있지요. 그러나 [심장을 비롯한] 다른 많은 장기는 스스로 재생할 능력이 없습니다." 오트가 말했다.

폐를 비롯한 일부 장기는 여분의 세포를 따로 저장하고 있기 때문에 처음에는 오트의 연구가 큰 관심을 끌지 못했다. 하지만 저장된 여분의 세포도 언젠가는 바닥나기 마련이다.

"말단장기의 기능부전은 수백만 명의 생명을 위협하는 전 세계적인 문제입니다. 자동차 사고 같은 부상이나 폐렴 같은 질병으로 죽는 사람보다 노화 때문에, 또는 중대한 부상이 누적되어 생긴 기능의 퇴화 때문에 죽는 사람들이 늘어가고 있습니다."

최근 들어서 의학계의 인식이 바뀌기 시작했다. 20세기의 목표가 손상된 조직과 장기의 복구였다면, 지금은 환자가 본래 갖고 태어났지만 제대로 기능하지 못하고 있는 장기를 대체하기 위해 심장, 신장, 췌장 등의 장기를 다루는 장기공학에 많은 노력을 기울이고 있다.

줄기세포로 심장을 길러낸다면

오트가 처음 줄기세포 연구에 관심을 가지게 된 것은 2000년대 중반 미네소타대학교 심장의학자 도리스 테일러의 연구를 접하고서였다. 이때 테일러의 연구는 심한 심근경색으로 고통받는 실험용 쥐의 심장에 줄기세포를 이식해서 심장의 기능을 되살리는 데 초점을 두고 있었다. 테일러의 실험실에서 연구하던 중, 오트는 단순히 줄기세포를 망가진 심장에 주사하는 것만으로는 효과가 없으며 망가진 심장을 고치기보다는 3차원 구조 자체를 재생해야 한다는 결론을 내렸다. 그 후 테일러는 연구를 계속해 텍사스심장연구소의 재생의학 분야 책임자가 되었다. 한편 오트는 매사추세츠종합병원에서 심장외과 펠로우 겸 하버드의과대학 외과 강사로 일하게 되었다.

오트는 자신이 현재 실험하고 있는 주제는 1990년대 조직공학 연구로부터 시작되었다고 설명했다. 당시의 연구에서, 연구진은 주성분이 콜라겐인 세포간질 지지체(세포담체) 위에 세포를 발생시켜 기능적인 3차원 조직을 재생해냈다.* 조직의 세포간질은 세포에서 분비되는데 뼈나 인대 같은 조직의 형태를 만들어주면서 각각의 물리적인 특성을 형성한다. 콜라겐으로 이루어진 세포간질은 끊어지거나 부러지지 않고 늘어나며(인장강도가 크다), 면역반응을 일으키지 않고(항원성을 갖고 있다), 자신을 바탕으로 다른 세포들(예를 들면 근세포)이 자랄 수 있게 해준다.

"저는 장기공학을 처음부터 연구하지는 않았기 때문에, 이 연구를 시작했을 때 아무것도 없는 상태에서 세포담체를 만들기보다는 시신에서 적출한 장기를 썼습니다."

오트와 동료들은 시신에서 적출한 심장에 먼저 탈세포 처리를 했다. 모든 세포를 녹여버리는 특수한 세제에 심장을 담가두는 것이다.

---

* 아마 이 이야기는 독자들에게도 낯익을 것이다. 제브라다니의 심장이 빠른 속도로 재생되는 것은 콜라겐 성분 연결조직으로 이루어진 세포담체가 바탕이 되기 때문이다. 제브라다니오는 심장에 상처를 입으면 섬유세포로 세포담체를 형성한다.

이 과정이 끝나면 오직 콜라겐을 기반으로 하는 세포간질로만 이루어진, 탄력 있는 심장 형태의 구조물이 남는다.

나는 그가 돼지에게서 적출해 탈세포 처리를 해놓은 심장 표본을 들여다보았다. 반투명한 흰색이었는데, 콜라겐, 엘라스틴 그리고 섬유결합소 같은 단단한 성분으로 이루어져 있었다. 섬유결합소는 마치 접착제처럼, 세포를 이 물질들에 붙여주는 결합세포다. 그러나 표본은 기본적으로 돼지의 심장 모습 그대로였다. 내 앞에 놓여 있는 복잡한 구조물이 이제는 존재하지 않는 세포들에 의해서 만들어졌다고 생각하니 정말 신기했다. 그 세포들은 완전하게 보존된, 그래서 오트와 동료들이 새로운 심장을 만들어낼 수 있는 완벽한 프레임을 남겼다.

구조단백질을 제외한 모든 세포가 제거되었기 때문에 이 세포담체는 이식된 심장처럼 면역반응의 영향을 받지 않는다. 몸이 어떤 세포를 동종이형(자기 자신이 아니라는 뜻. 따라서 면역학적으로 부적합이다)이라고 인식하면, 면역계가 그 세포를 공격한다. 동종개체간 타가이식, 특히 부적합 공여자로부터 장기를 이식받을 경우 거부반응이 일어나는 것도 바로 이 때문이다. 애초에 아무것도 없이 텅 빈 블랭크 템플릿으로부터 출발하면, 이론적으로 거부반응의 걱정 없이 환자에게 적합한 장기를 만들 수 있다.

그러나 이때도 핵심적인 의문이 남는다. 심장 형태의 프레임에 어떻게 면역계로부터 공격받지 않을 새로운 세포를 재생해낼 수 있는가 하는 것이다. 오트는 2012년 노벨상을 수상한 존 거든과 야마나카 신야의 발견, 즉 성숙한 세포를 줄기세포로 다시 프로그램할 수 있다는 데서 커다란 힌트를 얻었다고 설명했다. 오트와 그의 팀은 미성숙 줄기세포를 성숙 세포로 만들어주는 네 개의 유전자를 도입했다. 더 기쁜 소식은 그렇게 해서 만들어진 세포가 그냥 줄기세포가 아니라는 점이었다. 그들이 성숙시킨 줄기세포는 다기능 다양성 세포였다. 줄기세포는 자극에 따라 다르게 분화되며, 사람의 몸에 존재하는 200가지 세포 유형 중 어떤 세포로도 분화될 수 있다. 문제는 이런 성숙한 전처리 세포를 어디서 더 쉽게, 더 좋은 상태로 구할 수 있느냐였다. 연구진은 섬유아세포에서 그 답을 찾았다.

섬유아세포는 피부의 피층을 포함한 연결조직에서 발견되는 가장 흔한 유형의 세포로, 심장근육 안에 심장근육세포와 함께 존재한다. 제브라다니오에 대해 이야기할 때도 언급했듯이, 다른 여러 가지 중에서도 섬유아세포는 콜라겐 섬유(교원섬유)나 엘라스틴 섬유(탄력섬유) 그리고 세포를 둘러싼 비세포 물질인 세포간질 같은 구조단백질 생성에 중요한 역할을 한다. 오트는 피부에 있는 섬유아세포는 접근이 쉽기 때문에 심장 생검을 통해 세포를 얻는 것보다 위험부담이 훨씬 적다고 말했다.

섬유아세포를 줄기세포로 전환했다가 다시 심근세포로 전환하는 데 성공하면 이 심근세포를 세포담체에 종자처럼 심어둔다. 여기까지는 어렵지 않았지만, 바로 여기가 교착점이 되었다. 심장의 작은 패치를 길러내고, 이 패치에 자극을 주어 수축을 일으키는 데까지 성공했다. 그러나 아직은 펌프의 기능을 완벽히 수행하는 온전한 심장을 만들어내지 못했다.

같은 연구를 진행하는 다른 연구진들은 새로운 심장을 길러내는 정도까지는 아니어도, 오트의 팀처럼 재프로그램된 수축세포를 이용하는 방법을 탐색하고 있다. 임페리얼칼리지 런던의 교수 시언 하딩이 이끄는 연구진은 사람의 근세포로 이루어진 패치를 길러내는 데 성공했다.[2] 이 패치를 살아 있는 토끼의 심장에 접합하자 완벽하게 기능하는 근육조직이 되었다. 곧 사람을 대상으로 한 임상실험이 계획되어 있으므로, 이 기술이 심근경색으로 수축성을 잃어버린 반흔조직을 대체할 수 있기를 기대하고 있다.

그러나 심근세포 패치는 심장이 될 수 없다. 오트의 팀은 재프로그램된 세포를 3차원 구조물로 성장시켜야 하는 과제 앞에서 난관에 맞닥뜨렸다. 새로 만들어진 심장에 혈액을 공급하려면 재프로그램된 세포를 관상혈관 같은 구조로 성장시켜야 하는데, 그러기 위해서는 세포 스스로 이런 구조물을 만들어내야 하기 때문이다. 세포가 건축 재료로 머무는 데서 그치지 않고, 건축 과정의 참여자가 되어야 한다. 이러한 행동을 위한 청사진은 유전자 포트폴리오에 암호화된 상태로 이미 세포 안에 존재하고 있다. 그러나 아직은 과학자들의 손이 거기까지는 닿지 못한 상태다. 연구자들은 그런 행동을 촉발하는 스위치를 찾으려 노력하는 중이다.

오트와 동료들이 그 스위치를 찾아 누를 때까지는 임시방편에 만족하는 수밖에 없다. 그러나 완전히 무無에서 혈관을 만들 수는 없으니, 심장조직을 만들 때 출발했던 바로 그 자리, 즉 세포담체에서 시작하기로 결정했다. 이 경우에는 탈세포화된 혈관의 한 조각이 그 출발점이 되었다. 심장의 나머지 부분처럼, 관상혈관도 세포 성분이 녹아 없어지고 나면 연결조직의 프레임만 남는다.

"우리가 그 세포에게 '너는 성숙한 혈관세포야. 그런데 여기 파이프가 있네? 이제 그 파이프를 연결해볼래?'라고 명령하면, 그 세포는 그렇게 하게 될 겁니다. 세포담체의 특이한 성질이 바로 그것입니다. 탈세포화된 이 장기에서, 우리는 진짜 완전한 배관을 연결할 수 있습니다." 오트가 설명했다.

시금치로 심장을 만들 수 있다면

기능이 떨어진 사람의 장기를 대체할 3차원 구조물을 만드는 것은 매우 어려운 일이다. 그러나 기존의 세포담체(이 경우에는 옛날에는 정상적으로 기능하던 혈관의 연결조직 프레임)를 이용하는 것이 문제를 해결할 수 있는 길을 탐색할 유일한 방법은 아니다.

우스터공과대학교의 의생명공학자 글렌 고데트도 치료적 심장재생술 연구에 매진하고 있다. 그는 자신이 가르치던 대학원생이 카페테리아에서 점심을 먹다가 발견한 것을 들고 와 보여준 후로 전혀 다른 타입의 프레임워크를 이용해 연구를 진행하고 있다. 그 연구의 진척 상황을 알고 싶어 고데트의 연구실을 찾았다.

손상된 심장을 고치거나 망가진 장기를 되살리는 작업에서는 혈관이 무엇보다 중요하다. 그런데 혈관 중에는 머리카락처럼 가느다란 것도 많다.

"심장근육은 혈액 공급이 충분하지 않으면 죽어버립니다." 고데트가 말했다.

오트도 지적했듯이, 이 문제는 심장재생 연구에서 특히 중요한 부분이며 고데트의 연구가 더 이상 나아가지 못하는 원인이기도 하다. 고데트의 팀도 탈세포화된 심장과 연결된 혈관의 세포담체로부터 심장세포를 길러낼 수는 있었지만, 복잡한 심장의 기능과 구조까지 완벽하게 재생하지는 못하고 있다.

"그래서 이걸 생각해냈죠." 고데트가 나에게 파랗고 작은 물체를 내밀며 말했다.

나는 조심스럽게 그 물체를 들여다보았다. 그 잎맥이며 전체적인 생김새가 꼭 시장에서 사 온 시금치 이파리 같았다. 고데트는 자기가 직접 사 온 시금치가 맞다고 말했다.

"이 잎맥으로 물이 흐릅니다. 사람의 잎맥(혈관)으로는 피가 흐르죠. 공학적인 관점에서 보면 둘 다 물이 흐르는 관이에요. 그래서 우리 대학원생 조슈아 거실락이 '이 시금치에서 세포를 모두 제거하고 나면, 그래도 이 물관들이 남아 있을까요?'라고 물었죠. 바로 거기서부터 이 모든 실험이 시작됐습니다."

오트가 기증받은 심장을 처리했던 과정과 비슷하게, 고데트와 거실락(지금은 포스트닥)은 세포간질 프레임만 남기고 세포는 모두 제거해줄 화학 용액 수조 안에 시금치 잎을 담갔다. 오트의 실험과 마찬가지로, 이 과정으로 물관의 원래 구조는 남기되 수혜자의 면역계로부터 일어날 거부반응은 예방할 수 있다.

고데트의 안내로 그의 실험실을 견학하면서 표본들이 준비되는 과정도 직접 볼 수 있었다. 연구팀이 고른 시금치 잎은 작은 병 안에 매달린 채 들어 있었고, 병 위로 1.2미터 정도 되는 높이에 특수 세제를 공급하는 중력 관수 시스템이 지나가게 되어 있었다. 한 방울씩 떨어진 세제 용액은 아주 가느다란 고무 튜브를 지나 시금치 줄기 끝에 꽂힌 피하주사용 바늘로 들어간다.

중력 관수 시스템은 시금치 잎에 일정한 양의 세제 용액을 일정한 속도로 공급해준다. 시금치의 세포와 만난 세제 용액은 세포에 작은 구멍을 뚫고 빠져나가고, 이때 세제에 녹은 세포 내용물도 함께 빠져나간다. 5일 동안 관류를 하고 나면 색깔도 없고 식물세포도 남아 있지 않지만 구조적으로는 완벽한 잎의 모델이 남는다. 이 모델을 구성하고 있는 것은 섬유소cellulose라고 불리는 튼튼한 구조의 다당류다.

이 물질이 낯설지 않다면, 아마도 식물세포의 벽이 섬유소로 만들어져 있고, 또한 소화되지 않은 채 장을 빠져나가는 식이섬유로도 알려져 있기 때문일 것이다. 사실 척추동물 중에는 섬유소를 스스로 소화시킬 수 있는 동물이 없다. 세포내공생 박테리아의 도움을 받아 소화시키는 동물이 일부 있을 뿐이다. 말의 맹장이나 소의 반추위 같은 소화기관 안에는 엄청난 수의 미생물이 존재한다. 이 공생관계를 통해 박테리아는 따뜻하고 영양분이 풍부한 환경을 얻고, 네 발 달린 공동공생자는 셀룰라아제(섬유소를 분해하는 효소)를 얻는다.

소화관 안에서 분비된 셀룰라아제는 초식동물이 섭취한, 섬유소가 풍부한 먹이 속의 다당류를 쉽게 소화할 수 있는 단당류로 분해한다. 이렇게 적응함으로써 초식동물의 소화기계는 그 이전에는 소화시킬 수 없었던 풀 같은 먹이로부터 영양분과 에너지를 뽑아낼 수 있게 되었다. 무척추동물, 심지어는 풀뿐만 아니라 나무까지 씹어 먹는 용감한 척추동물도 대부분 박테리아의 도움이 없이는 섬유소를 소화시키지 못한다. 흰개미 중에는 목질 먹이를 소화시키기 위해 세포내공생 박테리아를 필요로 하는 집단도 있고, 특히 새끼 흰개미들은 그들만의 편모충 미생물 군집이 없으면 살아남지 못한다. 새끼 흰개미들은 부모나 같은 둥지에서 태어난 또래들의 배설물을 먹어서 자신의 장 속에 미생물을 끌어들인다. 흰개미 중에는 편모충 공생자를 끌어들이지 않고 스스로 셀룰라아제를 분비해 먹이를 소화시키는 종류도 있다.[3] 이들에게는 50억 마리의 장내미생물이 필요 없는 것이다.

글렌 고데트의 연구로 한정해서 보면, 섬유소가 생물학적 비활성 물질이라는 점이 특히 중요하다. 그래서 인체는 이 물질에 면역반응을 거의 보이지 않거나 전혀 보이지 않는다. 섬유소는 생물학적 적합성이 거의 완벽한 물질로, 이미 일부 의료장치에는 사용이 승인되어 있다. 셀룰로오스 피브릴 시트가 그중 하나인데, 셀룰로오스 피브릴은 박테리아가 만들어내는 물질로 상처에 붙이거나 약물을 투여하기 위한 이식용 캡슐에도 쓰인다.

섬유소로 심장 같은 장기의 구조물을 무에서부터 만들어내려는 시도는 여기서 그치지 않는다. 텔아비브대학교의 연구진은 3D 바이오프린팅을 시도하고 있다. 처음에는 3D 프린터의 "잉크"로 환자에게서 채취한 생체조직을 쓰려고 했다. 2019년 4월에 언론의 집중 조명 속에서 탈 드비르의 연구팀은 작은 크기의 심장(토끼 심장만 한)을 프린트하는 데 성공했다고 발표했다. 그러나 이 과학자들을 가로막는 난관은 한두 가지가 아니다. 이들이 프린트한 구조물의 세포도 수축할 수는 있지만, 그 심장이 스스로 혈액을 펌프질하지는 못한다. 게다가 드비르의 팀은 심장과 연결된 가느다란 혈관은 어떻게 프린트할 것이냐 하는 문제를 해결해야 한다.[4]

아직도 연구할 것은 많고 넘어야 할 장애물도 많다. 그러나 섬유소의 전망은 아주 밝다. 고데트의 연구실에서는 시금치가 남긴 세포담체로부터 인간의 심장세포를 길러내는 데 성공했으며, 지금은 세포담체가 제 역할을 다한 후 그 섬유소를 용해시키는 방법을 찾는 중이다. 언젠가는 섬유소에서 만들어진 혈관이 인간의 세포만으로 구성된 혈관을 대체하는 날이 오기를 기대한다.

이 연구가 얼마나 실용적인 해법이 될 수 있을지를 가늠하기는 불가능하지만, 고데트 같은 과학자가 새롭고 특이한 방법으로 식물계를 인간에게 유익하게 활용할 방법을 찾고 있다는 것은 자못 흥미로운 일이다.

심장을 갈아 끼울 수 있다는 전망

심장을 비롯해서 신장이나 폐 같은 사람의 장기를 재생하는 일은 엄청나게 복잡한 과제다. 꼭 이렇게 힘든 방법을 택해야 할까? 망가진 장기를 수리하는 기술을 찾기보다 차라리 그런 질병을 처음부터 예방하는 것이 더 현명하지 않을까?

그 답은 미국에서만 대략 매년 4만 명이 장기이식을 받는다는 (그중 10퍼센트가 심장이식이다) 사실과 2020년 9월 현재 10만 9,000명의 환자가 장기이식을 기다리고 있다는 사실에서 찾을 수 있다.[5] 이 환자들은 예방 의학의 영역 밖에 있으며 대부분이 장기적인 해법을 달리 찾을 수 없을 정도로 장기가 손상된 상태에 놓여 있다. 매일 20명의 환자가 기약 없이 기다리다가 죽음을 맞는다.

하랄드 오트는 이렇게 설명했다. "이제는 자동차 라디에이터가 고장 나면 수리를 하지 않아요. 통째로 새 라디에이터로 갈아 끼우지요."

결국 재생의학의 궁극적인 목표는 끝없이 늘어선 대기자 속에서 하염없이 기다리거나 요행으로 이식수술을 받아도 평생 면역억제제를 복용해야 하는 부담 없이, 망가진 심장이나 신장, 간, 폐 등의 장기를 대체하는 것이다. 동물계에서 이 문제를 해결할 방법을 찾고 있는 과학자도 있다. 예를 들면, 조직거부 반응의 걱정 없이 사람의 장기에 적합한 장기를 제공하도록 돼지의 유전자를 변형하는 방법이 있다.

오트에게 장기재생치료가 어디를 향해 가고 있는지 물어보았다. "앞으로 20년쯤, 이런 모든 연구가 정말 잘 진행되어 성공을 거두었다고 칩시다. 누군가 심장이 망가졌어요. 그럼 어떻게 할 수 있죠?"

"병원으로 가서 피부에서 생체조직을 떼어낸 다음, 심장으로 길러 냅니다. 환자의 심장이 더 이상 제대로 기능하지 못하게 되면, 길러놓은 심장으로 바꾸면 됩니다."

"다른 장기도 그렇게 할 수 있을까요?"

"물론이죠. 제가 꿈꾸는 것이 바로 그것입니다."

감사의 말

나의 에이전트 길리언 맥켄지에게 그녀의 노력과 소중한 충고, 인내와 끈기에 고맙다는 인사를 하고 싶다. 기복이 심했던 작업 과정에도 불구하고 한결같은 도움을 주었던 맥켄지 울프 리터러리 에이전시의 커스틴 울프와 르네 자비스에게도 감사드린다.

놀라운 재능을 가진 알곤퀸 북스의 편집자 에이미 개시와 애비 멀러, 그리고 편집 방향을 탁월하게 잡아 준 엘리자베스 존슨에게도 진심으로 감사드린다. 아만다 디싱거, 브런슨 훌, 그리고 알곤퀸의 제작 및 마케팅 팀 모두에게 감사의 마음을 전하고 싶다. 그들과의 작업은 행복 그 자체였다!

너그럽게 시간을 내어준 수없이 많은 전문가들로부터도 도움을 받거나 인터뷰의 기회를 얻었다. 특히 켄 앤지엘릭, 마리아 브라운, 마크 엥스트롬, 크리스 채벗, 존 콘스탄조, 퍼트리샤 돈, 미란다 던바, 글렌 고데트, 조슈아 거실락, 댄 깁슨, 히로후미 히라가와, 레슬리 레인완드, 버튼 림, 패트릭 맥브라이드, 재클린 밀러, 크리스틴 오브라이언, 하랄드 오트, 디앤 리더, 마크 시덜, 존 타나크레디, 윈 왓슨에게는 말로 표현할 수 없을 만큼 감사하다.

박쥐를 연구하는 연구자들과 미국 자연사박물관의 친구 및 동료들에게도 크나큰 빚을 졌다. 리키 애덤스, 프랭크 보나코르소, 벳시 듀몬트, 닐 던컨, 줄리 포레라크루아, 메리 나이트, 게리 크위친스키, 로스 맥피, 리암 맥과이어, 샤로크 미스트리, 마크 노렐, 마이크 노바첵, 마리아 새곳, 낸시 시몬스(이 분야의 여왕과 알게 되어 기쁘다), 이언 태터솔, 엘리자베스 테일러 그리고 롭 보스가 바로 그들이다.

내 곁에 그토록 소중하고 현명한 멘토들이 있다는 건 정말 큰 행운이었다. 코넬대학교 동물과 야생 보존 프로그램 존 W. 허먼슨이 대표적인 사람이다. 무엇보다도 존은 나에게 스스로 대상을 파악하는 것의 가치와 과학자답게 생각하는 법을 가르쳐주었다.

막역한 친구이자 협업자, 음모의 공범인 레슬리 네스빗 시틀로에게도 감사의 마음을 전한다.

내 친구 대린 룬드와 퍼트리샤 J. 와인은 내가 막연한 아이디어를 냈을 때부터 이 책을 완성할 때까지 이 프로젝트를 밀고나가는 데 너무나 유용한 도움을 주었다. 특히 퍼트리샤에게는 이 책을 위해 멋진 그림을 그려준 데 대해(즉문현답은 말할 것도 없고) 백만 번쯤 감사의 인사를 해야 할 것 같다. 언제나 그랬듯이, 우리의 다음 프로젝트가 기다려진다.

이 책의 내용과 관련해 TED-Ed에서 동영상 "수혈은 어떻게 이루어지는가?"를 제작한 것도 나에게는 영광이었다(https://ed.ted.com/lessons/how-does-blood-transfusion-work-bill-schutt#watch). 엘리자베스 콕스, 로건 스몰리, 탈리아 솔리만 그리고 거타 셀로에게는 소리 높여 감사의 인사를 외친다.

나의 은사들, 독자들 그리고 사우샘튼칼리지 라이터스 콘퍼런스의 지지자들, 특히 롭 리브스, 바라티 무케르지(삼가 고인의 명복을 빈다) 그리고 클라크 블레이즈에게도 감사의 인사를 보낸다.

사우샘턴 칼리지와 LIU포스트의 그렉 아놀드, 마가렛 부어스타인, 네이트 보우디치, 테드 브루멜, 킴 클라인, 지나 패멀레어, 아트 골드버그(삼가 고인의 명복을 빈다), 앨런 헥트, 켄트 해치, 메리 라이(삼가 고인의 명복을 빈다) 캐린 멜코니언, 캐시 멘돌라, 글리니스 페레이라, 하워드 라이스먼, 베스 론다트, 젠 스텍서, 스티브 텔바흐에게도 고마움을 전한다. LIU 포스트에서 나의 강의 조교로 도움을 준 버시라 아자르, 엘시 재스민, 켈리 홀로니아, 넬슨 니칼시 그리고 유리 미란다도 고마운 사람들이다.

나의 절친 봅 아다모(삼가 고인의 명복을 빈다)와 그의 가족들, 쟈느 바스, 존 보드나, 크리스 채핀, 키티 차드, 크리스티 애쉴리 콜롬, 앨리스 쿠퍼, 아자 더만, 수잔 피나모어, 루켄바흐(이 모든 것을 예견했다), 존 글러스먼, 토미 켄(삼가 고인의 명복을 빈다), 캐시 브라이언과 케네디 브라이언, 크리스찬 레넌과 에린 니코샤, 레논, 밥 로징, 아름다운 전설의 리터러리 에이전트 일레인 마크슨(삼가 고인의 명복을 빈다)*, 매시오 미첼, 캐리 맥케나, 발 몬토야, 페데르센 가족과 그 친척들, 애쉴리, 켈리, 카일 펠레그리노, 돈 페테르센, 해적 마이크 휘트니(이기스 켈틱 라운지), 제리 루오톨로(내 절친이자 내가 제일 좋아하는 사진작가), 로라 쉴레커, 에드윈 J. 스피카(뉴욕 주립대학 제네시오 캠퍼스에 있는 나의 멘토), 캐롤 스타인버그(외출이 어려울 때 나에게 와주었던), 린 스위셔, 프랭크 트레자, 캐더린 터먼(나이츠 위드 앨리스 쿠퍼)와 민디 와이즈버거도 빼놓을 수 없는 고마운 분들이다.

마지막으로, 내 가족의 인내와 사랑, 격려와 흔들림 없는 응원에 영원히 변치 않을 사랑과 감사의 인사를 보낸다. 특히 나의 아름다운 아내 재닛 슈트와 아들 빌리 슈트, 내 사촌들과 조카들, 외할아버지와 외할머니(안젤로 디도나토와 밀리 디도나토), 삼촌과 이모, 고모, 숙모들(엘리 고모와 로즈 이모들 모두) 그리고 나의 부모님, 빌리 슈트와 마리 G 슈트!

빙어나 눈을 파고 동굴을 만들어 들어가 동면하는 관코박쥐 같은 동물들은 내가 어렸을 때나 지금이나 한결 같이 나의 호기심을 자극한다. 그러나 1960년대에는 자크 코스토의 언더월드나 오마하 보험회사가 운영하는 와일드 킹덤 같은 곳에서나 그런 동물들을 볼 수 있었다("짐, 이 빙어는 아무리 극단적인 조건에서도 살아남을 수 있을 만큼 큰 심

* 코로나바이러스가 유행하던 시기에 쓰인 책이라, 집필 도중 사망한 지인이 많은 듯하다 — 역자 주

장을 가졌단다. 오마하 보험을 들면 너의 가족도 그렇게 살아남을 수 있어!").

다른 어른들(내 부모님이나 다양한 개성을 가진 내 친척들을 예로 들자면)은 이런 정보에 별로 구미가 당기지 않겠지만, 어린 시절 대왕오징어라는 게 있다는 걸 알았을 때 나의 반응을 생각해보면 썩어가는 흰긴수염고래의 시체 안을 헤매거나 빙어를 관찰하기 위해 북극의 바다로 다이빙하거나, 나처럼 20년을 한결 같이 뱀파이어 박쥐 연구에 보내고 있는 어른들의 마음은 충분히 이해할 만하다.

내 부모님들과 늘 재미있고 사랑이 흐르던 그 세대의 가족 구성원들은 이미 세상을 떠났다. 하지만 나는 운 좋게도, 내 행동이 아무리 황당하게 보여도 가령 돌 밑에 뭐가 있는지 궁금해서 돌이란 돌은 모조리 뒤집어봐야 하고, 평범하지 않아 보이는 것은 뭐든 모아들이는 괴벽마저도 진심으로 편안하게 받아주는 사람들에게 둘러싸여 있다.

다른 사람들에게는 내가 아무리 괴짜로 보이더라도 말이다.

심장의 정의

1 "Heart," Science Flashcards, Quizlet, https://quizlet.com/213580838/science-flash-cards/.

2 "Heart," Cambridge Dictionary, https://dictionary.cambridge.org/us/dictionary/english/heart.

들어가기 전에_ 작은 마을에 큰 심장이 찾아오다

1 T. A. Branch et al., Historical Catch Series for Antarctic and Pygmy Blue Whales, Report (SC/60/SH9) to the International Whaling Commission (2008).

세상에서 가장 큰 심장: 흰긴수염고래의 심장이 뛰는 법

1 J. R. Miller et al., "The Challenges of Plastinating a Blue Whale (Balaenoptera musculus) Heart," Journal of Plastination 29, no. 2 (2017): 22–29.

2 Knut Schmidt-Nielsen, Animal Physiology (Cambridge: Cambridge University Press, 1983), 207.

3 Knut Schmidt-Nielsen, Scaling: Why Is Animal Size So Important? (Cambridge: Cambridge University Press, 1984), 139.

4 J. A. Goldbogen et al., "Extreme Bradycardia and Tachycardia in the World's Largest Animal," Proceedings of the National Academy of Sciences 116, no. 50 (December 2019): 25329–32.

심장의 기원: 단세포 생물부터 흰긴수염고래까지

1 R. Monahan-Earley, A. M. Dvorak, and W. C. Aird. "Evolutionary Origins of the Blood Vascular System and Endothelium," Journal of Thrombosis and Haemostasis (June 2013): 46-6.

2 Xiaoya Ma et al., "An Exceptionally Preserved Arthropod Cardiovascular System from the Early Cambrian," Nature Communications 5, no. 3560 (2014).

바닷속 푸른 피: 투구게의 피가 인간을 구하다

1 Gary Kreamer and Stewart Michels, "History of Horseshoe Crab Harvest on Delaware Bay," in Biology and Conservation of Horseshoe Crabs, eds. John T. Tanacredi, Mark L. Botton, and David Smith (New York: Springer, 2009), 299-302.

2 Kreamer and Michels, "Horseshoe Crab," 307-09.

3 Mark L. Botton et al., "Emerging Issues in Horseshoe Crab Conservation: A Perspective from the IUCN Species Specialist Group," in Changing Global Perspectives on Horseshoe Crab Biology, Conservation and Management, eds. Ruth Herrold Carmichael et al. (New York: Springer, 2015), 377-78.

4 Thomas Zimmer, "Effects of Tetrodotoxin on the Mammalia Cardiovascular System," Marine Drugs 8, no. 3 (2010): 741-2.

5 "Researchers Discover How Blood Vessels Protect the Brain during Inflammation," Medical Xpress. February 21, 2019, https://medicalxpress.com/news/2019-02-blood-vessels-brain-inflammation.html.

6 Stephen S. Dominy et al., "Porphyromonas gingivalis in Alzheimer's Disease Brains: Evidence for Disease Causation and Treatment with Small-Molecule Inhibitors," Science Advances 5, no. 1 (January 23, 2019), https://advances.sciencemag.org/content/5/1/eaau3333.

7 Dominy et al. "Porphyromonas gingivalis."

8 Terence Hines, "Zombies and Tetrodotoxin," Skeptical Inquirer 32, no. 3 (May/June 2008).

9 D. M. Bramble and D. R. Carrier, "Running and Breathing in Mammals," Science 219, no. 4582 (January 21, 1983): 251-6.

10 F. B. Bang, "A Bacterial Disease of Limulus polyphemus," Bulletin of the Johns Hopkins Hospital 98, no. 5 (May 1956): 325–1.

11 S. P. Kapur and A. Sen Gupta. "The Role of Amoebocytes in the Regeneration of Shell in the Land Pulmonate, Euplecta indica (Pfieffer)," Biological Bulletin 139, no. 3 (1970): 502–9.

12 Peter A. Tomasulo, and Ronald . S. Oser, "Detection of Endotoxin in Human Blood and Demonstration of an Inhibitor," Journal of Laboratory and Clinical Medicine 75, no. 6 (June 1, 1970): 903.

13 "Horseshoe Crab," Atlantic States Marine Fisheries Commission. http://www.asmfc.org/species/horseshoe-crab.

14 Michael J. Millard et al., "Assessment and Management of North American Horseshoe Crab Populations, with Emphasis on a Multispecies Framework for Delaware Bay, U.S.A. Populations," in Changing Global Perspectives on Horseshoe Crab Biology, Conservation and Management, eds. Ruth Herrold Carmichael et al. (New York: Springer, 2015), 416.

15 "Horseshoe Crab," ASMFC.

16 A. D. Jose and D. Collison. "The Normal Range and Determinants of the Intrinsic Heart Rate in Man," Cardiovascular Research 4, no. 2 (April 1970): 160–67.

17 Sarah Zhang, "The Last Days of the Blue-Blood Harvest," Atlantic, May 9, 2018, https://www.theatlantic.com/science/archive/2018/05/blood-in-the-water/559229/.

놀라운 심장들: 심장 없는 존재들이 살아가는 법

1 Silke Hagner-Holler et al., "A Respiratory Hemocyanin from an Insect," Proceedings of the National Academy of Sciences 101, no. 3 (January 20, 2004): 871–74.

2 Hagner-Holler et al., "Respiratory Hemocyanin."

3 Gunther Pass et al., "Phylogenetic Relationships of the Orders of Hexapoda: Contributions from the Circulatory Organs for a Morphological Data Matrix," Arthropod Systematics and hylogeny 64, no. 2 (2006): 165–203.

4 Reinhold Hustert et al., "A New Kind of Auxiliary Heart in Insects: Functional Morphology and Neuronal Control of the Accessory Pulsatile Organs of the Cricket Ovipositor," Frontiers in Zoology 11, no. 43 (2014).

5 SPRINT MIND Investigators for the SPRINT Research Group, "Effect of Intensive vs Standard Blood Pressure Control on Probable Dementia: A Randomized Clinical Trial," Journal of the American Medical Association 321, no. 6 (2019):553-61.

6 Karin K. Petersen et al., "Protection against High Intravascular Pressure in Giraffe Legs," American Journal of Physiology: Regulatory, Integrative and Comparative Physiology 305, no. 9 (November 1, 2013) R1021-30.

심장의 진화: 멍게에서 도마뱀 그리고 인간까지

1 "Sea Squirt Pacemaker Gives New Insight into Evolution of the Human Heart," Healthcare-in-Europe.com, https://healthcare-in-europe.com/en/news/sea-squirt-pacemaker-gives-new-insight-into-evolution-of-the-human-heart.html.

혹한을 견디는 심장: 피를 투명하게 하거나 심장을 멈추거나

1 "Cholesterol Levels Vary by Season, Get Worse in Colder Months," American College of Cardiology, March 27, 2014, https://www.acc.org/about-acc/press-releases/2014/03/27/13/50/joshi-seasonal-cholesterol-pr.

2 Salynn Boyles, "Heart Attacks in the Morning Are More Severe," WebMD, April 27, 1001, https://www.webmd.com/heart-disease/news/20110427/heart-attacks-in-the-morning-are-more-severe#1.

3 Srinivasan Damodaran. "Inhibition of Ice Crystal Growth in Ice Cream Mix by Gelatin Hydrolysate," Journal of Agricultural and Food Chemistry 55, no. 26 (November 29, 2007): 10918-23.

4 David Goodsell, "Molecule of the Month: Antifreeze Proteins," PBD-101, Protein Data Bank, December 2009, https://pdb101.rcsb.org/motm/120.

5 James M. Wiebler et al., "Urea Hydrolysis by Gut Bacteria in a Hibernating Frog: Evidence for Urea-Nitrogen Recycling in Amphibia," Proceedings of the Royal

Society B: Biological Sciences 285, no. 1878 (May 16, 2018).

6 Jon P. Costanzo, Jason T. Irwin, and Richard E. Lee Jr., "Freezing Impairment of Male Reproductive Behaviors of the Freeze-Tolerant Wood Frog, Rana sylvatica," Physiological Zoology 70, no. 2 (March-April 1997): 158-66.

7 Hirofumi Hirakawa and Yu Nagasaka, "Evidence for Ussurian Tube-Nosed Bats (Murina ussuriensis) Hibernating in Snow," Scientific Reports 8, no. 12047 (2018).

8 Committee on Recently Extinct Organisms, American Museum for Natural History, http://creo.amnh.org.

베이비 페이에게 바치는 노래: 심장을 옮겨 심는 법

1 Stephanie's Heart: The Story of Baby Fae, LLUHealth, YouTube, 2009, https://www.youtube.com/watch?v=sQbJ0WP-wn4.

2 Sandra Blakeslee, "Baboon Heart Implant in Baby Fae in 1984 Assailed as 'Wishful Thinking,'" New York Times, December 20, 1985.

3 Robert Steinbrook, "Surgeon Tells of 'Catastrophic' Decision: Baby Fae's Death Traced to Blood Mismatch Error," Los Angeles Times, October 16, 1985.

4 Stephanie's Heart.

5 Kelly Servick, "Eyeing Organs for Human Transplants, Companies Unveil the Most Extensively Gene-Edited Pigs Yet," Science, December 19, 2019, https://www.sciencemag.org/news/2019/12/eyeing-organs-human-transplants-companies-unveil-most-extensively-gene-edited-pigs-yet.

영혼이 담긴 심장: 피와 심장에 대한 미신과 진실

1 John F. Nunn, Ancient Egyptian Medicine (London: British Museum Press, 1996), 54.

2 R. K. French, "The Thorax in History 1: From Ancient Times to Aristotle," Thorax 33 (February 1978): 10-8.

3 French, "Thorax," 11.

4 Bruno Halioua, Bernard Ziskind, and M. B. DeBevoise, Medicine in the Days of the Pharaohs (Cambridge, MA: Belknap Press, 2005), 100.

5 "Aortic Aneurysms: The Silent Killer," UNC Health Talk, February 20, 2014, https://healthtalk.unchealthcare.org/aneurysms-the-silent-killer/.

6 Nunn, Ancient Egyptian Medicine, 85.

7 Nunn, 55.

8 French, 14.

9 French, 16.

10 H. von Staden, "The Discovery of the Body: Human Dissection and Its Cultural Contexts in Ancient Greece," Yale Journal of Biology and Medicine 65 (1992): 223–41.

11 von Staden, "Human Dissection," 224.

12 "Lustration," Encyclopaedia Britannica,https://www.britannica.com/topic/lustration.

13 von Staden, 225–26.

14 von Staden, 227.

15 Nunn, 11.

16 F. P. Moog and A. Karenberg. "Between Horror and Hope: Gladiator's Blood as a Cure for Epileptics in Ancient Medicine," Journal of the History of the Neurosciences 12, no. 2 (2003), 137–3.

17 Pierre de Brantome, Lives of Fair and Gallant Ladies, trans. A. R. Allinson (Paris: Carrington, 1902).

18 David M. Morens, "Death of a President," New England Journal of Medicine 341, no. 24 (December 9, 1999): 1845–49.

19 Amelia Soth, "Why Did the Victorians Harbor Warm Feelings for Leeches?" JSTOR Daily, April 18, 2019, https://daily.jstor.org/why-did-the-victorians-harbor-warm-feelings-for-leeches/.

20 Sarvesh Kumar Singh and Kshipra Rajoria, "Medical Leech Therapy in Ayurveda and Biomedicine—A Review," Journal of Ayurveda and Integrative Medicine (January 29, 2019), https://doi.org/10.1016/j.jaim.2018.09.003.

21 John B. West, "Ibn al-Nafis, the Pulmonary Circulation, and the Islamic Golden Age," Journal of Applied Physiology 105, no. 6 (2008): 1877–80.

22 S. I. Haddad and A. A. Khairallah, "A Forgotten Chapter in the History of the Circulation of Blood," Annals of Surgery 104, no. 1 (July 1936): 5.

23 West, "Ibn al-Nafis."

24 West.

25 West.

26 "Michael Servetus," New World Encyclopedia, http://www.newworldencyclopedia.org/entry/Michael_Servetus.

27 M. Akmal, M. Zulkifle, and A. H. Ansari. "Ibn Nafis—Forgotten Genius in the Discovery of Pulmonary Blood Circulation," Heart Views 11, no. 1 (March-May 2010): 26-0.

28 Arnold M. Katz, "Knowledge of Circulation Before William Harvey," Circulation XV (May 1957), https://www.ahajournals.org/doi/pdf/10.1161/01.CIR.15.5.726.

29 C. D. O'Malley, Andreas Vesalius of Brussels, 1514-564 (Berkeley: University of California Press, 1964).

30 Michael J. North, "The Death of Andreas Vesalius," Circulating Now: From the Historical Collections of the National Library of Medicine, October 15, 2014, https://circulatingnow.nlm.nih.gov/2014/10/15/the-death-of-andreas-vesalius/.

31 G. Eknoyan and N. G. DeSanto, "Realdo Colombo (1516-559): A Reappraisal," American Journal of Nephrology 17, no. 3-4 (December 31, 1996): 265.

피를 옮기는 법: 포도주에서 링거까지

1 M. T. Walton, "The First Blood Transfusion: French or English?" Medical History 18, no. 4 (October 1974): 360-64.

2 S. C. Ore, "Etudes historiques et physiologiques sur la transfusion du sang," Paris, 1876; Villari, "La storia di Girolamo Savonarola, Firenze," 1859, 14; J. C. L. Simonde de Sismondi, "Histoire des republiques italiennes du moyen age," Paris, 1840, vol. VII, 289.

3 A. Matthew Gottlieb, "History of the First Blood Transfusion," Transfusion Medicine Reviews V, no. 3 (July 1991): 228-5.

4 G. A. Lindeboom, "The Story of a Blood Transfusion to a Pope," Journal of the History of Medicine and Allied Sciences 9, no. 4 (October 1954): 456.

5 Lindeboom, "Blood Transfusion."

6 Lindeboom, 457.

7 Frank B. Berry and H. Stoddert Parker, "Sir Christopher Wren: Compleat Philosopher," Journal of the American Medical Association 181, no. 9 (September 1, 1962).

8 Christopher Marlowe, Tamburlaine the Great, part 2, scene 2, lines 107-108, ed. J. S. Cunningham (Manchester: Manchester University Press, 1981).

9 Cyrus C. Sturgis, "The History of Blood Transfusion," Bulletin of the Medical Library Association 30, no. 2 (January 1942):107.

10 Kat Eschner, "350 Years Ago, a Doctor Performed the First Human Blood Transfusion. A Sheep Was Involved," Smithsonian, June 15, 2017, https://www.smithsonianmag.com/smart-news/350-years-ago-doctor-performed-first-human-blood-transfusion-sheep-was-involved-180963631/.

11 Berry and Stoddert Parker, "Christopher Wren," 119.

12 Samuel Pepys, Diary of Samuel Pepys, November 21, 1667, https://www.pepysdiary.com/diary/1667/11/21/.

13 Samuel Pepys, The Diary of Samuel Pepys, November 30, 1667, https://www.pepysdiary.com/diary/1667/11/30/.

14 Edmund King, "An Account of the Experiment of Transfusion, Practiced upon a Man in London," Proceedings of the Royal Society of London (December 9, 1667). https://publicdomainreview.org/collection/ arthur-coga-s-blood-transfusion-1667.

15 H. A. Oberman, "Early History of Blood Substitutes: Transfusion of Milk," Transfusion 9, no. 2 (March-pril 1969): 74-7.

16 Austin Meldon, "Intravenous Injection of Milk," British Medical Journal 1 (February 12, 1881): 228.

17 Meldon, "Injection of Milk."

18 Meldon.

19 Meldon.

20 Rebecca Kreston. "The Origins of Intravenous Fluids," Discover, May 31, 2016, http://blogs.discovermagazine.com/bodyhorrors/2016/05/31/intravenous-fluids.

21 Kreston, "Intravenous Fluids."

심장에 기생하는 벌레: 누가 찰스 다윈을 죽였나

1 Herbert Spencer, The Principles of Biology (London: Williams and Norgate, 1864), vol 1., 444.

2 Charles Darwin, "Second Note [July 1838]," "Darwin on Marriage," Darwin Correspondence Project, University of Cambridge (July 1838), https://www.darwinproject.ac.uk.

3 Charles Darwin, The Autobiography of Charles Darwin, 1809–1882, ed. Nora Barlow (London: Collins, 1958), 115.

4 James Clark, The Sanative Influence of Climate, 4th edition (London: John Murray, 1846), 2–4.

5 Ralph Colp Jr., Darwin's Illness (Gainesville: University Press of Florida, 2008), 45.

6 Darwin, "To Susan Darwin [19 March 1849]," Darwin Correspondence Project.

7 Darwin, "To Henry Bence Jones, 3 January [1866]," Darwin Correspondence Project.

8 A. S. MacNalty, "The Ill Health of Charles Darwin," Nursing Mirror, ii.

9 Charles Darwin, More Letters of Charles Darwin, vol. 2, eds. Francis Darwin and A. C. Seward, https://www.gutenberg.org /files/2740/2740-h/2740-h.htm.

10 Darwin, "From T. H. Huxley, 23 November 1859" and "To T. H. Huxley, 16 December [1859]," Darwin Correspondence Project.

11 William Murrell, "Nitro-Glycerine as a Remedy for Angina Pectoris," Lancet 113, no. 2890 (January 18, 1879): 80–81.

12 Nils Ringertz, "Alfred Nobel's Health and His Interest in Medicine," Nobel Media AB, December 6, 2020, https://www.nobelprize.org/alfred-nobel/alfred-nobels-

health-and-his-interest-in-medicine/.

13 Neha Narang and Jyoti Sharma, "Sublingual Mucosa as a Route for Systemic Drug Delivery," Supplement, International Journal of Pharmacy and Pharmaceutical Sciences 3, no. S2 (2011): 18–22.

14 Janet Browne, Charles Darwin: The Power of Place (New York: Knopf, 2002), 495.

15 World Malaria Report 2019, World Health Organization, https://apps.who.int/iris/handle/10665/330011.

16 F. S. Machado et al., "Chagas Heart Disease: Report on Recent Developments," Cardiology in Review 20, no. 2 (March–April 2012): 53–65.

17 "Triatominae," Le Parisien, http://dictionnaire.sensagent.leparisien.fr/Triatominae/en-en/.

18 Julie Clayton, "Chagas Disease 101," Nature 465, S4–5 (June 2010).

19 "Chagas Disease 101"; E. M. Jones et al., "Amplification of a Trypanosoma cruzi DNA Sequence from Inflammatory Lesions in Human Chagasic Cardiomyopathy," American Journal of Tropical Medicine and Hygiene 48 (1993): 348–57.

20 Saul Adler, "Darwin's Illness," Nature 184 (1959): 1103.

21 Charles Darwin, "Chili-endoza March 1835," Charles Darwin's Beagle Diary, ed. Richard Darwin Keynes (Cambridge: Cambridge University Press, 2001), 315, extracted from Darwin Online, http://darwin-online.org.uk/.

22 Colp, Darwin's Illness, 143.

23 Ralph Colp Jr., To Be an Invalid: The Illness of Charles Darwin (Chicago: University of Chicago Press, 1977).

24 Colp.

25 Darwin, Autobiography, 79.

26 Darwin, Beagle Diary, Darwin Online, 315.

27 "Historical Medical Conference Finds Darwin Suffered from Various Gastrointestinal Illnesses," University of Maryland School of Medicine, May 6, 2011, https://www.prnewswire.com/news-releases/historical-

medical-conference-finds-darwin-suffered-from-various-gastrointestinal-illnesses-121366344.html.

28 "A 9,000-Year Record of Chagas' Disease," Arthur C. Aufderheide et al., Proceedings of the National Academy of Sciences 101, no. 7 (February 17, 2004) 2034-39.

29 "Historical Medical Conference."

30 Jasmine Garsd, "Kissing Bug Disease: Latin America's Silent Killer Makes U.S. Headlines," National Public Radio, December 8, 2015, https://www.npr.org/sections/goatsandsoda/2015/12/08/458781450/.

31 Garsd, "Kissing Bug."

32 R. Viotti et al., "Towards a Paradigm Shift in the Treatment of Chronic Chagas Disease," Antimicrobial Agents and Chemotherapy 58, no. 2 (2014): 635-39.

33 Alyssa C. Meyers, Marvin Meinders, and Sarah A. Hamer, "Widespread Trypanosoma cruzi Infection in Government Working Dogs along the Texas-Mexico Border: Discordant Serology, Parasite Genotyping and Associated Vectors," PLOS Neglected Tropical Diseases 11, no. 8 (August 7, 2017).

막대기에서 청진기까지: 심장의 소리를 듣는 법

1 Ariel Roguin. "Rene Theophile Hyacinthe Laennec (1781-1826): The Man behind the Stethoscope," Clinical Medicine & Research 4, no. 3 (September 2006): 230-35.

2 L. J. Moorman, "Tuberculosis and Genius: Ralph Waldo Emerson," Bulletin of the History of Medicine 18, no. 4 (1945): 361-0.

3 William Shenstone, The Poetical Works of William Shenstone (New York: D. Appleton, 1854), xviii.

4 Emily Mullin, "How Tuberculosis Shaped Victorian Fashion," Smithsonian, May 10, 2016, https://www.smithsonianmag.com/science-nature/how-tuberculosis-shaped-victorian-fashion.

5 Alexander Liu et al., "Tuberculous Endocarditis," International Journal of Cardiology 167, no. 3 (August 10, 2013): 640-45.

6 Roguin, "Laennec."

7 Roguin, trans. John Forbes.

8 Kirstie Blair, Victorian Poetry and the Culture of the Heart (Oxford: Oxford University Press, 2006), 23-24.

9 M. Jiwa et al., "Impact of the Presence of Medical Equipment in Images on Viewers' Perceptions of the Trustworthiness of an Individual On-Screen," Journal of Medical Internet Research 14, no. 4 (2012), e100.

집에서는 따라 하지 마세요: 스스로의 심장에 관을 꽂은 의사

1 R. S. Litwak, "The Growth of Cardiac Surgery: Historical Notes," Cardiovascular Clinics 3 (1971): 5-0.

2 H. W. Heiss, "Werner Forssmann: A German Problem with the Nobel Prize," Clinical Cardiology 15 (1992): 547-9.

3 Heiss, "Werner Forssmann."

4 "Shoe-Fitting Fluoroscope (ca. 1930-940)," Oak Ridge Associated Universities, 1999, https://www.orau.org/ptp/collection/shoefittingfluor/shoe.htm.

5 Werner Forssmann, Experiments on Myself: Memoirs of a Surgeon in Germany, trans. H. Davies (New York; St. Martin's Press, 1974): 84.

6 Ahmadreza Afshar, David P. Steensma, and Robert A. Kyle, "Werner Forssmann: A Pioneer of Interventional Cardiology and Auto-Experimentation," Mayo Clinic Proceedings 93, no. 9 (September 1, 2018): E97-98.

7 K. Agrawal, "The First Catheterization," Hospitalist 2006, no. 12 (December 2006).

8 Forssmann, Experiments on Myself, xi.

9 Lisa-Marie Packy, Matthis Krischel, and Dominik Gross, "Werner Forssmann — Nobel Prize Winner and His Political Attitude Before and After 1945," Urologia Internationalis 96, no. 4 (2016): 379-5.

10 Afshar, Steensma, and Kyle, "Werner Forssmann."

11 Packy, Krischel, and Gross, "Werner Forssmann," 383.

심장에 대한 믿음: 심장에는 정말로 우리의 마음이 담겨 있을까

1 Jessica Yi Han Aw, Vasoontara Sbirakos Yiengprugsawan, and Cathy Honge Gong, "Utilization of Traditional Chinese Medicine Practitioners in Later Life in Mainland China," Geriatrics (Basel) 4, no. 3 (September 2019): 49.

2 Gert-Jan Lokhorst, "Descartes and the Pineal Gland," Stanford Encyclopedia of Philosophy, 2013, https://plato.stanford.edu/entries/pineal-gland/.

3 Lokhorst, "Pineal Gland."

4 Fay Bound Alberti, Matters of the Heart: History, Medicine and Emotion (Oxford: Oxford University Press, 2010), 2.

5 John C. Hellson, "Ethnobotany of the Blackfoot Indians, Ottawa," National Museums of Canada, Mercury Series, 60, Native American Ethnobotany DB, http://naeb.brit.org/uses/31593/.

6 Jennifer Worden, "Circulatory Problems," Homeopathy UK, https://www.britishhomeopathic.org/charity/how-we-can-help/articles/conditions/c/spotlight-on-circulation/.

상처받은 심장: 슬픔이 심장을 공격할 때

1 Takeo Sato et al., "Takotsubo (Ampulla-Shaped) Cardiomyopathy Associated with Microscopic Polyangiitis," Internal Medicine 44, no. 3 (2005): 251–5.

2 Alexander R. Lyon et al., "Current State of Knowledge on Takotsubo Syndrome: A Position Statement from the Taskforce on Takotsubo Syndrome of the Heart Failure Association of the European Society of Cardiology," European Journal of Heart Failure 18, no. 1 (January 2016): 8–27.

3 R. P. Sloan, E. Bagiella, and T. Powell, "Religion, Spirituality, and Medicine," Lancet 353, no. 9153 (February 20, 1999).

4 "What Is Mindfulness?" Greater Good Magazine, https://greatergood.berkeley.edu/topic/mindfulness/definition.

5 Quinn R. Pack et al., "Participation in Cardiac Rehabilitation and Survival After Coronary Artery Bypass Graft Surgery: A Community-Based Study," Circulation 128, no. 6 (August 6, 2013): 590–97.

6 Shannon M. Dunlay et al., "Participation in Cardiac Rehabilitation,

Readmissions, and Death after Acute Myocardial Infarction," American Journal of Medicine 127, no 6 (June 2014): 538-46.

7 Shannon M. Dunlay et al., "Barriers to Participation in Cardiac Rehabilitation," American Heart Journal 158, no. 5 (November 2009): 852-59.

8 "Keeping Proportions in Proportion," November 2007, Harvard Health Publishing, Harvard Medical School, https://www.health.harvard.edu/newsletter_article/Keeping_portions_in_proportion.

9 Hannah Ritchie and Max Roser, "Meat and Dairy Production," November 2019, Our World in Data, https://ourworldindata.org/meat-production.

10 A. Strom and R. A. Jensen, "Mortality from Circulatory Diseases in Norway 1940-1945," Lancet 1, no. 6647 (January 20, 1951): 126-29.

스스로 재생하는 심장: 고장난 심장을 고치는 방법

1 Jason A. Cook et al, "The Total Artificial Heart," Journal of Thoracic Disease 7, no. 12 (December 2015): 2172-0.

2 Ibadete Bytyci and Gani Bajraktari, "Mortality in Heart Failure Patients," Anatolian Journal of Cardiology 15, no. 1 (January 2015): 63-68.

3 "Why Use the Zebrafish in Research?" YourGenome, 2014, https://www.yourgenome.org/facts/why-use-the-zebrafish-in-research.

4 David I. Bassett and Peter D. Curry, "The Zebrafish as a Model for Muscular Dystrophy and Congenital Myopathy," Supplement, Human Molecular Genetics 12, no. S2 (October 15, 2003): R265-70.

5 Federico Tessadori et al., "Effective CRISPR/Cas9-Based Nucleotide Editing in Zebrafish to Model Human Genetic Cardiovascular Disorders," Disease Models & Mechanisms 11 (2018), https://dmm.biologists.org/content/11/10/dmm035469#abstract-1.

6 Kenneth D. Poss, Lindsay G. Wilson, and Mark T. Keating, "Heart Regeneration in Zebrafish," Science 298, no. 5601 (December 13, 2002): 2188-90.

7 Angel Raya et al., "Activation of Notch Signaling Pathway Precedes Heart Regeneration in Zebrafish, Supplement," Proceedings of the National Academy of Sciences 100, no. S1 (2003): 11889-5.

8 Fernandez, Bakovic, and Karra, "Zebrafish," 2018.

9 Juan Manuel Gonzalez-Rosa, Caroline E. Burns, and C. Geoffrey Burns, "Zebrafish Heart Regeneration: 15 Years of Discoveries," Regeneration (Oxford) 4, no. 3 (June 2017): 105–3.

10 Panagiota Giardoglou and Dimitris Beis, "On Zebrafish Disease Models and Matters of the Heart," Biomedicines 7, no. 1 (February 28, 2019): 15.

11 Tanner O. Monroe et al., "YAP Partially Reprograms Chromatin Accessibility to Directly Induce Adult Cardiogenesis In vivo," Developmental Cell 48, no. 6 (March 25, 2019): 765–9.

12 Johnnie B. Andersen et al., "Postprandial Cardiac Hypertrophy in Pythons," Nature 434 (March 3, 2005): 37.

13 Michael E. Dorcas et al., "Severe Mammal Declines Coincide with Proliferation of Invasive Burmese Pythons in Everglades National Park," Proceedings of the National Academy of Sciences 109, no. 7 (February 14, 2012): 2418–22.

심장을 기를 수 있다면: 영원히 건강한 심장으로 사는 법

1 Bill Maher, Real Time with Bill Maher, September 28, 2007, https://www.youtube.com/watch?v=rHXXTCc-lVg.

2 Leslie Mertz, "Heart to Heart," IEEE Engineering in Medicine & Biology Society (September/October 2019).

3 Gaku Tokuda and Hirofumi Watanabe, "Hidden Cellulases in Termites: Revision of an Old Hypothesis," Biology Letters 3, no. 3 (March 20, 2007): 336–39.

4 Nadav Noor et al., "Tissue Engineering: 3D Printing of Personalized Thick and Perfusable Cardiac Patches and Hearts," Advanced Science 6, no. 11 (June 2019).

5 Health Resources and Services Administration, "Organ Donation Statistics," https://www.organdonor.gov/.statistics-stories/statistics.html.

심장에 관한 거의 모든 이야기

초판 1쇄 발행 2023년 4월 5일
초판 3쇄 발행 2023년 8월 1일

지은이 빌 슈트 **일러스트** 퍼트리샤 J. 와인 **옮긴이** 김은영
펴낸이 김종길 **펴낸 곳** 글담출판사 **브랜드** 아날로그

기획편집 이은지 · 이경숙 · 김보라 · 김윤아 **마케팅** 성홍진
디자인 손소정 **홍보** 김민지 **관리** 김예솔

출판등록 1998년 12월 30일 제2013-000314호
주소 (04029) 서울시 마포구 월드컵로 8길 41(서교동)
전화 (02) 998-7030 **팩스** (02) 998-7924
페이스북 www.facebook.com/geuldam4u **인스타그램** geuldam
블로그 http://blog.naver.com/geuldam4u

ISBN 979-11-92706-05-4 (03470)
* 책값은 뒤표지에 있습니다.
* 잘못된 책은 구입하신 곳에서 바꾸어 드립니다.

만든 사람들
책임편집 김윤아 **표지디자인** 김종민

글담출판에서는 참신한 발상, 따뜻한 시선을 가진 원고를 기다리고 있습니다.
원고는 글담출판 블로그와 이메일을 이용해 보내주세요. 여러분의 소중한 경험과 지식을 나누세요.
블로그 http://blog.naver.com/geuldam4u **이메일** to_geuldam@geuldam.com